中学受験 まるっとチェック 理科 もくじ

本書の特長と効果的な使い方

本書は，国立・私立中学入試をめざす受験生が，要点を効率よく学習できるようにくふうした「まとめ＋問題集」です。さらに「音声一問一答」がついているので，「見る→聞く→書く」の「目，耳，手」を活用した学習ができます。本書に書かれている内容を「まるっと」マスターし，志望校合格の栄光を勝ち取りましょう。

① 学習ページの効果的な使い方

1 「入試必出要点」で全体像をつかむ

中学受験のために，必ずおさえておきたい要点を見やすくまとめてあります。赤シートで用語などをかくしてくり返し確認しましょう。ここに書いてある内容をしっかりおぼえることを目標にしてください。

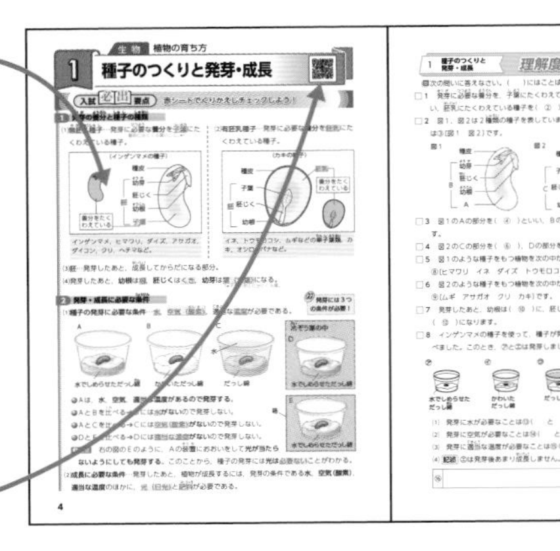

2 音声一問一答で確認＆暗記

ＱＲコードを読み取ると，音声一問一答を聞くことができます。短時間で学習できるので，くり返し聞いておぼえましょう。食事前のちょっとした時間や，車で移動しているときなど，すき間時間を勉強時間に変えて有効活用しましょう。

3 「理解度チェック」を解く

学習してきた内容が理解できているかどうか，問題を解いて確認しましょう。問題についているチェックらんを活用して，まちがえた問題は何度も復習しましょう。

新学習法 「音声一問一答」の特長

①聞くだけで楽々学習できる
②すき間時間を有効に活用できる
③みんなでクイズ番組感覚で学べる
④すぐに答え合わせができる
⑤短時間に多くの問題をこなせる

4 学習スケジュール表を活用しよう

154，155 ページの学習スケジュール表に学習計画と実際に学習した日を書きこみましょう。成績によって○△× を書いて，自分の弱点がどこにあるのかを見つけ，そこを重点的に復習しましょう。

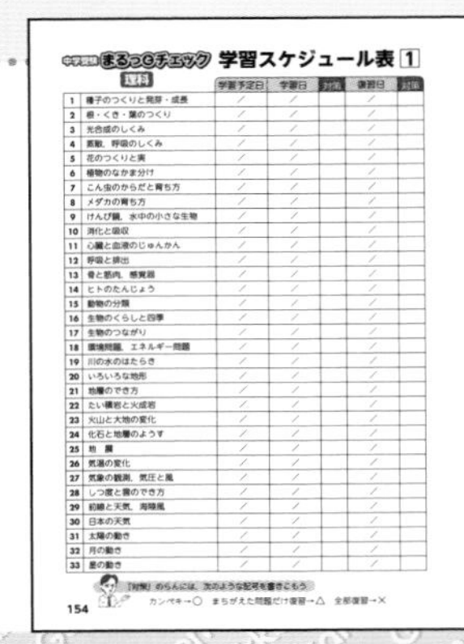

② 成績アップに役立つ図を集中学習

理科では，問題の図を正しく読み解くことが正解率アップにつながります。巻末の「見て理解する図解 47」で，入試によく出題されるさまざまな図をまとめて学習しましょう。図と要点をまとめておぼえることが学習のコツです。用語や要点が赤シートでかくれるので，すらすら答えられるようになるまで，くり返し確認しましょう。

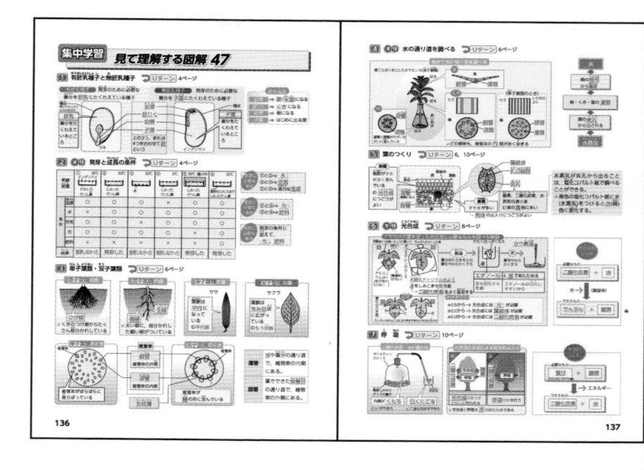

③ 音声一問一答の聞き方と学習の方法

1 音声の聞き方

理科では，全項目に音声一問一答がついています。音声の聞き方には２通りあります。

①項目名の右にあるＱＲコードを読み取る

→直接その項目の音声を聞くことができます。

②無料アプリを右のＱＲコードからダウンロードする

→スマホ上で項目を選ぶことができます。

※アプリは無料ですが，通信料はお客様のご負担になります。

※「まるっとチェック」のほかの教科の音声も無料で聞くことができます。

スマホ専用アプリ
my-oto-mo（マイオトモ）

https://gakken-ep.jp/extra/myotomo

2 音声を使った効果的な学習法

音声一問一答は，「問題を解く」ためというよりも「くり返し聞いておぼえる」ための教材です。短時間で聞けるので，くり返し聞きましょう。はじめは答えられなくてもだいじょうぶ。何度も聞いて答えを考えることをくり返すと，次第に暗記量がふえていきます。

理科　音声一問一答見本　※以下のような問題とその解答が音声で流れます。

Q．発芽に必要な条件３つを答えなさい。（♪カウントダウン）　水，空気，適当な温度

Q．単子葉類の葉脈は，平行ですか，網目状ですか？（♪カウントダウン）　平行

Q．血液の成分のうち，酸素を運ぶのは何ですか？（♪カウントダウン）　赤血球

Q．海風がふくのは，昼間ですか，夜間ですか？（♪カウントダウン）　昼間

Q．夕方に南中する月の形は何ですか。（♪カウントダウン）　上げんの月

Q．夏の大三角をつくる，こと座の１等星は何ですか？（♪カウントダウン）　ベガ

Q．アルカリ性のとき，ＢＴＢ液は何色になりますか？（♪カウントダウン）　青色

生物　植物の育ち方

1 種子のつくりと発芽・成長

入試必出要点　赤シートでくりかえしチェックしよう！

1 発芽の養分と種子の種類

(1)**無胚乳種子**…発芽に必要な**養分**を子葉にたくわえている種子。
（子葉：最初に出てくる葉のこと。）

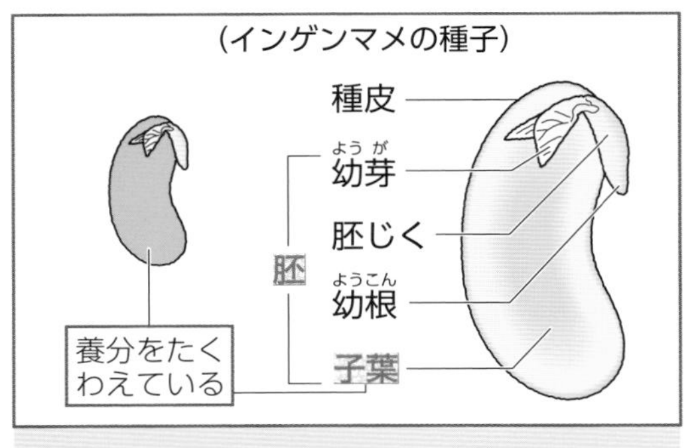

インゲンマメ，ヒマワリ，ダイズ，アサガオ，ダイコン，クリ，ヘチマなど。

(2)**有胚乳種子**…発芽に必要な**養分**を胚乳にたくわえている種子。

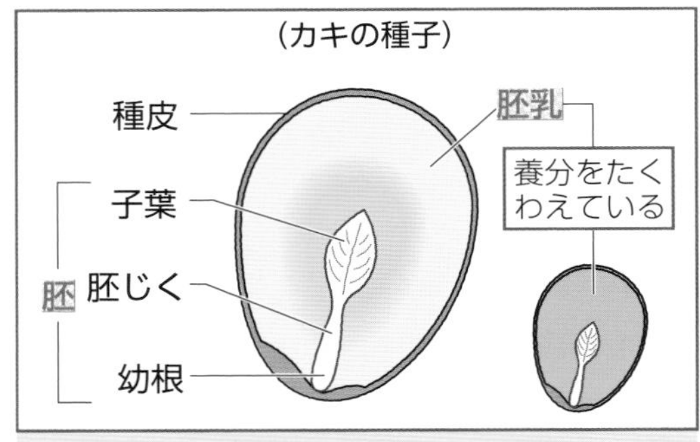

イネ，トウモロコシ，ムギなどの単子葉類，カキ，オシロイバナなど。

(3)**胚**…発芽したあと，成長してからだになる部分。

(4)発芽したあと，**幼根**は根，**胚じく**はくき，**幼芽**は葉（本葉）になる。
（本葉：子葉のあとに出てくる葉。）

2 発芽・成長に必要な条件

発芽には３つの条件が必要！

(1)**種子の発芽に必要な条件**…水，空気（酸素），適当な温度が必要である。

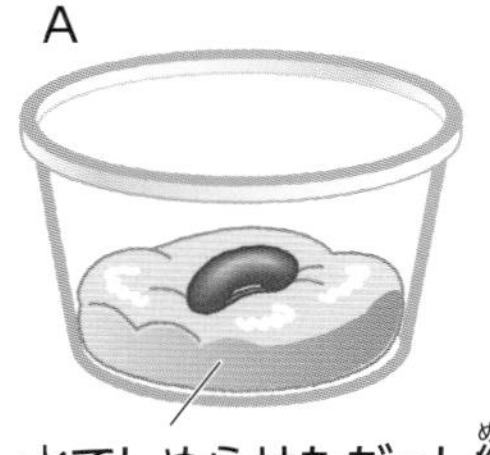

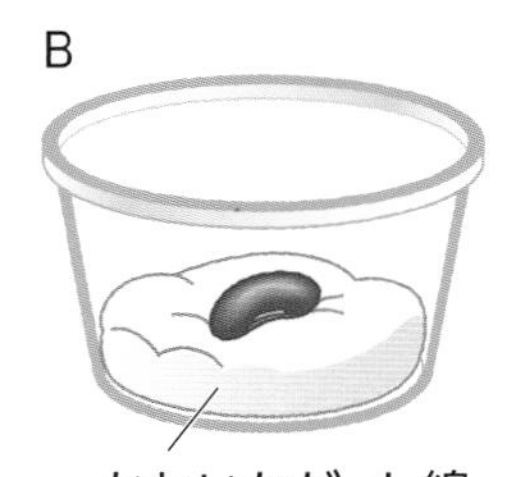

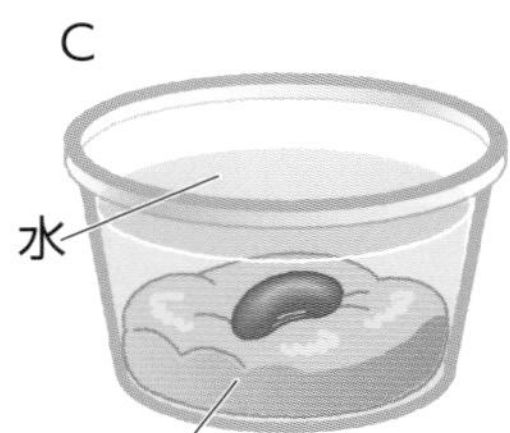

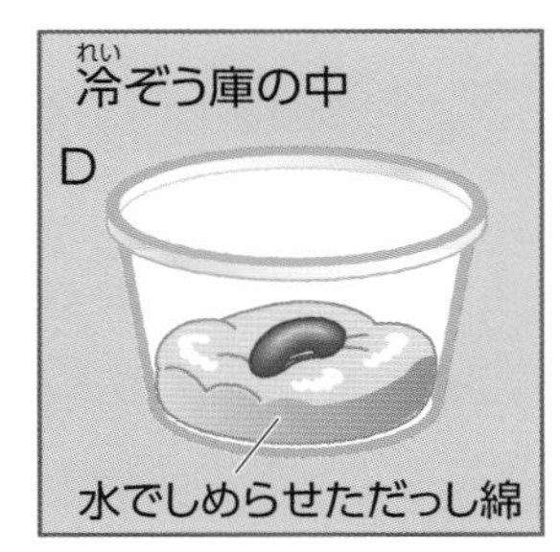

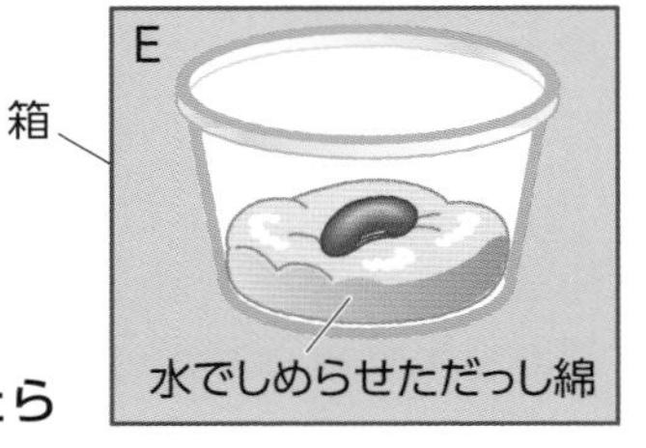

- Aは，**水**，**空気**，**適当な温度があるので発芽する。**
- AとBを比べる→Bには水**がない**ので発芽しない。
- AとCを比べる→Cには空気(酸素)**がない**ので発芽しない。
- DとEを比べる→Dには適当な温度**がない**ので発芽しない。

注意　右の図のEのように，Aの装置におおいをして**光が当たらないようにしても発芽する**。このことから，種子の発芽には**光は**必要ないことがわかる。

(2)**成長に必要な条件**…発芽したあと，植物が成長するには，発芽の条件である**水**，**空気(酸素)**，**適当な温度**のほかに，光（日光）と肥料が必要である。

▶解答は２ページ

理解度チェック！

学習日　　月　　日

■次の問いに答えなさい。（　　）にはことばを入れ，〔　　〕は正しいものを選びなさい。

□1　発芽に必要な養分を，子葉にたくわえている種子を（　①　）といい，胚乳にたくわえている種子を（　②　）といいます。

□2　図１，図２は２種類の種子を表しています。インゲンマメの種子は③〔図１　図２〕です。

図１

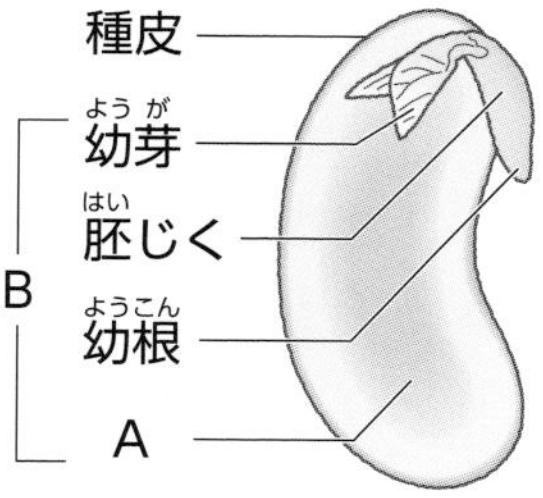

種皮
幼芽
胚じく
幼根
A
B

図２

種皮
D
子葉
胚じく
幼根
C

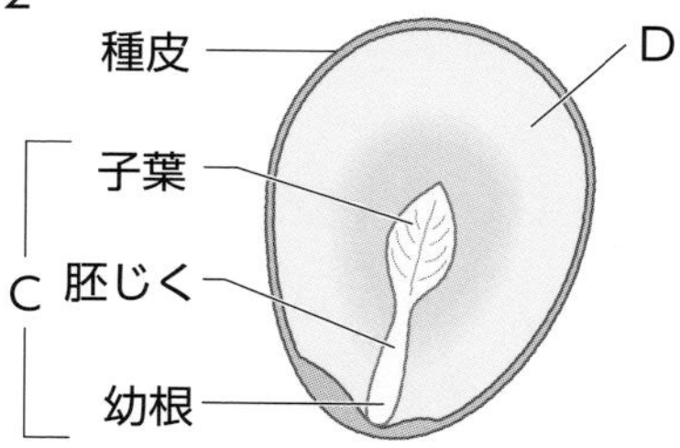

□3　図１のAの部分を（　④　）といい，Bの部分を（　⑤　）といいます。

□4　図２のCの部分を（　⑥　），Dの部分を（　⑦　）といいます。

□5　図１のような種子をもつ植物を次の中からすべて選ぶと，⑧〔ヒマワリ　イネ　ダイズ　トウモロコシ〕です。

□6　図２のような種子をもつ植物を次の中からすべて選ぶと，⑨〔ムギ　アサガオ　クリ　カキ〕です。

□7　発芽したあと，幼根は（　⑩　）に，胚じくは（　⑪　）に，幼芽は（　⑫　）になります。

①
②
③
④
⑤
⑥
⑦
⑧
⑨
⑩
⑪
⑫
⑬　　と
⑭　　と
⑮　　と

□8　インゲンマメの種子を使って，種子が発芽するかどうかを，下の図の㋐～㋔のようにして調べました。このとき，㋐と㋓は発芽しましたが，そのほかは発芽しませんでした。

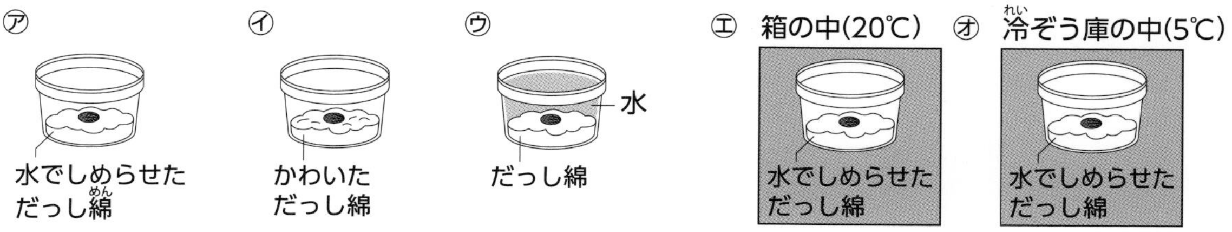

㋐
水でしめらせただっし綿

㋑
かわいただっし綿

㋒
水
だっし綿

㋓ 箱の中(20℃)
水でしめらせただっし綿

㋔ 冷ぞう庫の中(5℃)
水でしめらせただっし綿

(1)　発芽に水が必要なことは⑬（　　と　　）を比べればわかります。

(2)　発芽に空気が必要なことは⑭（　　と　　）を比べればわかります。

(3)　発芽に適当な温度が必要なことは⑮（　　と　　）を比べればわかります。

(4)　**記述**　㋓は発芽後あまり成長しません。その理由を説明しなさい。…⑯

⑯	

2 根・くき・葉のつくり

入試必出要点　赤シートでくりかえしチェックしよう！

1 根・くき・葉のつくりとはたらき

▲ダイコンの根毛

(1)**根のつくり**…根の先のほうには，**毛のような無数の根毛**があり，**水**や水にとけた**養分を吸収**している。

→根毛があることによって**根の表面積が大きくなり，水や養分を効率よく吸収**することができる。

(2)**くきのつくり**…根から吸収された**水や養分が通る管を道管**といい，**葉でつくられた栄養分が通る管を師管**という。また，道管と師管が束になっている部分を**維管束**という。

(3)**葉のつくり**…くきの維管束は，葉で枝分かれして**葉脈**になっている。

2 単子葉類・双子葉類と根・くき・葉のつくり

(1)**単子葉類**…発芽のときに**子葉が 1 枚**出る植物。

(2)**双子葉類**…発芽のときに**子葉が 2 枚**出る植物。

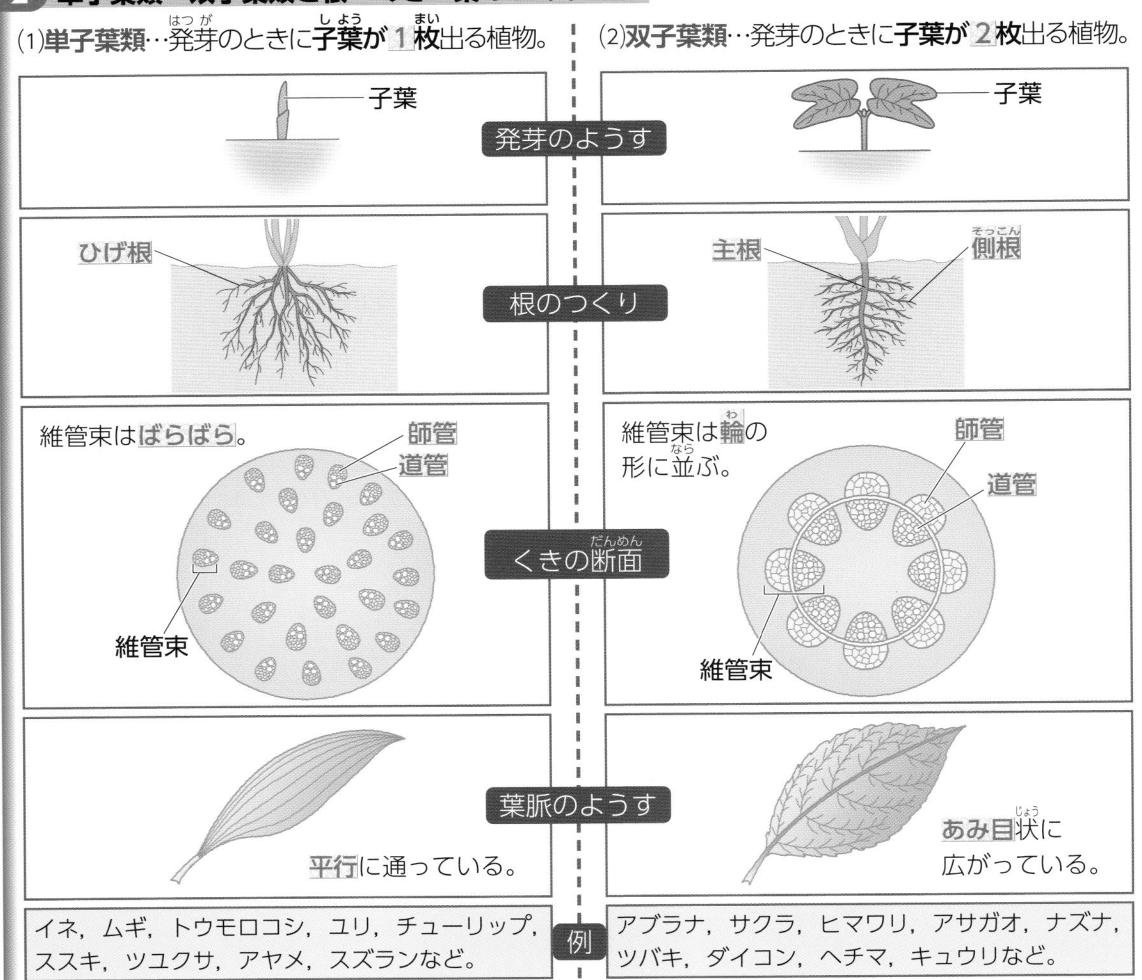

単子葉類	例	双子葉類
イネ，ムギ，トウモロコシ，ユリ，チューリップ，ススキ，ツユクサ，アヤメ，スズランなど。	例	アブラナ，サクラ，ヒマワリ，アサガオ，ナズナ，ツバキ，ダイコン，ヘチマ，キュウリなど。

▶解答は2ページ

2 根・くき・葉のつくり　理解度チェック！

学習日　月　日

■次の問いに答えなさい。(　　)にはことばを入れ，〔　　〕は正しいものを選(えら)びなさい。

□1　根の先のほうにある，図1の毛のような根Aを(　①　)といいます。

図1

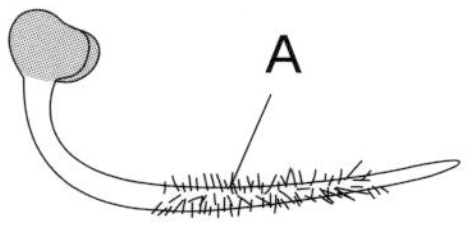

A

□2　くきのつくりで，根から吸収(きゅうしゅう)された水が通る管(くだ)を(　②　)といい，葉でつくられた栄養分(えいようぶん)が通る管を(　③　)といいます。

□3　②と③の管が束(たば)になっている部分を(　④　)といいます。

□4　発芽(はつが)のときに，子葉(しよう)が1枚(まい)出る植物を(　⑤　)といい，子葉が2枚出る植物を(　⑥　)といいます。

□5　子葉が1枚の植物を〔　　　　〕からすべて選びなさい。…⑦
〔ツユクサ　アサガオ　アブラナ　チューリップ〕

□6　子葉が2枚の植物を〔　　　　〕からすべて選びなさい。…⑧
〔イネ　ヘチマ　サクラ　トウモロコシ〕

□7　図2，図3は植物の根を表しています。図2のBの根を(　⑨　)，Cの根を(　⑩　)といい，図3のような根を(　⑪　)といいます。

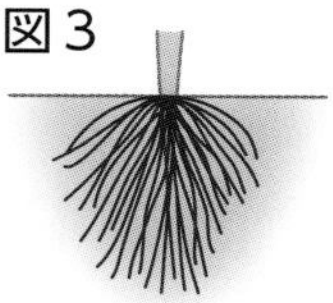

□8　図2のような根をもつなかまを(　⑫　)といい，図3のような根をもつなかまを(　⑬　)といいます。

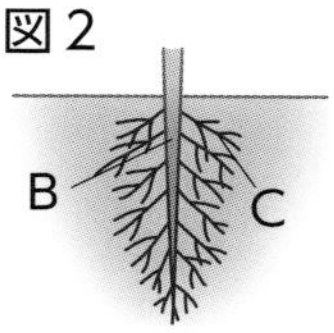

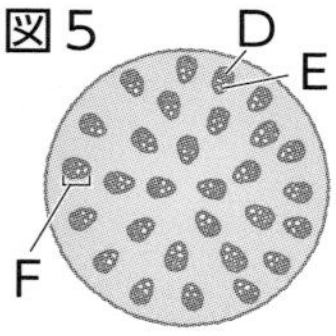

□9　図4，図5はくきの断面図(だんめんず)です。Dの管を(　⑭　)といい，Eの管を(　⑮　)といいます。また，Fの部分を(　⑯　)といいます。

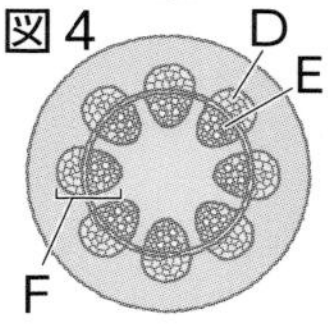

図2　B　C

図3

図4　D　E　F

図5　D　E　F

図6

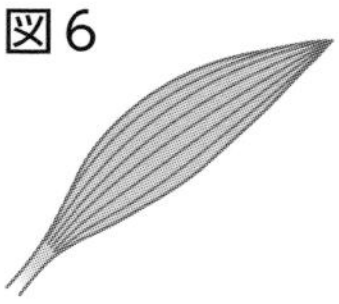

図7

□10　Fの部分が，図4のように輪(わ)の形に並(なら)んでいる植物のなかまを(　⑰　)といい，図5のように散(ち)らばっている植物のなかまを(　⑱　)といいます。

□11　図6のような葉脈(ようみゃく)をもつ植物のなかまを(　⑲　)といい，図7のような葉脈をもつ植物のなかまを(　⑳　)といいます。

□12 記述 ①の根がたくさん生えていることは，どんなことに役立っていますか。簡単(かんたん)に説明(せつめい)しなさい。…㉑

①
②
③
④
⑤
⑥
⑦
⑧
⑨
⑩
⑪
⑫
⑬
⑭
⑮
⑯
⑰
⑱
⑲
⑳

㉑

3 光合成のしくみ

入試必出要点　赤シートでくりかえしチェックしよう！

1 光合成

(1)**光合成**…植物がでんぷんなどの栄養分をつくるはたらき。

(2)**光合成の原料**…**根**から吸収した水と，葉の**気孔**からとり入れた二酸化炭素。

(3)**光合成に必要なエネルギー**…太陽などの光のエネルギー。

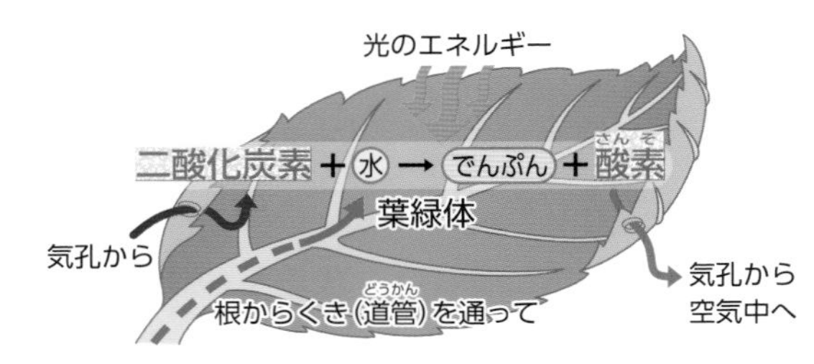

△光合成のしくみ

(4)**光合成が行われる場所**…葉緑体とよばれる，葉などにある**緑色のつぶ**の部分。

(5)光合成では，**でんぷん**のほかに酸素もつくられる。

2 光合成に必要なものを調べる実験

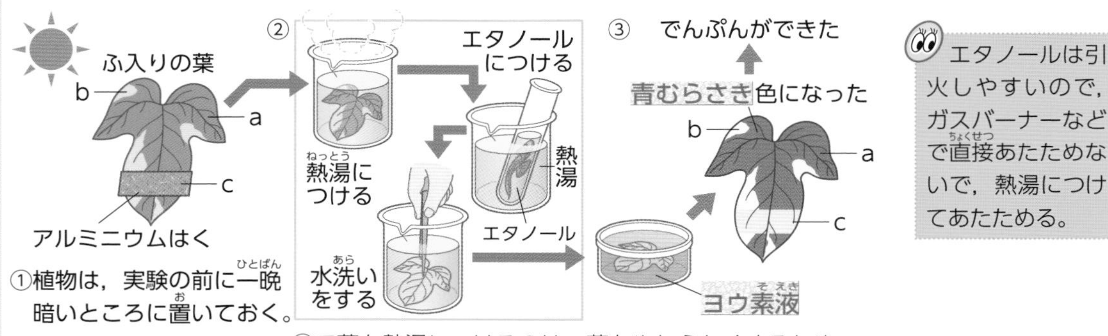

エタノールは引火しやすいので，ガスバーナーなどで直接あたためないで，熱湯につけてあたためる。

②で葉を熱湯につけるのは，葉をやわらかくするため。

(ふの部分には葉緑体がなく，葉をアルミニウムはくでおおうと葉に光が当たらない。)

- ①で，植物を実験の前に一晩暗いところに置いておくのは，**葉のでんぷんをなくすため**である。
- ②で，**葉をあたためたエタノールにつける**のは，**葉の緑色を脱色**するためである。
  └→葉の緑色がエタノールにとけ，ヨウ素液の反応が見やすくなる。
- 葉を**ヨウ素液**にひたすと，**でんぷんのある部分が青むらさき色**になる。
- **aとbの結果から**→光合成には葉緑体が必要なことがわかる。
- **aとcの結果から**→光合成には光が必要なことがわかる。

3 光合成で発生する気体を調べる実験

- はく息には，吸う息に比べて二酸化炭素が多くふくまれている。
- 水に息をふきこんだのは，水中に，水草の**光合成に必要な**二酸化炭素を多くするため。
- 火のついた線こうが**ほのおを上げて燃える**→光合成によって酸素ができたことがわかる。

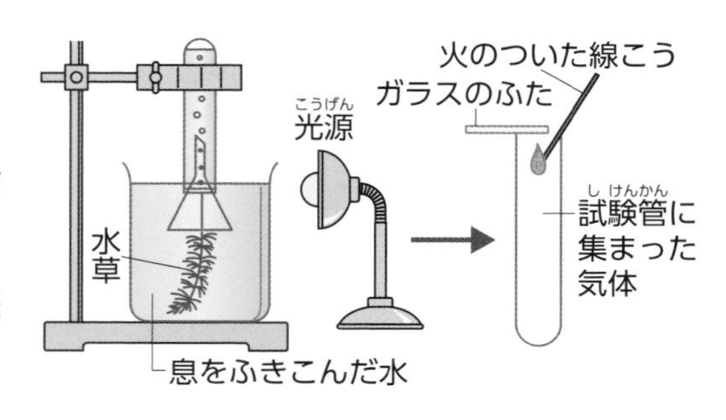

▶解答は2ページ

3 光合成のしくみ　理解度チェック！

学習日　　月　　日

■次の問いに答えなさい。(　　　)にはことばを入れ，〔　　　〕は正しいものを選びなさい。

□1　植物がでんぷんなどの栄養分をつくるはたらきを(　①　)といいます。

□2　右の図は，光合成のしくみを表したものです。根から吸収された水はくきの②〔道管　師管〕を通って運ばれます。

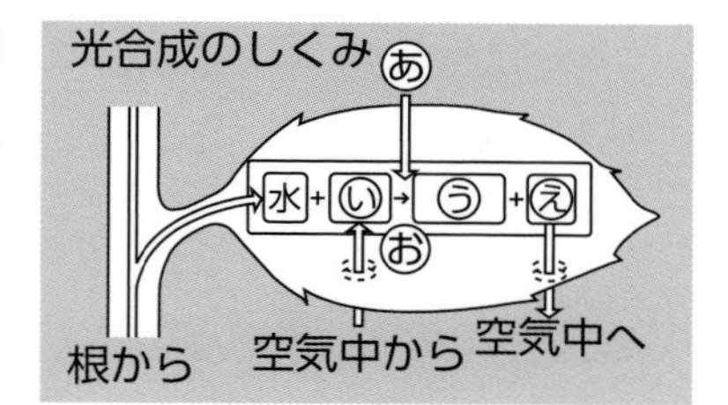

□3　右の図で，㋐は(　③　)のエネルギーを表しています。

□4　空気中からとり入れられる㋑の気体は(　④　)です。

□5　㋒は光合成でできた栄養分で，(　⑤　)です。

□6　光合成によって⑤の栄養分ができたことを確かめるには(　⑥　)という液体を使います。

□7　⑤の栄養分に⑥の液体をつけると，(　⑦　)色に変化します。

□8　光合成でできた㋓の気体は(　⑧　)です。

□9　光合成が行われる㋔の部分を(　⑨　)といいます。

□10　㋑や㋓の気体が出入りする，葉にある小さなすきまを(　⑩　)といいます。

□11　鉢植えの植物を一晩暗いところに置き，次の日の朝，右の図のようにして日光に数時間当て，でんぷんができているかどうかをヨウ素液で調べました。

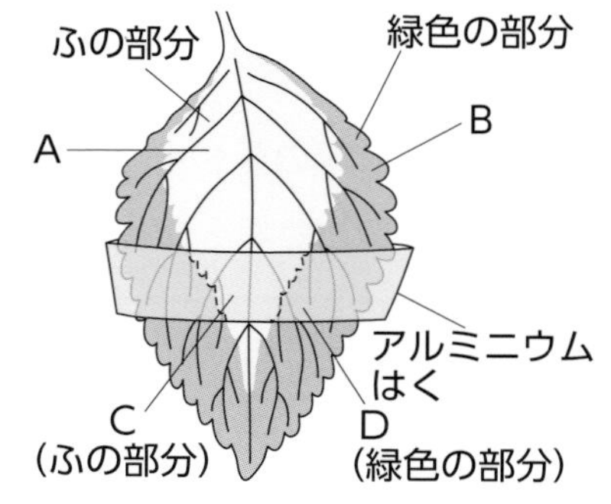

(1)　葉をヨウ素液につける前に，葉の緑色を脱色するために，葉をあたためた(　⑪　)の中に入れます。

(2)　A～Dのうち，光合成に光が必要なことは⑫(　　と　　)の2つを比べればわかります。

(3)　光合成に葉緑体が必要なことは，⑬(　　と　　)の2つを比べればわかります。

□12 **記述** 光合成でできた気体が酸素であることを確かめる方法と，その結果について説明しなさい。…⑭

⑭	

①

②

③

④

⑤

⑥

⑦

⑧

⑨

⑩

⑪

⑫　　と

⑬　　と

こんな問題も出る

エタノールをあたためるときは，エタノールを直接熱するのではなく，熱湯を入れたビーカーの中にエタノールの入った試験管を入れてあたためます。このようにするのはエタノールが(　　　　)ためです。

(答えは下のらん外)

▲答え…引火しやすい(火がつきやすい)

4 蒸散，呼吸のしくみ

入試必出要点　赤シートでくりかえしチェックしよう！

1 蒸散

(1)**蒸　散**…植物が水を水蒸気として**体外に放出**すること。

(2)**蒸散が行われるところ**…葉の表面にある気孔という**小さなすきま**。
葉の表側より裏側に多い。

(3)**蒸散の役割**…植物体内の水分量の調節，**根からの水**の吸収をさかんにする，体温の上しょうを防ぐ。

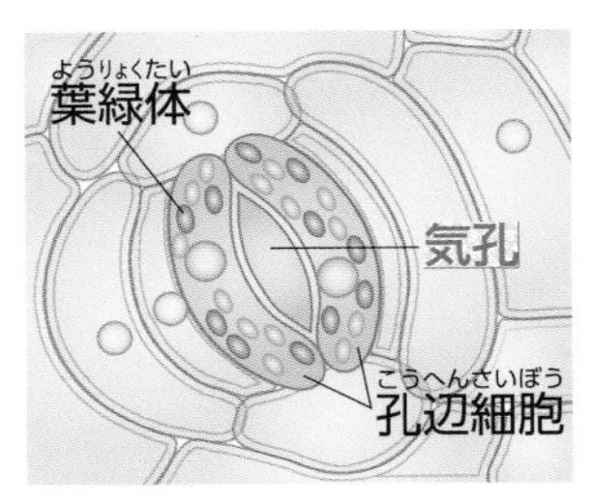

気孔のつくり

2 呼吸

(1)**呼　吸**…酸素をとり入れて**でんぷん**などの栄養分を分解し，エネルギー**をとり出すこと。**

●光合成と逆のはたらきである。

でんぷん ＋ 酸素 → 二酸化炭素 ＋ 水
（→エネルギー）

(2)**呼吸でできるものを調べる実験**…発芽しかけたダイズの種子をポリエチレンのふくろに入れ，ピンチコックで閉じて，しばらく置いておく。

①しばらくすると，ふくろの内側が白くくもった。
→水ができたことがわかる。

②ふくろの中の気体を石灰水に通すと，石灰水が白くにごった。
→二酸化炭素ができたことがわかる。

(3)**呼吸と光合成**

①**昼**…**光合成で吸収される**二酸化炭素**の量**が，**呼吸で放出される**二酸化炭素**の量より**多い。

②**夜**…**呼吸**により，二酸化炭素が**放出**されるだけ。
光合成は行われず，二酸化炭素は吸収されない。

例題　蒸散量を調べる実験

A　葉の裏にワセリンをぬる。（油・水）　葉の表とくきから蒸散

B　葉の表にワセリンをぬる。　葉の裏とくきから蒸散

C　そのまま水にさす。　葉の全面とくきから蒸散

・水面に油をたらすのは，水面からの水の蒸発を防ぐため。
・葉にワセリンをぬると気孔がふさがれる。

試験管	A	B	C
水の減少量〔cm^3〕	3	16	18

(1)　葉の表から放出された水は何cm^3か。

(2)　葉の裏から放出された水は何cm^3か。

解き方

(1)　右の表より，葉の表から放出された水の量は，(C－B)で求められるから，18－16＝2〔cm^3〕となる。

試験管	A	B	C
蒸散が行われたところ	葉の表とくき	葉の裏とくき	葉の表・裏とくき
水の減少量〔cm^3〕	3	16	18

(2)　葉の裏から放出された水の量は，(C－A)で求められるから，18－3＝15〔cm^3〕

▶解答は2ページ

4 蒸散，呼吸のしくみ　理解度チェック！

学習日　　月　　日

■次の問いに答えなさい。(　　)にはことばを入れ，〔　　〕は正しいものを選びなさい。

□1　植物が水を体外に放出することを(　①　)といいます。

□2　①のはたらきでは，水は気体の(　②　)というすがたで放出されます。

□3　①のはたらきでは，水は葉の表面にある(　③　)という小さなすきまから出ていきます。

□4　③のすきまは，葉の④〔表側　裏側〕に多くあります。

□5　①のはたらきがさかんになると，根から吸収する水の量が⑤〔多く　少なく〕なります。

□6　①のはたらきがさかんになると，植物のからだの温度は⑥〔上がり　下がり〕ます。

□7　でんぷんなどの栄養分を分解し，エネルギーをとり出すはたらきを(　⑦　)といいます。

□8　⑦で使われる気体は(　⑧　)です。

□9　⑦で出される気体は(　⑨　)です。

□10　⑨の気体をある液体に通すと，その液体は白くにごります。ある液体とは(　⑩　)です。

□11　晴れた日の昼間，植物の光合成で吸収される二酸化炭素の量をAとし，呼吸で放出される二酸化炭素の量をBとしたとき，A，Bの関係は⑪〔A＝B　A＞B　A＜B〕となります。

①
②
③
④
⑤
⑥
⑦
⑧
⑨
⑩
⑪
⑫
⑬
⑭
⑮

類題　**右の図の装置を明るいところに2時間置き，水の減少量を調べると，下の表のような結果になりました。**

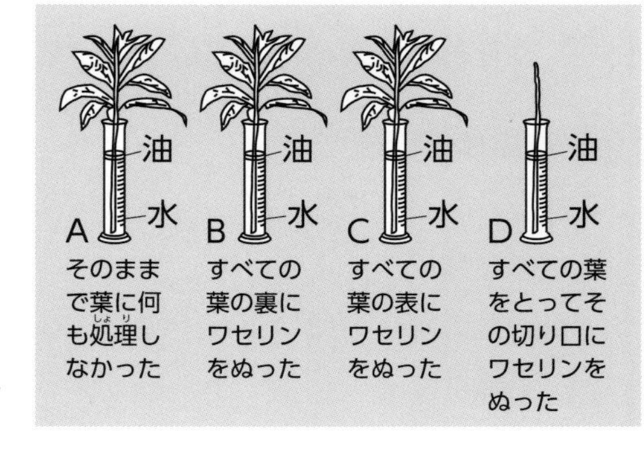

□12　くきから出て行った水の量は(　⑫　)cm^3です。

□13　葉の表から出て行った水の量は(　⑬　)cm^3です。

□14　葉の裏から出て行った水の量は(　⑭　)cm^3です。

□15　この実験から，蒸散は葉の⑮〔表　裏〕側でさかんなことがわかります。

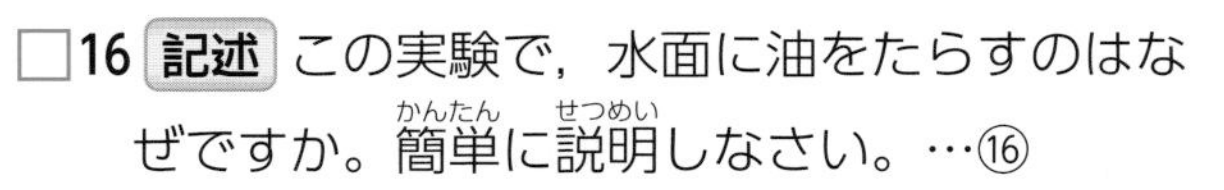

□16 **記述** この実験で，水面に油をたらすのはなぜですか。簡単に説明しなさい。…⑯

装置	A	B	C	D
水の減少量〔cm^3〕	5.5	1.5	4.5	0.5

⑯

生物　植物の育ち方

5 花のつくりと実

入試必出要点　赤シートでくりかえしチェックしよう！

1 花のつくり

(1)**花のつくり**…ふつう，外側から順に，**がく**，花びら（花弁ともいう），おしべ，めしべがついている。

①がく…つぼみのとき，**内部を守っている。**

おしべ(多数)（やく）　花びら（5枚）　めしべ　がく（5枚）　はいしゅ　子房

△サクラの花のつくり（り弁花）

おしべ(5本)（やく）　めしべ　花びら（5枚）くっついている。　がく(5枚)　子房

△アサガオの花のつくり（合弁花）

②**花びら**…花の種類によって枚数や形がちがう。

●花びらが**1枚1枚はなれている花を**り弁花という。例　サクラ，アブラナ，ホウセンカ

●花びらが**もとでくっついている花を**合弁花という。例　タンポポ，アサガオ，ツツジ

③**おしべ**…めしべを囲むようについていて，先には花粉**が入っている**やくがある。

④**めしべ**…先の部分を柱頭といい，花粉**がつく**。もとの**ふくらんだ部分を**子房といい，はいしゅが入っている。

(2)**両性花と単性花**

①両性花…1つの花に**めしべとおしべの両方がついている花。**

例　サクラ，アブラナ，アサガオ

②単性花…1つの花に，**めしべ，おしべの一方しかついていない花**。**めしべだけをもつ花を**め花，**おしべだけをもつ花を**お花という。例　ヘチマ，カボチャ，マツ

<お花>　おしべ　花びら（5枚）もとがくっついている。　<め花>　めしべ　がく　子房

△ヘチマの花のつくり（合弁花）

2 花のはたらき

(1)受粉…おしべのやくでつくられた花粉**がめしべの**柱頭**につく**こと。

(2)**受粉後の変化**…**はいしゅ**が種子になり，**子房**が果実になる。

(3)**花粉の運ばれ方**

①風ばい花…花粉が風によって運ばれる花。
└軽くて飛ばされやすい花粉を大量につくる。

例　マツ，スギ，ヒノキ，トウモロコシ，ススキ

②虫ばい花…花粉が虫によって運ばれる花。
└虫を引きよせるため，きれいな花，よい香り，みつせんをもつものがある。

例　ヒマワリ，ホウセンカ，アブラナ，ヘチマ，タンポポ

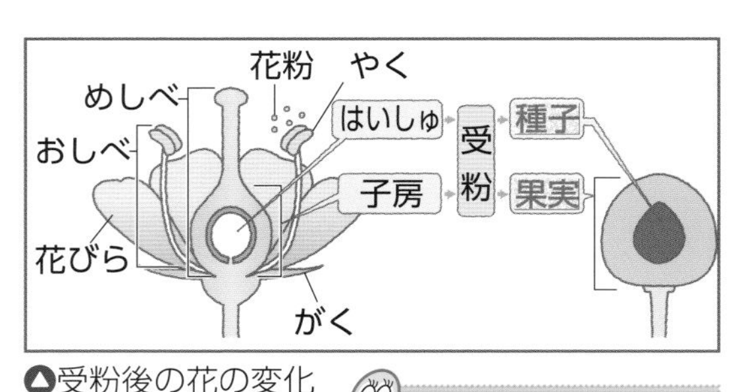

△受粉後の花の変化

ツバキは，花粉が鳥によって運ばれる鳥ばい花である。

▶解答は2ページ

5 花のつくりと実　理解度チェック！

学習日　　月　　日

■次の問いに答えなさい。(　　)にはことばを入れ，〔　　〕は正しいものを選びなさい。

□1　花のつくりのうち，がく，花びら，おしべ，めしべで，いちばん外側についているのは(　①　)です。

□2　右の図は，アブラナの花の断面です。

(1)　㋐の部分を(　②　)といいます。

(2)　㋐には(　③　)が入っています。

□3　㋑の部分を(　④　)といいます。

□4　㋒の部分を(　⑤　)といいます。

□5　花びらが１枚１枚はなれている花を(　⑥　)といいます。

□6　花びらがもとでくっついている花を(　⑦　)といいます。

□7　次の植物の中で，⑥の花をすべて選びなさい。…⑧

サクラ	アサガオ	ホウセンカ	ツツジ	アブラナ

□8　めしべの先の部分を(　⑨　)といいます。

□9　めしべのもとのふくらんだ部分を(　⑩　)といいます。

□10　⑩の部分には(　⑪　)というつぶが入っています。

□11　１つの花にめしべとおしべの両方がついている花を(　⑫　)といいます。

□12　１つの花にめしべ，おしべの一方しかついていない花を(　⑬　)といいます。

□13　⑬の花で，めしべだけをもつ花を(　⑭　)といいます。

□14　⑬の花で，おしべだけをもつ花を(　⑮　)といいます。

□15　花粉がめしべの柱頭につくことを(　⑯　)といいます。

□16　⑯が行われると，やがて，はいしゅは(　⑰　)になります。

□17　⑯が行われると，やがて，子房は(　⑱　)になります。

□18　花粉が風によって運ばれる花を(　⑲　)といいます。

□19　花粉が虫によって運ばれる花を(　⑳　)といいます。

□20　⑲にあてはまる花は㉑〔ヘチマ　ヒマワリ　スギ〕です。

□21　記述　花粉が虫によって運ばれる花が，きれいな花をさかせたり，よい香りがしたりするのはなぜですか。理由を説明しなさい。…㉒

①
②
③
④
⑤
⑥
⑦
⑧
⑨
⑩
⑪
⑫
⑬
⑭
⑮
⑯
⑰
⑱
⑲
⑳
㉑

㉒	

6 植物のなかま分け

入試必出要点 赤シートでくりかえしチェックしよう！

1 種子をつくってふえる植物

(1)**種子植物**…**花がさき，種子をつくってなかまをふやす**植物をいい，多くの植物があてはまる。種子植物は，**子房**があるかないかで，**被子植物**と**裸子植物**に分けられる。

(2)**被子植物**…**はいしゅ**が**子房**の中にある植物で，**単子葉類**と**双子葉類**に分けられる。

①**単子葉類**…発芽のときの**子葉が1枚**の植物。

- 根は**ひげ根**。
- くきの**維管束**は**ばらばら**に散らばっている。
- 葉脈は**平行**である。

②**双子葉類**…発芽のときの**子葉が2枚**の植物。

- 根は**主根**と**側根**。
- くきの**維管束**は**輪**の形に並んでいる。
- 葉脈は**あみ目**状に広がっている。

・双子葉類は，**り弁花**をつける**り弁花類**と，**合弁花**をつける**合弁花類**に分けられる。

(3)**裸子植物**…**子房がなく，はいしゅがむき出し**の植物。例 マツ，イチョウ，スギ，ソテツ

①**マツの花**…め花とお花がある。め花のりん片には**はいしゅがむき出し**でついている。お花のりん片には**花粉**が入った**花粉のう**がつく。

②**マツの受粉**…花粉は**風で運ばれやすい**つくりをしていて，**はいしゅに届いて受粉**する。受粉後，**はいしゅ**は**種子**になる。

種子植物
子房があるかないか
← ある（はいしゅが子房の中）
ない →（はいしゅがむき出し）
被子植物（果実ができる。）
裸子植物（果実ができない。）
被子植物：子葉が1枚か2枚か
← 1枚：単子葉類
2枚 →：双子葉類
双子葉類：花びらがくっついているかはなれているか
← くっついている：合弁花類
はなれている →：り弁花類

△種子植物のなかま分け

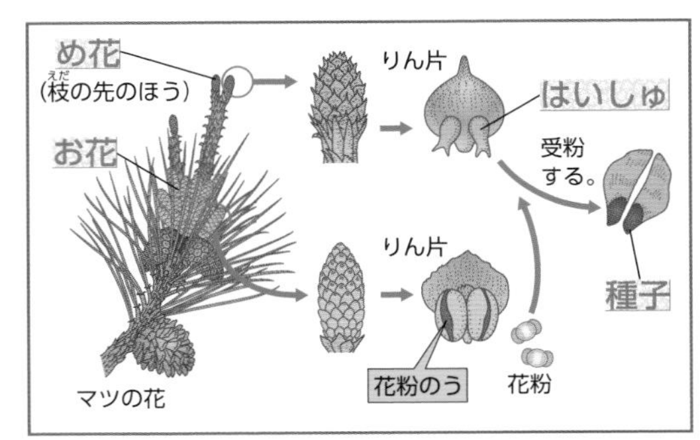

△マツの花のつくりと種子のでき方

2 胞子をつくってふえる植物

(1)**シダ植物**…イヌワラビやゼンマイなどのなかま。**胞子のう**でつくられた**胞子**でふえる。

(2)**コケ植物**…ゼニゴケやスギゴケなどのなかま。**胞子のう**でつくられた**胞子**でふえる。

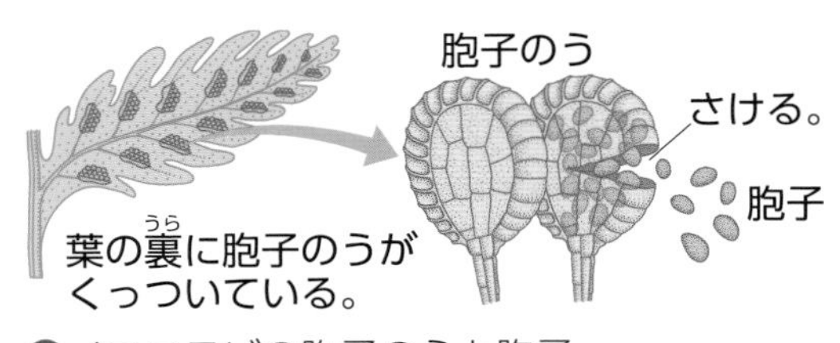

△イヌワラビの胞子のうと胞子

▶解答は2ページ

6　植物のなかま分け　理解度チェック！

学習日　　月　　日

■次の問いに答えなさい。(　　　)にはことばを入れ，〔　　　〕は正しいものを選びなさい。

下の図は，植物をいろいろな特ちょうによって分類したものです。

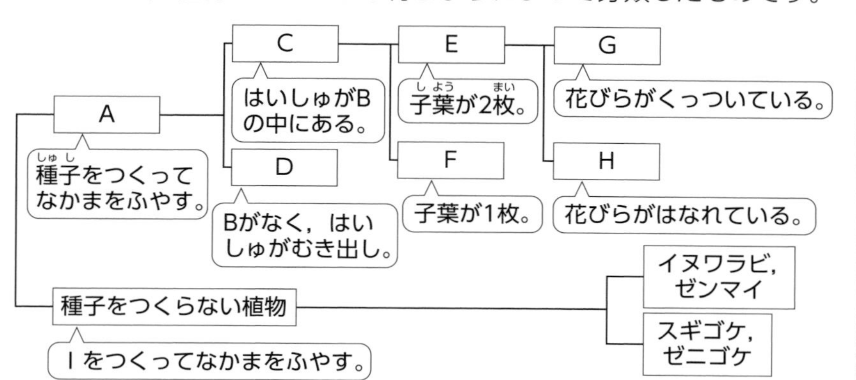

□1　Aの種子をつくってなかまをふやす植物を(　①　)といいます。

□2　Aは，はいしゅがBの中にあるか，むき出しかでCとDに分けられます。Bにあてはまることばは(　②　)です。

□3　はいしゅがBの中にある植物Cを(　③　)といいます。

□4　はいしゅがむき出しの植物Dを(　④　)といいます。

□5　子葉が2枚の植物Eを(　⑤　)といいます。

□6　子葉が1枚の植物Fを(　⑥　)といいます。

□7　⑤の植物のくきの維管束は⑦〔ばらばらに散らばって　輪の形に並んで〕います。

□8　下の図で，⑤の植物の特ちょうを2つ選ぶと(　⑧　)になります。

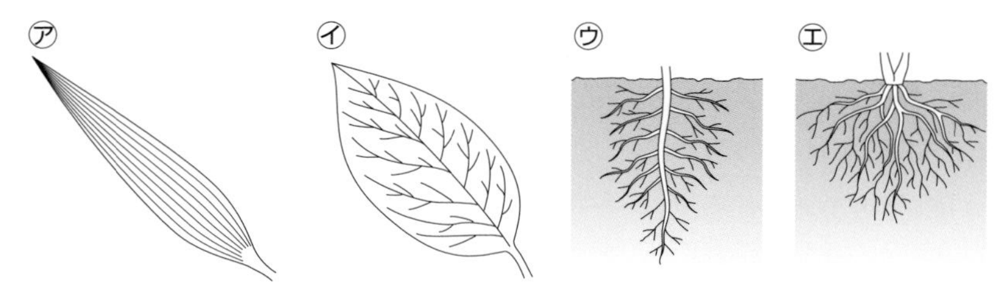

□9　⑥の植物のくきの維管束は⑨〔ばらばらに散らばって　輪の形に並んで〕います。

□10　上の図で，⑥の植物の特ちょうを2つ選ぶと(　⑩　)になります。

□11　Gの植物を(　⑪　)といい，Hの植物を(　⑫　)といいます。

□12　イヌワラビやゼンマイなどのなかまを(　⑬　)といいます。

□13　ゼニゴケやスギゴケのなかまを(　⑭　)といいます。

□14　⑬，⑭の植物は(　⑮　)をつくってふえます。

□15　⑮がつくられる部分を(　⑯　)といいます。

①
②
③
④
⑤
⑥
⑦
⑧　　と
⑨
⑩　　と
⑪
⑫
⑬
⑭
⑮
⑯

こんな問題も出る

アサガオ，アブラナ，マツ，イヌワラビのうち，はいしゅがむき出しなのは(　　　)です。

(答えは下のらん外)

◀答え…マツ

7 こん虫のからだと育ち方

入試必出要点　赤シートでくりかえしチェックしよう！

1 こん虫のからだのつくり

(1)こん虫のからだは，**頭**，**胸**，**腹**の３つの部分に分かれている。

①**頭**…においや味を感じる**しょっ角**，明るさを感じる**単眼**，形や色を感じる**複眼**，口がついている。

②**胸**…**6本のあし**，**4枚のはね**がついている。

③**腹**…**空気の出入り口である気門**があり，**呼吸をする気管**とつながっている。

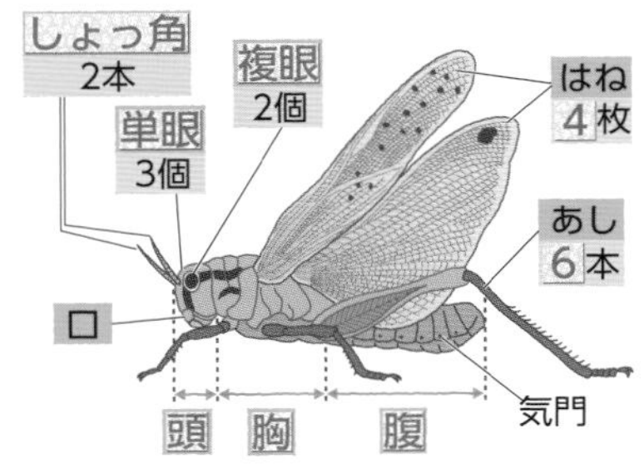

△トノサマバッタのからだのつくり

(2)**口のつくり**…口は，食べ物に適したつくりをしている。

セミ	カ	チョウ
さして吸う。	さして吸う。	吸う。
トノサマバッタ	**トンボ**	**イエバエ**
草をかむ。	動物の肉をかむ。	なめる。

△こん虫の口のつくりとはたらき

2 こん虫の育ち方

(1)**完全変態**…**卵→幼虫→さなぎ→成虫**のように，**さなぎの時期のある育ち方**をいう。例　チョウ，カブトムシ，クワガタ，ハチ，アリ，ハエ，カ，カイコガ

(2)**不完全変態**…**卵→幼虫→成虫**のように，**さなぎ**の時期のない育ち方をいう。

例　トンボ，カマキリ，バッタ，セミ，コオロギ

(3)**モンシロチョウの育ち方**

①**キャベツ**や**アブラナ**の葉の裏に卵をうむ。
└幼虫の食べ物になる。

②**ふ化**した幼虫は，まず**卵のから**を食べる。
└卵から幼虫がかえること。

③**脱皮**を**4回**して**5令幼虫**になる。
└成長の途中で古い皮をぬぎすてること。

④さらに**1回脱皮**して**さなぎ**になる。

⑤**羽化**して**成虫**になる。
└さなぎから成虫がかえること。

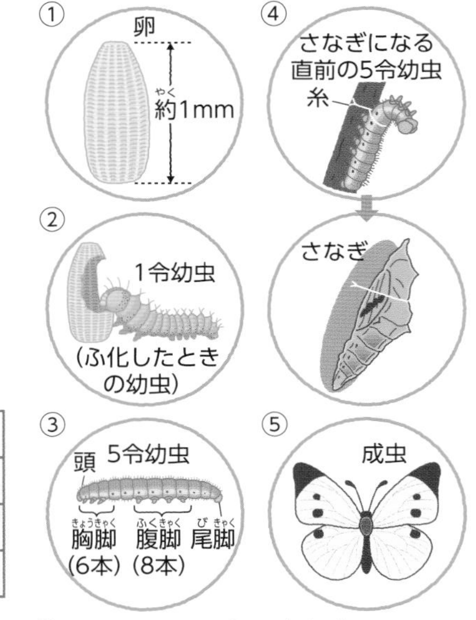

△モンシロチョウの育ち方

(4)**こん虫の冬ごし**

卵	バッタ，コオロギ，カマキリ，アキアカネ
幼虫	セミ，カブトムシ，オニヤンマ，カミキリムシ
さなぎ	モンシロチョウ，アゲハ
成虫	アリ，ナナホシテントウ，ミツバチ，キチョウ

▶解答は3ページ

7 こん虫のからだと育ち方　理解度チェック！

学習日　月　日

次の問いに答えなさい。(　)にはことばを入れ，〔　〕は正しいものを選(えら)びなさい。

□1　こん虫のからだは(　①　)つの部分に分かれています。

□2　こん虫で，においや味を感じる部分を(　②　)といいます。

□3　こん虫の単眼(たんがん)では，③〔明るさ　形や色〕を感じます。

□4　こん虫の複眼(ふくがん)では，④〔明るさ　形や色〕を感じます。

□5　こん虫のあしは⑤〔頭　胸(むね)　腹(はら)〕の部分についています。

□6　こん虫のあしは(　⑥　)本あります。

□7　こん虫のはねは⑦〔頭　胸　腹〕の部分についています。

□8　こん虫のはねは(　⑧　)枚(まい)あります。

□9　こん虫の腹にある空気の出入り口を(　⑨　)といいます。

□10　こん虫は(　⑩　)という部分で呼吸(こきゅう)をします。

□11　セミの口は，⑪〔さして吸(す)う　草をかむ　なめる〕のに適(てき)したつくりをしています。

□12　チョウの口は，⑫〔草をかむ　動物の肉をかむ　みつを吸う〕のに適したつくりをしています。

□13　こん虫の育ち方で，さなぎの時期のある育ち方を(　⑬　)といい，さなぎの時期のない育ち方を(　⑭　)といいます。

□14　次のこん虫で，⑬の育ち方をするものをすべて選びなさい。…⑮

トンボ　チョウ　カマキリ　コオロギ　セミ　カブトムシ　カ

□15　モンシロチョウは，⑯〔キャベツ　キュウリ　ミカン〕などの葉の裏(うら)に卵(たまご)をうみます。

□16　ふ化したモンシロチョウの幼虫(ようちゅう)は，まず(　⑰　)を食べます。

□17　モンシロチョウの幼虫は，さなぎになるまでに(　⑱　)回脱皮(だっぴ)します。

□18　バッタは(　⑲　)のすがたで冬をこし，セミは(　⑳　)のすがたで冬をこします。

□19　アゲハは(　㉑　)のすがたで冬をこし，ミツバチは(　㉒　)のすがたで冬をこします。

□20　記述　モンシロチョウが⑯の葉に卵をうむのはなぜですか。その理由を説明(せつめい)しなさい。…㉓

①
②
③
④
⑤
⑥
⑦
⑧
⑨
⑩
⑪
⑫
⑬
⑭
⑮
⑯
⑰
⑱
⑲
⑳
㉑
㉒

㉓

8 メダカの育ち方

入試必出要点 赤シートでくりかえしチェックしよう！

1 メダカのおすとめす

(1)**メダカのひれ**…むなびれ，腹びれが各２枚，背びれ，おびれ，しりびれが各１枚の，計７枚ある。

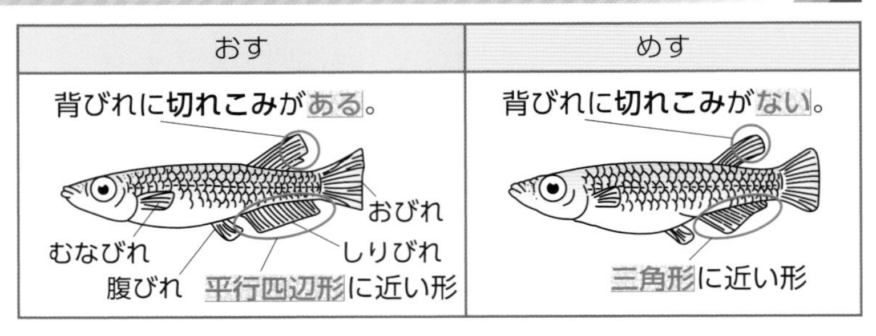

(2)おすとめすは**背びれ**と**しりびれ**の形で区別する。

2 メダカの飼い方

●水そうは，**直射日光が当たらない，明るいところ**に置く。
　→水の温度が大きく変化しないようにするため。

●水は，１日置いたくみ置きの水道水か，池や川の水を使う。
　→水道水にとけている薬品が空気中にぬけ出てから使う。

●水がよごれたら，半分くらいの量をとりかえる。

●卵をうみつけやすいようにするため，水草を入れる。

●えさは食べ残しがないくらいの量をあたえる。
　→残ったえさがあると，水がよごれるから。

●卵がうまれたら，親が食べるのを防ぐため，水草ごと別の水そうに移す。

水草は，光合成によってメダカの呼吸に必要な酸素を出す。

3 メダカの産卵と卵の変化

●卵をうむのに最も適した水の温度は約25℃である。

●１日のうちで，早朝に卵をうむ。
　→10～20個

●おすとめすが並んで泳ぎ，めすがうんだ卵におすが精子をふくむ液をかける。その後，めすは卵を水草につける。

●**卵と精子が結びつく**ことを受精といい，受精した卵（受精卵）の中でメダカのからだが少しずつできてくる。

●およそ11日目（気温25℃のとき）にメダカがかえる。

●かえったばかりの子メダカは，２～３日の間は**腹のふくろの中の**養分を使って育つ。

付着毛は付着糸ともいい，受精卵が水草にからみつくのに役立っている。

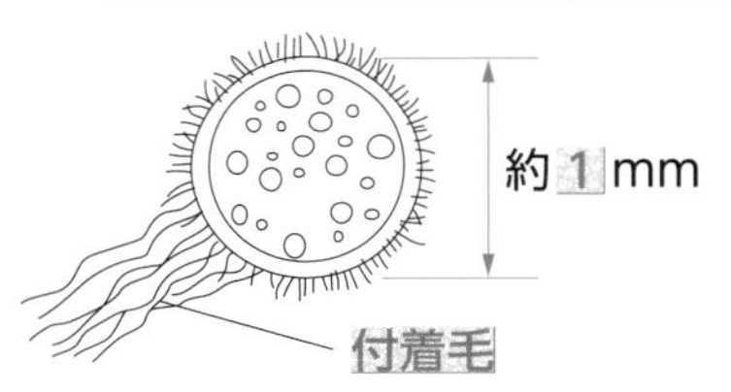

△メダカの卵

受精直後　6～7時間後　4日後　8日後　11日後

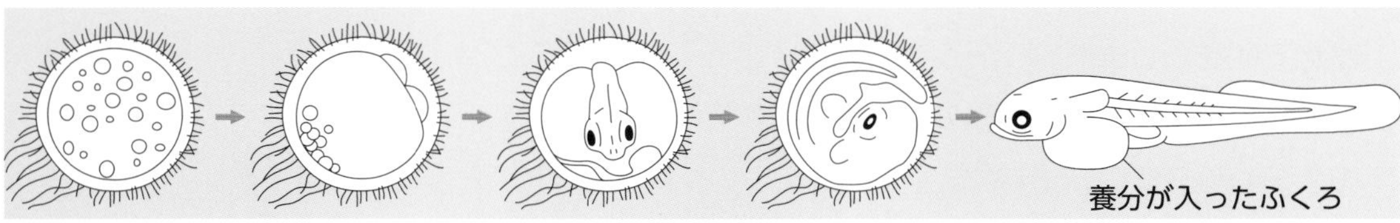

卵の中につぶが散らばっている。　からだになる部分ができる。　目が黒くなる。　魚のような形ができる。　かえったばかりのメダカ

▶解答は3ページ

8　メダカの育ち方　理解度チェック！

学習日　　月　　日

次の問いに答えなさい。(　　)にはことばを入れ，〔　　〕は正しいものを選びなさい。

□1　メダカのおすとめすで，背びれに切れこみがあるのは，(　①　)です。

□2　メダカのおすのしりびれは，(　②　)に近い形をしています。

□3　メダカのめすのしりびれは，(　③　)に近い形をしています。

□4　メダカを飼うとき，水そうは，直射日光が④〔当たる　当たらない〕明るいところに置きます。

□5　メダカを飼うときに使う水は，水道水を⑤〔そのまま　１日くみ置いて〕使います。

□6　メダカを飼っていた水がよごれたときは，水を⑥〔全部　半分くらい〕とりかえます。

□7　メダカにあたえるえさは，⑦〔じゅうぶんに　食べ残しがないくらい〕あたえます。

□8　メダカの卵がうまれたら，(　⑧　)が食べるのを防ぐため，水草ごと別の水そうに移します。

□9　メダカが卵をうむのに最も適した温度は，約⑨〔5　15　25〕℃です。

□10　メダカは，１日のうちで⑩〔早朝　正午ごろ　夕方〕に卵をうみます。

□11　メダカが卵をうむとき，めすがうんだ卵におすが(　⑪　)をふくんだ液をかけます。

□12　めすがうんだ卵と⑪が結びつくことを(　⑫　)といいます。

□13　⑫の結果できた卵を(　⑬　)といいます。

□14　気温25℃のとき，⑬の卵から子メダカはおよそ(　⑭　)日目にかえります。

□15　かえったばかりの子メダカは，２～３日の間は(　⑮　)のふくろの中の養分を使って育ちます。

□16　**記述**　メダカを飼うとき，水そうの水に水草を入れるのはなぜですか。その理由を説明しなさい。ただし，卵をうみつけやすくすることは除きます。…⑯

①

②

③

④

⑤

⑥

⑦

⑧

⑨

⑩

⑪

⑫

⑬

⑭

⑮

こんな問題も出る

下のメダカのめすの図に，しりびれの形をかき加えなさい。

(答えは下のらん外)

⑯

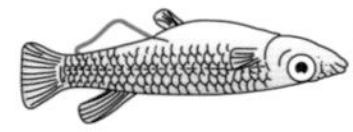

▲答え…右の図(三角形に近い)

9 けんび鏡，水中の小さな生物

入試必出要点　赤シートでくりかえしチェックしよう！

1 けんび鏡

(1)けんび鏡の使い方

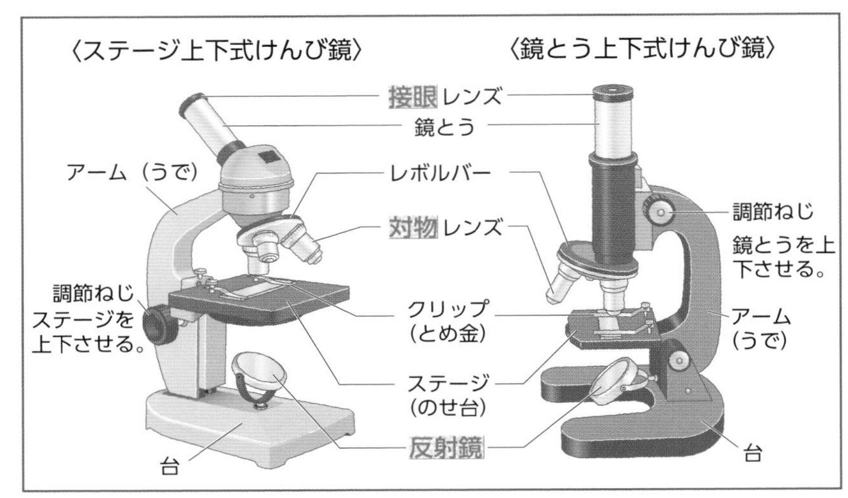

①**直射日光が当たらない**，明るい場所に置く。

②**接眼**レンズ，**対物**レンズの順にとりつける。

③接眼レンズをのぞきながら，**反射鏡を調節**して，**視野が明るくなる**ようにする。

④プレパラートをステージ(のせ台)にのせる。

⑤**横から見ながら**調節ねじを回し，**対物レンズとプレパラートを近づける**。

⑥接眼レンズをのぞきながら，**対物レンズとプレパラートを遠ざけて**いき，**ピントを合わせる。**

対物レンズとプレパラートがぶつからないようにするため。

(2)けんび鏡の倍率と像の動かし方

①**最初は低倍率**で観察し，観察物が視野の**中央**にくるようにする。

→観察したいものを見つけやすいから。

②けんび鏡で見える像は，ふつう，**上下左右が実物とは逆**になっている。

③**けんび鏡の倍率＝接眼レンズの倍率×対物レンズの倍率**

④けんび鏡の**倍率を高くする**と，**見えるはん囲はせまく**なり，**視野は暗く**なる。

→倍率が上がるほど，対物レンズは長くなり，接眼レンズは短くなる。

→一定面積が受けとる光の量が少なくなるから。

観察するものを左に動かしたい。
プレパラートを右に動かす。
プレパラート
けんび鏡の視野
観察するものを上に動かしたい。
プレパラートを下に動かす。

▲プレパラートの動かし方

2 水中の小さな生物

①**葉緑体**をもち，**光合成**をするものがいる。

②光合成をせず，**自分で動き回る**ものがいる。

▶解答は３ページ

9 けんび鏡，水中の小さな生物　理解度チェック！

学習日　　月　　日

■次の問いに答えなさい。(　　)にはことばを入れ，〔　　〕は正しいものを選びなさい。

□1　けんび鏡は，直射日光が①〔当たる　当たらない〕明るい場所に置いて使います。

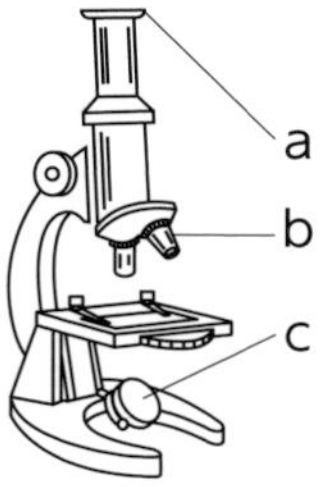

□2　右の図は，鏡とうが上下するけんび鏡です。aのレンズを(　②　)といい，bのレンズを(　③　)といいます。

□3　右の図で，光の量を調節するcを(　④　)といいます。

□4　レンズをとりつけるとき，⑤〔接眼　対物〕レンズを先にとりつけます。

□5　次の㋐～㋔を，けんび鏡を使うときの手順に並びかえると，(　⑥　)になります。

㋐　プレパラートと対物レンズを遠ざけながらピントを合わせる。
㋑　反射鏡を調節して視野を明るくする。
㋒　接眼レンズと対物レンズをとりつける。
㋓　プレパラートをステージにのせる。
㋔　横から見ながら，対物レンズとプレパラートを近づける。

□6　5の㋐で，下線部のようにしてピントを合わせるのは，プレパラートと対物レンズが(　⑦　)ようにするためです。

□7　けんび鏡で観察するとき，最初は⑧〔高　低〕倍率で観察します。

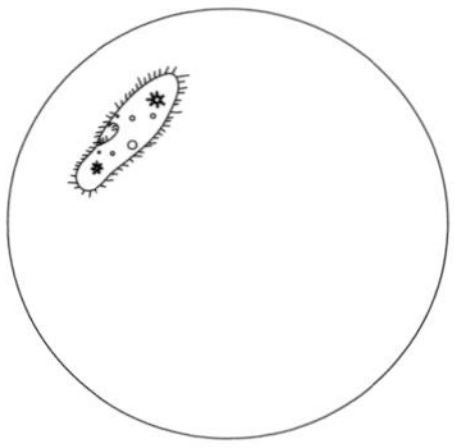

□8　接眼レンズをのぞくと，右の図のような位置に小さな生物が見られました。この生物の名前は(　⑨　)で，葉緑体をもって⑩〔います　いません〕。

□9　右の図の生物が視野の中央に見えるようにするには，プレパラートを⑪〔左上　左下　右上　右下〕に動かします。

□10　接眼レンズの倍率が10倍，対物レンズの倍率が20倍のとき，けんび鏡の倍率は(　⑫　)倍になります。

□11　倍率を上げて観察すると，倍率を上げる前と比べて，見えるはん囲は(　⑬　)なり，明るさは(　⑭　)なります。

□12　**記述**　⑭のようになる理由を説明しなさい。…⑮

⑮	

①
②
③
④
⑤
⑥　　→
→　　→
→
⑦
⑧
⑨
⑩
⑪
⑫
⑬
⑭

こんな問題も出る

対物レンズを低倍率のものから高倍率のものに変えると，レンズの長さは〔長く　短く〕なります。

(答えは下のらん外)

▶答え…長く

10 消化と吸収

入試必出要点　赤シートでくりかえしチェックしよう！

1 養分の消化

(1)**消化**…食物中の養分のつぶを，からだに**吸収されやすいものに変える**はたらき。

(2)**消化管**…**口→食道→胃**→十二指腸→**小腸→大腸→こう門**と続く食物の通り道。

(3)**消化液**…食物を消化する液。

(4)**消化こう素**…消化液にふくまれている，**決まった養分だけを分解する物質**。

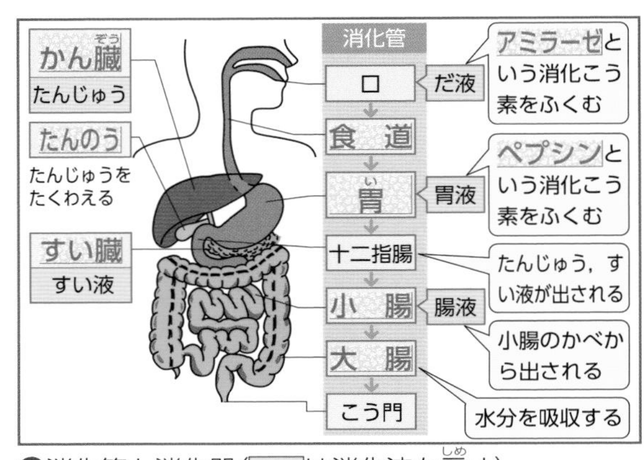

▲消化管と消化器（　は消化液を示す）

(5)**養分の消化**

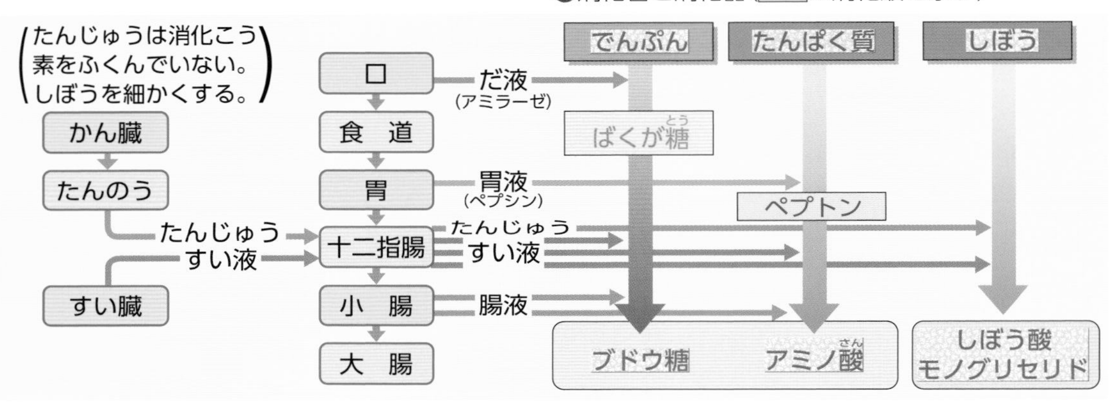

(6)**だ液によるでんぷんの消化**

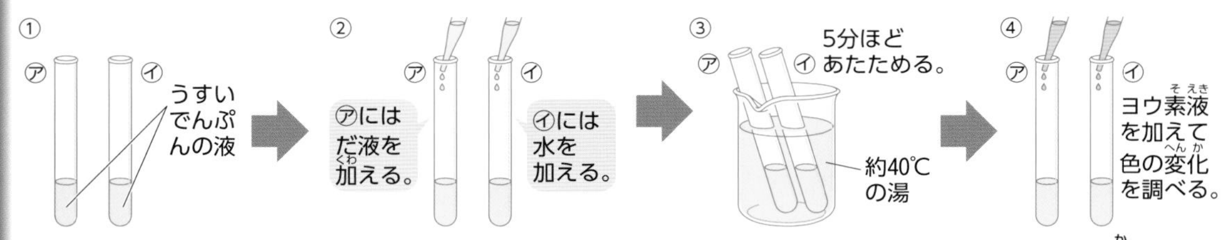

㋐では色の変化はなく，㋑では**青むらさき色**になる→**だ液はでんぷんを別のものに変えた。**

でんぷんはヨウ素液で青むらさき色に変化する。

2 養分の吸収

(1)養分は**小腸**の**じゅう毛**から吸収される。

(2)**じゅう毛**…小腸のひだの表面にある**無数の小さなとっ起**。
→小腸の**表面積**が大きくなり，**養分を効率よく吸収できる**。

(3)**ブドウ糖とアミノ酸→毛細血管**に入る。
しぼう酸・モノグリセリド→吸収されたあと再び**しぼう**になり，**リンパ管**に入る。

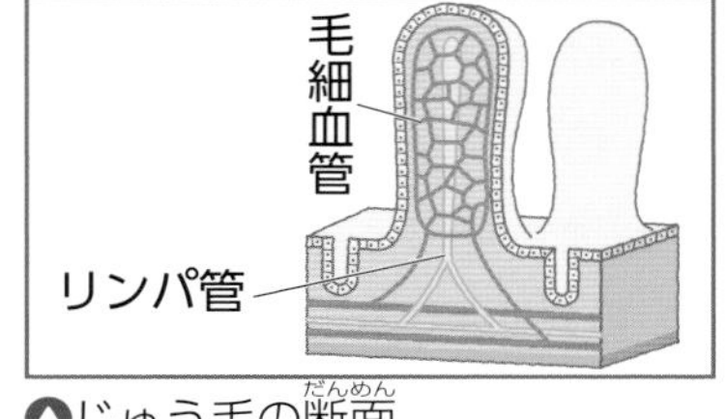

▲じゅう毛の断面

▶解答は３ページ

10 消化と吸収　理解度チェック！

学習日　月　日

■次の問いに答えなさい。(　　)にはことばを入れ，〔　　〕は正しいものを選びなさい。

□1　食物中の養分のつぶを，からだに吸収されやすいものに変えるはたらきを(　①　)といいます。

□2　口からこう門まで続く食物の通り道を(　②　)といいます。

□3　消化液にふくまれ，決まった養分だけを分解する物質を(　③　)といいます。

□4　だ液にふくまれる③を(　④　)といいます。

□5　右の図のｂを(　⑤　)といいます。

□6　ｂでつくられる消化液を(　⑥　)といい，(　⑦　)にたくわえられます。

□7　右の図のｃを(　⑧　)といいます。

□8　ｃではじめに消化される養分は⑨〔でんぷん　たんぱく質　しぼう〕です。

□9　ａ～ｆのうち，すい液を出すのは(　⑩　)です。

□10　ａ～ｆのうち，養分が吸収されるのは(　⑪　)で，(　⑫　)といいます。

□11　養分が消化されると，最終的にでんぷんは(　⑬　)，たんぱく質は(　⑭　)，しぼうはしぼう酸と(　⑮　)という物質になります。

□12　右の図の装置を40℃の湯で５分間あたため，ヨウ素液を加えました。このとき，青むらさき色にならなかったのは⑯〔ａ　ｂ〕です。

□13　消化された養分は⑪にある(　⑰　)という小さなとっ起から吸収されます。

□14　⑰が無数にあることによって，⑪の(　⑱　)が大きくなります。

□15　でんぷんとたんぱく質が消化されて最終的にできた物質は⑲〔毛細血管　リンパ管〕に入ります。

□16　しぼうが消化されて最終的にできた物質が⑰に吸収されたあと，再びしぼうになって⑳〔毛細血管　リンパ管〕に入ります。

□17　**記述**　⑯のようになる理由を，「だ液」，「でんぷん」ということばを使って説明しなさい。…㉑

①
②
③
④
⑤
⑥
⑦
⑧
⑨
⑩
⑪
⑫
⑬
⑭
⑮
⑯
⑰
⑱
⑲
⑳

㉑	

11 心臓と血液のじゅんかん

入試必出要点 赤シートでくりかえしチェックしよう！

1 心臓と血管

(1)心臓は，**全身に**血液**を送り出すポンプ**のはたらきをしている。

(2)**心臓のつくり**…**心ぼう**と**心室**からできている。

①左心室…血液を**全身**に送り出す。

②右心ぼう…**全身**からの血液がもどってくる。

③右心室…**肺**に血液を送り出す。

④左心ぼう…**肺**からの血液がもどってくる。

(全身から) 大静脈
大動脈(全身へ)
肺動脈(肺へ)
肺静脈 (肺から)
左心ぼう
左心室
右心ぼう
右心室
左心室の筋肉は最も厚い

心ぼうと心室がかわるがわる縮んだり広がったりする動きをはく動という。はく動によって手首や首すじで感じる動きを脈はくという。

(3)**血管の種類**

①動脈…心臓から**送り出される血液**が流れる血管。

②静脈…心臓に**もどる血液**が流れる血管。**血液の逆流を防ぐ**ため，弁がついている。

③毛細血管…動脈と静脈をつなぐ**ひじょうに細い血管**。

(4)**血液の成分**

①赤血球…**ヘモグロビン**という色素をふくみ，酸素を運ぶ。

②白血球…体内に入ってきた細きんなどを分解する。

③血しょう…**養分**や二酸化炭素，不要物を運ぶ。

④血小板…**出血したとき**に血液**を固める**。

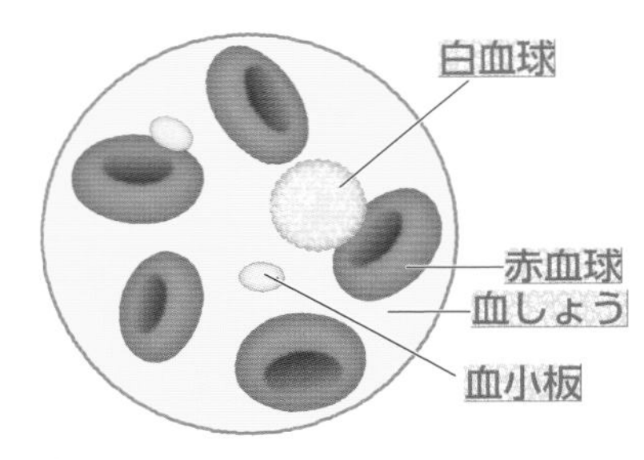

▲血液の成分

2 血液のじゅんかんと物質の流れ

(1)肺じゅんかん…心臓を出て肺を通り，心臓にもどる経路。肺で血液中に酸素**をとり入れ**，二酸化炭素**を出す**。

(2)体じゅんかん…心臓から肺以外の全身を通り，心臓にもどる経路。細胞に酸素や**養分**をわたし，二酸化炭素や不要物を受けとる。

(3)動脈血…**酸素**を多くふくんだ血液。肺静脈や大動脈を流れる。
↳あざやかな赤色をしている。動脈を流れる血液とは限らない。

(4)静脈血…**二酸化炭素**を多くふくんだ血液。肺動脈や大静脈を流れる。
↳黒ずんだ赤色をしている。静脈を流れる血液とは限らない。

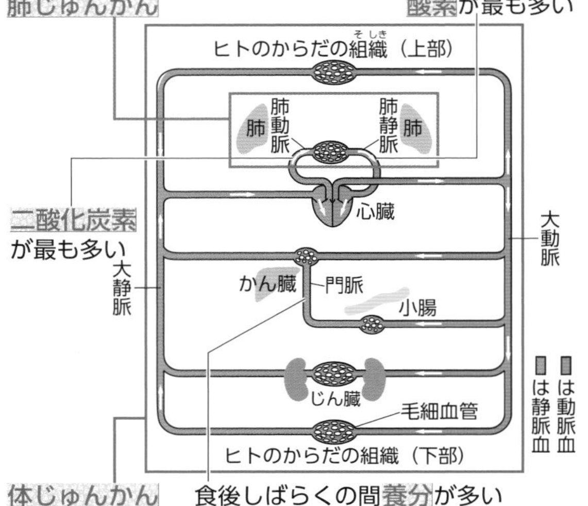

▲ヒトの血液のじゅんかん経路

(5)**門　脈**…**小腸**から**かん臓**へ向かう血液が流れる血管。養分を多くふくむ。

▶解答は3ページ

11 心臓と血液のじゅんかん　理解度チェック！

学習日　　月　　日

■次の問いに答えなさい。(　　　)にはことばや記号を入れなさい。

□1　右の図は，正面から見たヒトの心臓のつくりを示したものです。Aの部屋を(　①　)といい，Cの部屋を(　②　)といいます。

A　B　C　D

□2　肺に血液を送るはたらきをしている部屋はA～Dの(　③　)です。

□3　部屋のかべが最も厚いのは(　④　)です。

□4　心臓から送り出される血液が流れる血管を(　⑤　)といいます。

□5　心臓にもどる血液が流れる血管を(　⑥　)といいます。

□6　⑤と⑥の血管をつなぐひじょうに細い血管を(　⑦　)といいます。

□7　血液の成分のうち，
- 酸素を運ぶはたらきをしているのは(　⑧　)です。
- 体内に入ってきた細きんなどを分解するのは(　⑨　)です。
- 養分や二酸化炭素，不要物を運ぶのは(　⑩　)です。
- 出血したとき，血液を固めるはたらきをするのは(　⑪　)です。

□8　心臓を出て肺を通り，心臓にもどる血液のじゅんかん経路を(　⑫　)じゅんかんといいます。

□9　心臓を出て肺以外の全身を通って，心臓にもどる血液のじゅんかん経路を(　⑬　)じゅんかんといいます。

□10　酸素を多くふくむ血液を(　⑭　)といいます。

□11　二酸化炭素を多くふくむ血液を(　⑮　)といいます。

□12　右の図はヒトの血液のじゅんかんを表しています。a～eのうち，酸素を最も多くふくんだ血液が流れている血管は(　⑯　)で，二酸化炭素を最も多くふくんだ血液が流れている血管は(　⑰　)です。

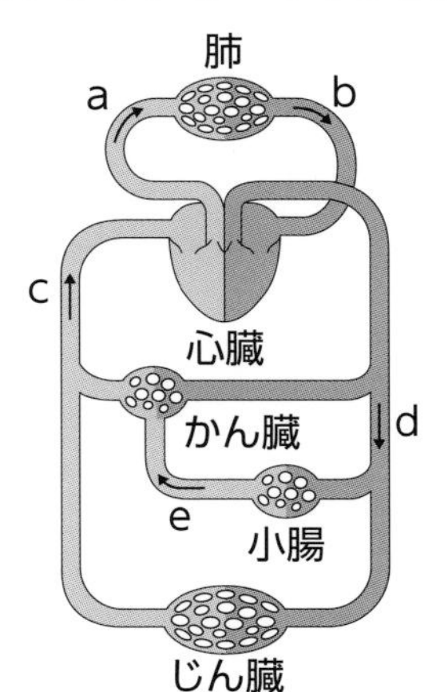

□13　食後，eの血管を流れる血液には(　⑱　)が多くふくまれています。

□14　記述　心臓の④の部屋のかべが最も厚くなっているのはなぜですか。その理由を説明しなさい。…⑲

①
②
③
④
⑤
⑥
⑦
⑧
⑨
⑩
⑪
⑫
⑬
⑭
⑮
⑯
⑰
⑱

⑲

こんな問題も出る

肺動脈と肺静脈のうち，酸素を多くふくむ血液が流れているのはどちらですか。　(答えは下のらん外)

▶答え…肺静脈

12 呼吸と排出

入試必出要点 赤シートでくりかえしチェックしよう！

1 呼吸

(1)**呼　吸**…酸素をとり入れ，二酸化炭素や**水(水蒸気)**をからだの外に出すはたらき。

(2)**ヒトの呼吸器のしくみ**…鼻や口から入った空気は，気管→気管支→肺(肺胞)へ運ばれる。
（気管：のどから肺へつながる管。　気管支：気管の先が枝分かれしたもの。）

①肺胞…気管支の先の**小さなふくろ状のもの。**まわりを**毛細血管**がとりまいている。→肺の表面積が**大きくなり，気体の交換が効率よく行われる。**

②肺…肺胞がたくさん集まってできている。

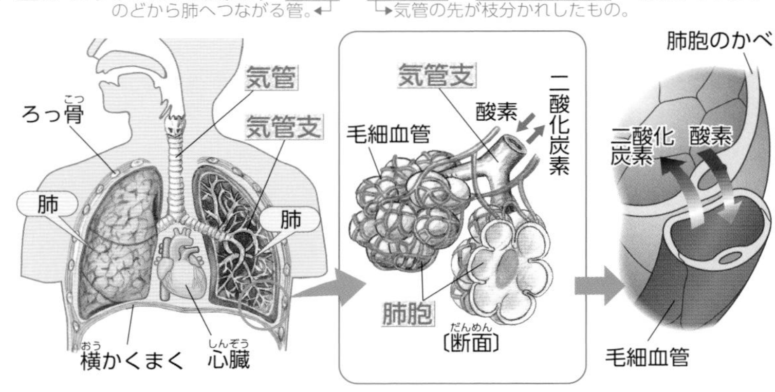

△呼吸器のつくり

(3)**肺での気体の交換…**肺胞内の空気から**血液中に**酸素がとり入れられ，**血液中の**二酸化炭素が肺胞内に出される。

(4)**はく息**…吸う息より，**呼吸で酸素がとり入れられる**から酸素の割合が**小さく**なり，**呼吸で二酸化炭素が出される**ので二酸化炭素の割合が**大きい。**
→**石灰水**にはく息を通すと，白くにごる。

(5)**呼吸のモデル実験**(右の図)

①ゴムまくを引くとガラスびん内の**容積が広がる。**

●**横かくまく**…胸とおなかの境目をつくる筋肉。上下することで肺に空気が出入りすることに役立つ。

②ガラスびん内の**圧力が下がる。**

③ガラス管から**空気が流れこむ。**

④**風船(肺)がふくらむ。**

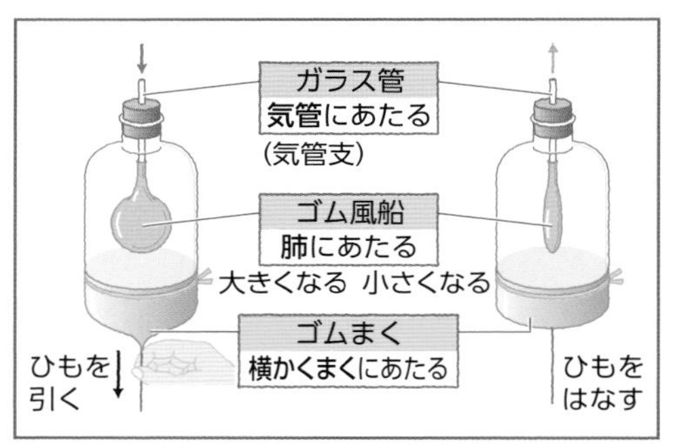

△呼吸のモデル実験

ひもをはなすと，ガラスびん内の圧力が上がって空気が出ていき，風船はしぼむ。

2 排出

(1)**排　出**…不要物を体外に出すはたらき。

(2)**かん臓のはたらき**…たんぱく質が分解されてできた**有害な**アンモニアを**無害な**にょう素に変える。

(3)**じん臓のはたらき**…血液中の**にょう素**などの不要物をこしとり，にょうをつくる。にょうはぼうこうにためられ，その後，排出される。

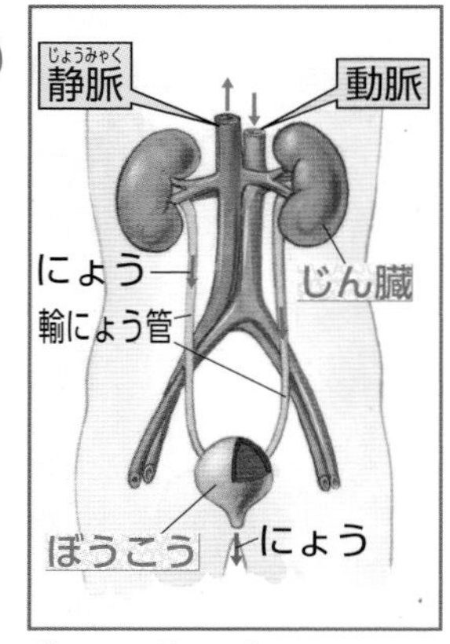

△じん臓などのつくり

▶解答は3ページ

12 呼吸と排出　理解度チェック！

学習日　　月　　日

次の問いに答えなさい。(　　)にはことばを入れ，〔　　〕は正しいものを選びなさい。

□1　酸素をとり入れ，二酸化炭素や水（水蒸気）をからだの外に出すはたらきを(　①　)といいます。

□2　下の図1で，鼻や口から入った空気が運ばれるAの管を(　②　)といいます。

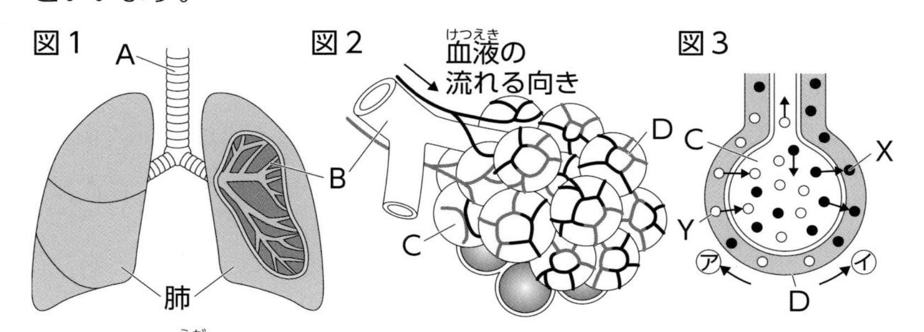

□3　Aの管が枝分かれした図1，図2のBを(　③　)といいます。

□4　図2，図3の小さなふくろ状のものCを(　④　)といいます。

□5　Cをとりまいている，図2，図3の血管Dを(　⑤　)といいます。

□6　図3で，Cから血管Dにとり入れられる気体Xは(　⑥　)で，血管DからCに出される気体Yは(　⑦　)です。

□7　図3で，血液は血管Dを⑧〔ア　イ〕の向きに流れています。

□8　はく息は吸う息に比べて，ふくまれている⑨〔酸素　二酸化炭素〕の割合が大きくなり，⑩〔酸素　二酸化炭素〕の割合が小さくなります。

□9　右の図は，肺の呼吸のモデル実験を表したものです。ガラス管は(　⑪　)，ゴム風船は(　⑫　)，ゴムまくは(　⑬　)にあたります。

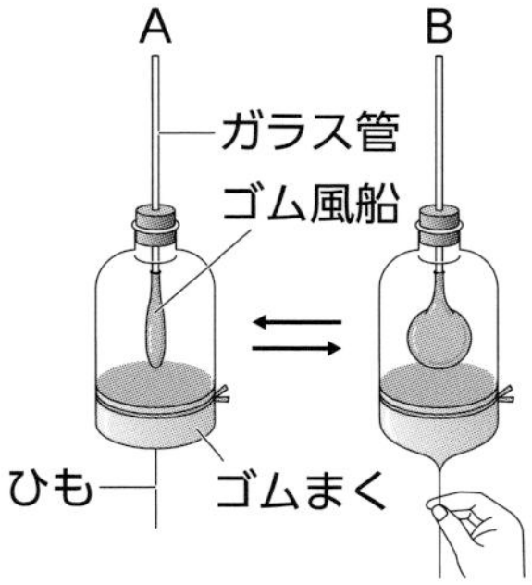

A　B
ガラス管
ゴム風船
ひも
ゴムまく

□10　右の図で，息を吸っているときの状態を示しているのは⑭〔A　B〕です。

□11　有害なアンモニアは(　⑮　)で無害な(　⑯　)に変えられます。

□12　⑯は(　⑰　)でこしとられ，にょうがつくられます。

□13　にょうは一時(　⑱　)にたくわえられて排出されます。

□14　**記述**　上の図2のCが無数にあることは，どのようなことに役立っていますか。「表面積」ということばを使って説明しなさい。…⑲

⑲

①
②
③
④
⑤
⑥
⑦
⑧
⑨
⑩
⑪
⑫
⑬
⑭
⑮
⑯
⑰
⑱

こんな問題も出る

吸う息とはく息を比べたとき，はく息は水蒸気は多くなっていますか，少なくなっていますか。

(答えは下のらん外)

▲答え…多くなっています。

13 骨と筋肉，感覚器

入試必出要点 赤シートでくりかえしチェックしよう！

1 骨と筋肉

(1)**関節**…かたやひじ，ひざなどのように，**よく動く部分の骨と骨のつなぎ目。**関節では，筋肉が関節をまたいで別々の骨についている。

①２つの筋肉が交ごに縮んで，関節を曲げ，のばす。

②筋肉が骨とつながっている部分を**けん**という。

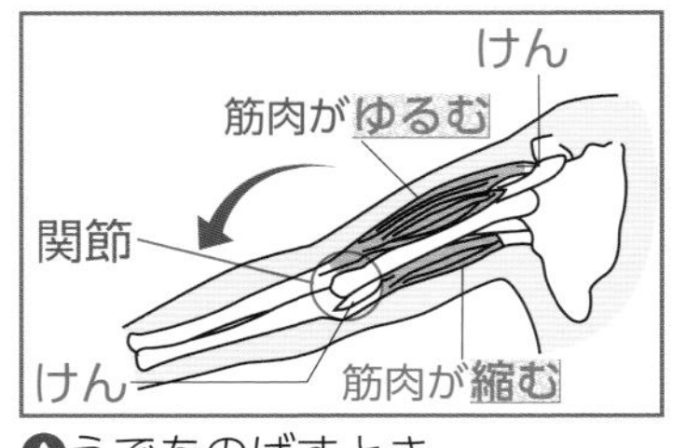

うでをのばすとき

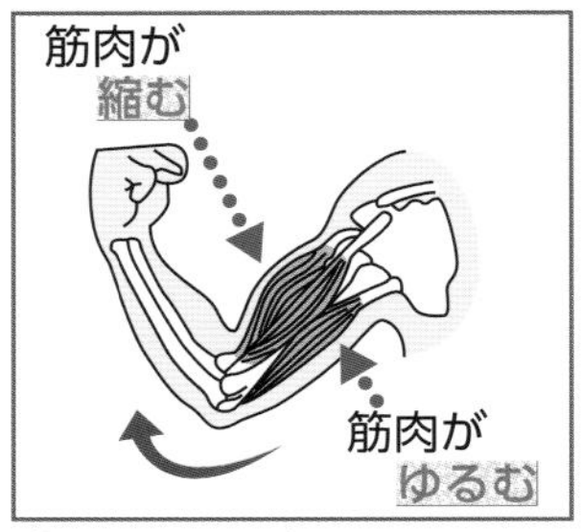

うでを曲げるとき

(2)**骨のつくり**…ヒトの骨は約200個ある。骨ずいで，赤血球，白血球，血小板がつくられる。
└→骨の中心部分。

①**頭骨(頭がい骨)**…**脳**を守る。骨と骨がほう合でつながる。
骨と骨が動かないようになっているつながり方←┘

②**ろっ骨**…胸骨や背骨とつながり，**心臓**や**肺**を守っている。

③**背骨**…短いいくつかの骨がつながり，わずかに動く。
└→なん骨でつながっている。
●ゆるやかなS字形になっていて，**体重の負担をやわらげている。**

④**骨ばん**…**内臓**を支え，女性では**たい児**を支えるために発達している。

頭骨
胸骨
ろっ骨
背骨
骨ばん

ヒトの骨格

2 目・耳のつくりとはたらき

(1)**目のつくり**…もうまくにできた像を視神経が脳に伝える。

①**こうさい**…目に入る**光の量を調節**する→ひとみの大きさが変わる。
└→カメラのしぼりにあたる。

②**ひとみ**…**明るいところでは小さく**なり，**暗いところでは大きく**なる。
目に入る光の量を少なくするため。←┘ 目に入る光の量を多くするため。←┘

③**レンズ**…遠くを見るときはうすく，近くを見るときは厚くなる。

④**もうまく**…**像**ができる。
└→カメラのフィルムにあたる。視神経がつながっているところをもう点という。

(2)**耳のつくり**…空気のしん動で**こまく**がふるえ，**耳小骨→うずまき管→ちょう神経→脳**と伝わる。半規管などで，かたむきや回転を感じる。
└→音

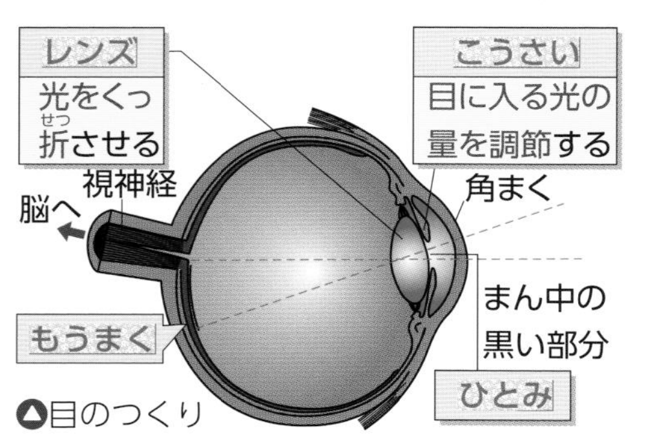

目のつくり

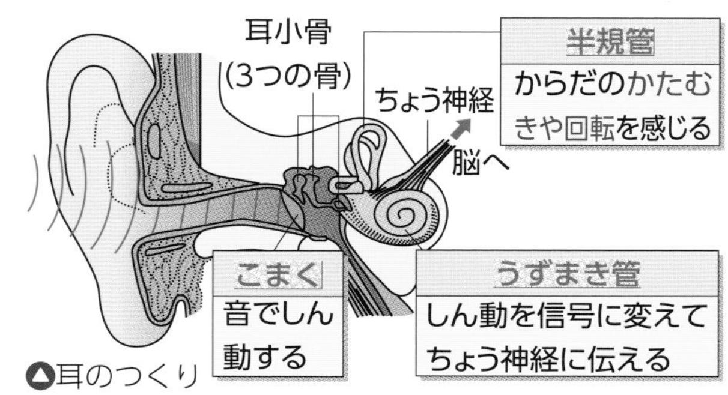

耳のつくり

▶解答は4ページ

13 骨と筋肉，感覚器　理解度チェック！

学習日　　月　　日

■次の問いに答えなさい。（　　）にはことばを入れ，〔　　〕は正しいものを選びなさい。

□1　右の図のひじのように，よく動く部分の骨と骨のつなぎ目Aを，（　①　）といいます。

□2　筋肉が骨とつながっているBの部分を（　②　）といいます。

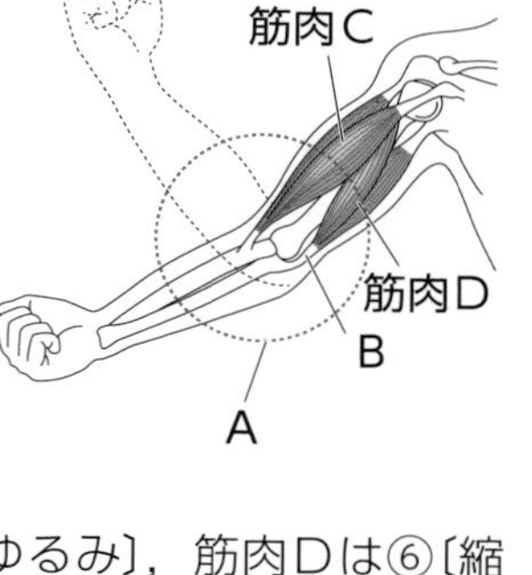

□3　うでを曲げるとき，筋肉Cは③〔縮み　ゆるみ〕，筋肉Dは④〔縮み　ゆるみ〕ます。

□4　うでをのばすとき，筋肉Cは⑤〔縮み　ゆるみ〕，筋肉Dは⑥〔縮み　ゆるみ〕ます。

□5　頭骨（頭がい骨）は（　⑦　）を守っています。

□6　ろっ骨は肺や（　⑧　）を守っています。

□7　ゆるやかなS字形にカーブすることで，外部からのしょうげきや体重の負担をやわらげている骨は（　⑨　）です。

□8　内臓を支え，女性ではたい児を支えるために発達している骨は，（　⑩　）です。

□9　右の図は，目のつくりを示したものです。A～Dのうち，目に入る光の量を調節している部分は（　⑪　）で，（　⑫　）といいます。

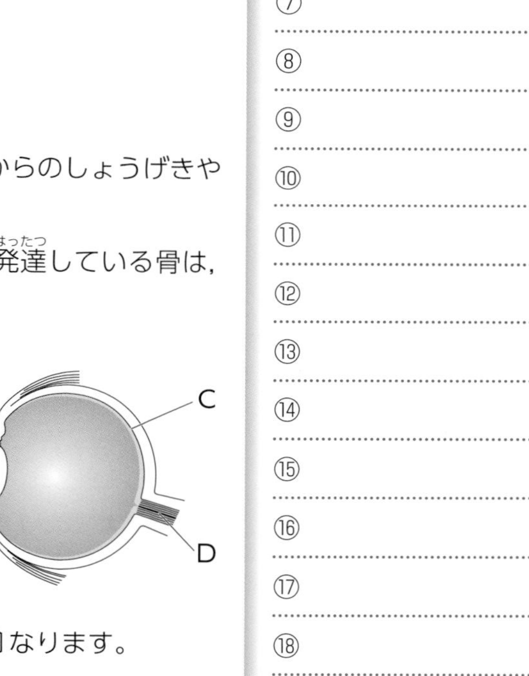

□10　目で，像を結ぶ部分を（　⑬　）といい，右の図では（　⑭　）にあたります。

□11　ひとみは明るいところでは⑮〔大きく　小さく〕なります。

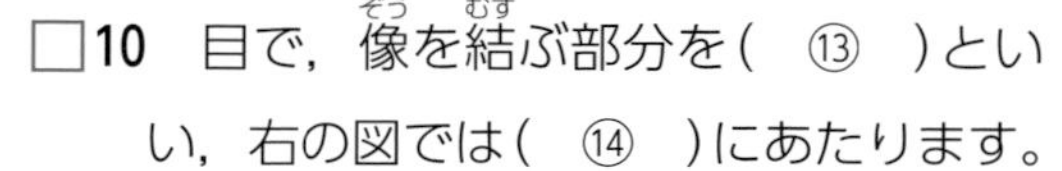

□12　右の図は，耳のつくりを示したものです。a～dのうち，空気のしん動で最初にふるえる部分は（　⑯　）で，（　⑰　）といいます。

□13　からだのかたむきや回転を感じる部分を（　⑱　）といい，右の図では（　⑲　）にあたります。

□14　記述　ひとみは暗いところでは大きくなります。その理由を説明しなさい。…⑳

①
②
③
④
⑤
⑥
⑦
⑧
⑨
⑩
⑪
⑫
⑬
⑭
⑮
⑯
⑰
⑱
⑲

⑳

14 ヒトのたんじょう

入試必出要点　赤シートでくりかえしチェックしよう！

1 男女のからだと受精

(1)男性のからだのつくり

①精子をつくる精巣がある。

②精子の長さはおよそ0.06mmである。

(2)女性のからだのつくり

①卵（卵子）をつくる卵巣がある。

②卵の直径はおよそ0.14mmである。

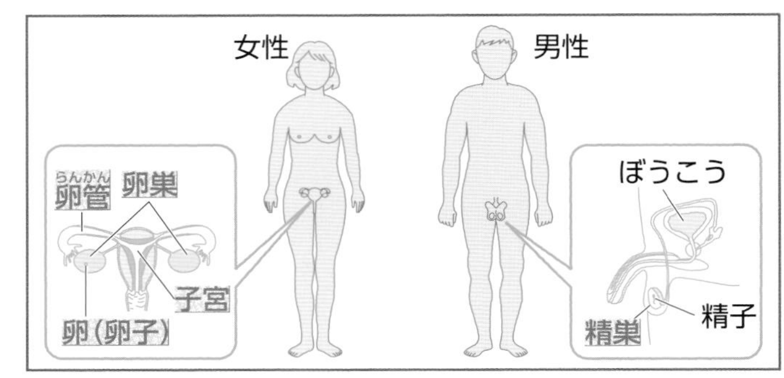

男女のからだのつくり

(3)受　精…男性から出された精子と女性の体内にある卵（卵子）が結びつくことを受精といい，受精した卵を受精卵という。

2 たい児の成長

(1)たい児…母親の体内で育っている，生まれる前の子ども。

(2)たい児は，母親の子宮とよばれる部分で育つ。

(3)たいばん…母親の毛細血管とたい児の毛細血管が集まっているところで，ここを通して物質がやりとりされる。

①	母親→たい児	酸素や養分がわたされる。
②	たい児→母親	二酸化炭素や不要物がわたされる。

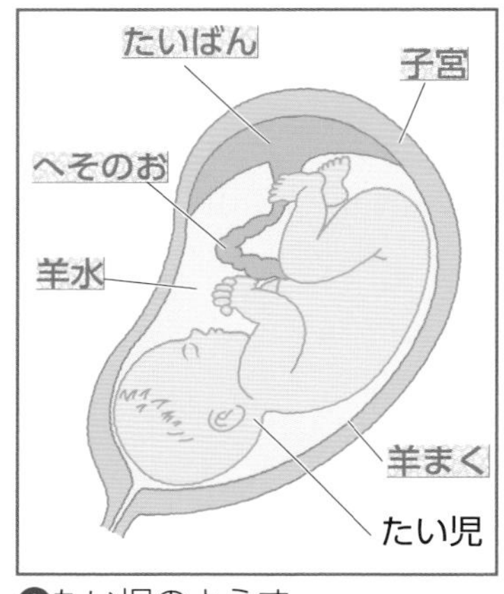

たい児のようす

(4)へそのお…たい児とたいばんをつないでいるひものようなもの。子どもが生まれたあとは不要になるのでとれる。そのあとがへそである。

(5)羊水…子宮を満たしている液。羊水を包んでいるまくを羊まくという。

→たい児をしょうげきから守っている。

(6)たい児の成長

①子宮の中で育ったたい児は，約38週間後に子として生まれる。

②生まれてくる子の大きさは個人によってちがうが，おおよそ身長は50cm，体重は3000gくらいである。

③生まれた直後の子どもは，大きな声を出して泣く。この泣き声をうぶ声という。

④うぶ声をあげて肺に空気を入れ，肺呼吸を始める。

▶解答は4ページ

14 ヒトのたんじょう　理解度チェック！

学習日　　月　　日

次の問いに答えなさい。(　　)にはことばを入れ，〔　　〕は正しいものを選びなさい。

□1　男性のからだで，精巣でつくられるものは(　①　)です。

□2　①の長さは，およそ(　②　)mmです。

□3　女性のからだで，卵巣でつくられるものは(　③　)です。

□4　③の直径は，およそ(　④　)mmです。

□5　男性のからだでつくられた①と，女性のからだでつくられた③が結びつくことを(　⑤　)といいます。

□6　⑤が行われたあとの卵を(　⑥　)といいます。

□7　たい児が育つところを(　⑦　)といいます。

□8　右の図は，たい児のようすを表しています。⑦は図では(　⑧　)にあたります。

□9　母親の毛細血管とたい児の毛細血管が集まっているところを(　⑨　)といい，図では(　⑩　)にあたります。

□10　⑨を通して，母親からたい児にわたされる気体は(　⑪　)です。

□11　母親からたい児にわたされる，たい児の成長に必要な，気体以外の物質は(　⑫　)です。

□12　⑨を通して，たい児から母親にわたされる気体は(　⑬　)です。

□13　⑨とたい児をつないでいるひものようなものを(　⑭　)といいます。

□14　⑭は，上の図では(　⑮　)にあたります。

□15　⑭は子どもが生まれたあとは不要になるのでとれます。そのあとが(　⑯　)とよばれます

□16　子宮を満たしている液を(　⑰　)といいます。

□17　子宮の中で育ったたい児は，約⑱〔28　38　48〕週間後に子として生まれます。

□18　生まれた直後の子どもは，大きな声を出して泣きます。この泣き声を(　⑲　)といいます。

□19　⑲の声を出すと，(　⑳　)で呼吸を始めます。

□20　記述　たい児が⑰の液に満たされている利点を説明しなさい。…㉑

①

②

③

④

⑤

⑥

⑦

⑧

⑨

⑩

⑪

⑫

⑬

⑭

⑮

⑯

⑰

⑱

⑲

⑳

㉑

生物　動物のからだ

15 動物の分類

赤シートでくりかえしチェックしよう！

1 セキツイ動物の分類

(1)**セキツイ動物**…背骨をもっている動物で，**魚類**，**両生類**，**は虫類**，**鳥類**，**ほ乳類**の５つのグループに分けられる。

(2)**セキツイ動物の分類**

	魚類	両生類	は虫類	鳥類	ほ乳類
受精のしかた	体外受精		体内受精		
生まれ方	卵で生まれる(卵生)				親と似た形で生まれる(胎生)
卵をうむ場所	水中		陸上		
卵のから	ない		ある*		
卵(子)の数	**多い** ←→ **少ない**				
生まれてすぐの食べ物のとり方	自分でとる			親からあたえられる	母親の乳を飲む
呼吸のしかた	えら	子…えらと皮ふ 親…肺と皮ふ	肺		
体温の変化	変わる(変温動物)			変わらない(恒温動物)	
体表のようす	うろこ	ねんまく	うろこ，こうら	羽毛	毛
なかまの例	メダカ，フナ，サメ，カツオ	イモリ，サンショウウオ，カエル	ヤモリ，カメ，ヘビ，ワニ，トカゲ	ハト，スズメ，ペンギン	ヒト，ウシ，クジラ，イルカ，ウサギ

＊陸上に卵をうむ，は虫類と鳥類の卵にからがあるのは，**卵をかんそうから守る**ためである。

2 無セキツイ動物

(1)**無セキツイ動物**…背骨**のない**動物。**節足動物**，**軟体動物**などがある。

(2)**節足動物**…**外骨格**という，からだの外側をおおうかたいからをもち，からだやあしに多くの節がある。**こん虫類**や**甲かく類**などが属する。

①**こん虫類**…からだが，頭，胸，腹に分かれている。例　バッタ，カブトムシ，カマキリ

②**甲かく類**…多くは**水中**で生活する。例　ザリガニ，エビ，カニ

(3)**軟体動物**…内臓を包む**外とうまく**をもっている。例　タコやイカ，貝のなかま

▶解答は4ページ

15 動物の分類　理解度チェック！

学習日　　月　　日

■次の問いに答えなさい。(　　　)にはことばを入れ，〔　　　〕は正しいものを選びなさい。

□1　セキツイ動物は，(　①　)をもっている動物のなかまをいいます。

□2　卵で生まれる生まれ方を(　②　)といい，親と似た形で生まれる生まれ方を(　③　)といいます。

□3　右の図の動物のうち，体外受精するものはフナと(　④　)です。

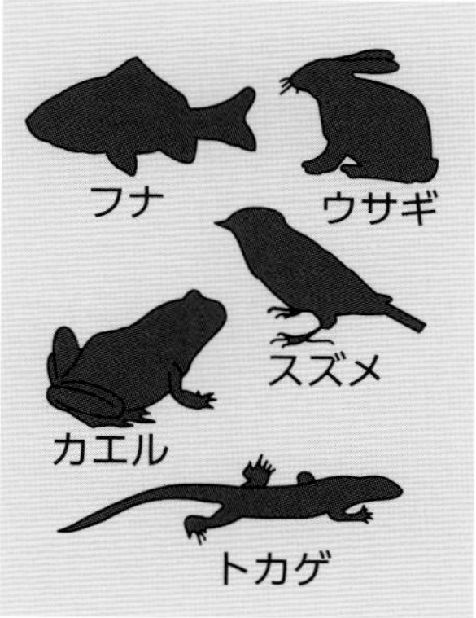

□4　右の図の動物のうち，親と似た形で生まれるのは(　⑤　)です。

□5　右の図の動物のうち，卵にからがないのは(　⑥　)と(　⑦　)です。

□6　右の図の動物のうち，陸上にからのある卵をうむのはスズメと(　⑧　)です。

フナ
ウサギ
スズメ
カエル
トカゲ

□7　フナは(　⑨　)で呼吸します。

□8　カエルは，子のときは皮ふと(　⑩　)で呼吸し，親になると皮ふと(　⑪　)で呼吸します。

□9　カエルと同じなかまは，⑫〔ヤモリ　イモリ　ヘビ　タコ〕で，(　⑬　)類といいます。

□10　トカゲはカメやワニなどと同じなかまで，このなかまを(　⑭　)類といいます。

□11　ウサギやヒトが属するなかまを(　⑮　)といいます。

□12　まわりの温度が変化しても体温が変わらないのは⑮と(　⑯　)類です。

□13　イルカは(　⑰　)類に属しています。

□14　背骨のない動物を(　⑱　)といいます。

□15　背骨のない動物のうち，外骨格をもち，からだやあしに節があるなかまを(　⑲　)といいます。

□16　バッタやカブトムシのなかまを(　⑳　)類といいます。

□17　背骨のない動物のうち，イカやタコが属するなかまを(　㉑　)といいます。

□18 **記述** 陸上に卵をうむセキツイ動物の卵にからがあるのはなぜですか。説明しなさい。…㉒

①
②
③
④
⑤
⑥
⑦
⑧
⑨
⑩
⑪
⑫
⑬
⑭
⑮
⑯
⑰
⑱
⑲
⑳
㉑

㉒

16 生物のくらしと四季

片方を指でかくして読み取ろう！

↑春の七草・秋の七草

入試必出要点　赤シートでくりかえしチェックしよう！

1 植物と四季（しき）

(1)**花がさく季節（きせつ）**…気温や日光の当たる時間などによって決まる。

春	タンポポ（↳セイヨウ～，カントウ～などの種類がある。），レンゲソウ，ナズナ，エンドウ，スミレ，アブラナ（なの花ともいう。），シロツメクサ（↳クローバーともいう。），サクラ（↳花見でにぎわう。），ウメ，モモ，コブシ，マンサク，ハクモクレン，ジンチョウゲ（↳沈丁花と書く。）
夏	ヒマワリ（↳向日葵と書く。），アサガオ，アジサイ（↳紫陽花と書く。），ツユクサ，ハイビスカス（沖縄が有名。），ヘチマ，ホウセンカ（実はじゅくすとさけて種子が飛び出す。），ニチニチソウ，サルスベリ（↳つるつるした木肌をもつ。），キョウチクトウ，クチナシ（↳あまい香りがする。），ムクゲ
秋	ヒガンバナ（↳マンジュシャゲともいう。），キク，コスモス（↳和名は秋桜。），キンモクセイ（↳あまい香りがする。），ギンモクセイ，ハギ，ススキ（月見でおなじみ。）
冬	ツバキ（↳伊豆大島が有名。），サザンカ，シクラメン，ビワ，ヤツデ（↳葉はてんぐのうちわのよう。）

(2)**春の七草**…セリ，ナズナ，ゴギョウ(ハハコグサ)，ハコベラ(ハコベ)，ホトケノザ（赤むらさき色の花をさかせるシソ科のホトケノザとはちがう植物），スズナ(カブのこと)，スズシロ(ダイコンのこと)。

(3)**秋の七草**…ハギ，キキョウ（↳むらさき色の花をつける。），クズ，フジバカマ，オミナエシ，ススキ，ナデシコ。

(4)**色づく葉**

①紅葉（こうよう）…秋になって葉が赤く色づくこと。

例　イロハモミジ（↳葉は5～7にさけている。），ナナカマド，ソメイヨシノ，ドウダンツツジ

②黄葉（こうよう）…秋になって葉が**黄色く**色づくこと。

例　イチョウ（↳種子はギンナン。），シラカバ（↳白い樹皮はうすく紙状にはがれる。），カツラ，エノキ

(5)ロゼット…タンポポやナズナ，ハルジオンなどは，**葉を地面に平たく広げた姿（すがた）**で冬をこす（↳地面の熱が空気中ににげていくのを防ぐため。）。この姿を**ロゼット**という。

△タンポポのロゼット

2 動物と四季

(1)**わたり**…季節によってくらす場所を変（か）えるために旅をすること。わたりをする鳥をわたり鳥という。

①夏鳥…**春**から**夏**にかけて日本にやってくる鳥。日本で卵（たまご）をうみ，ひなを育て，秋になると南の国にわたる。例　ツバメ（↳軒先などに巣をつくる。），カッコウ，ホトトギス

②冬鳥…**秋**から**冬**にかけて日本にやってくる鳥。日本で冬をこし，春になると北の国にわたる。例　オオハクチョウ，マガモ，ナベヅル

(2)体温が外界の温度によって変化（へんか）する動物は，冬には活動できないので，土の中などで冬みん（クマ，ヤマネ，コウモリは体温が一定のほ乳類だが，冬みんする。）するものがある。例　カエル（↳親の姿で土の中で冬みん。卵からかえった子はおたまじゃくし。），ヘビ，トカゲ，イモリ

▶解答は4ページ

16 生物のくらしと四季　理解度チェック！

学習日　　月　　日

■次の問いに答えなさい。（　　）にはことばを入れ，〔　　〕は正しいものを選(えら)びなさい。

□1　タンポポは①〔春　夏　秋　冬〕に花をさかせます。

□2　ツバキは②〔春　夏　秋　冬〕に花をさかせます。

□3　ヒマワリは③〔春　夏　秋　冬〕に花をさかせます。

□4　ヒガンバナは④〔春　夏　秋　冬〕に花をさかせます。

□5　春に花をさかせるのは，⑤〔ハイビスカス　キンモクセイ　アブラナ　シクラメン〕です。

□6　夏に花をさかせるのは，⑥〔サクラ　ススキ　アジサイ　サザンカ〕です。

□7　秋に花をさかせるのは，⑦〔シロツメクサ　ビワ　コスモス　サルスベリ〕です。

□8　冬に花をさかせるのは，⑧〔ヘチマ　ヤツデ　エンドウ　キク〕です。

□9　春の七草のうち，（　⑨　）はカブのことです。

□10　春の七草のうち，（　⑩　）はダイコンのことです。

□11　秋の七草のうち，月見で使われるのは（　⑪　）です。

□12　秋の七草のうち，むらさき色の花をつけるのは⑫〔オミナエシ　キキョウ〕です。

□13　秋になって葉が赤く色づくことを（　⑬　）といい，そのような木には⑭〔ナナカマド　シラカバ　カツラ〕があります。

□14　秋になって葉が黄色く色づくことを（　⑮　）といい，そのような木には⑯〔イロハモミジ　イチョウ　ソメイヨシノ〕があります。

□15　タンポポは，右の図のように葉を地面に平たく広げた姿(すがた)で冬をこします。この姿を（　⑰　）といいます。

□16　夏鳥には，⑱〔ナベヅル　ツバメ　マガモ〕がいます。

□17　冬鳥には，⑲〔カッコウ　オオハクチョウ〕がいます。

□18　カエルなどは，冬をこすとき，（　⑳　）します。

□19　**記述**　タンポポなどが⑰のような姿で冬をこすのはなぜですか。理由を説明(せつめい)しなさい。…㉑

①

②

③

④

⑤

⑥

⑦

⑧

⑨

⑩

⑪

⑫

⑬

⑭

⑮

⑯

⑰

⑱

⑲

⑳

㉑	

17 生物のつながり

入試必出要点　赤シートでくりかえしチェックしよう！

1 食物連さと生物の数

(1)生物は，**食べる・食べられる**というつながりの中で生きている。このつながりを**食物連さ**という。

①食物連さの**出発点**は，**光合成で栄養分をつくり出す**ことができる**植物**である。

②動物は，**植物やほかの動物を食べて**，養分をとり入れる。

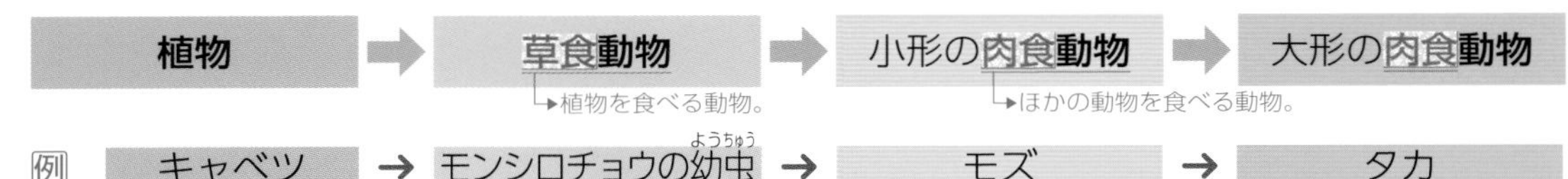

(2)**生物の数のつり合い**…生物は食物連さによってつながっていて，その種類や数は，全体としてあまり**変化がない**。

①**植物**の数が最も**多い**。

②**草食動物→肉食動物へとたどる**につれて，数は**少なく**なる。

③生物の数の関係を図に表すと，**植物を底辺**とし，**大形の肉食動物を頂点**とする**ピラミッド**の形になる。

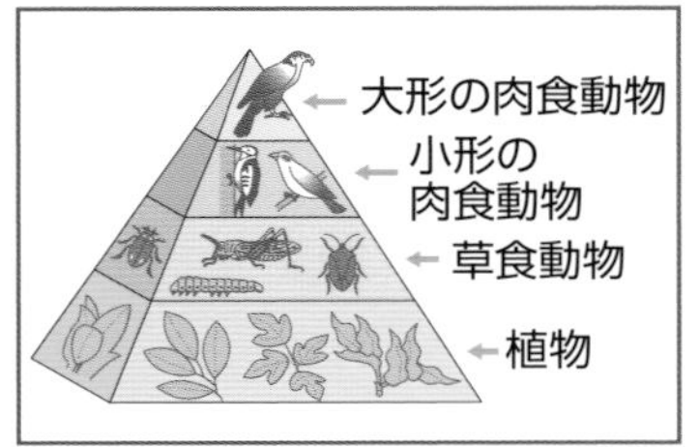

△生物量ピラミッド

(3)**つり合いがくずれたとき**…**一時的に生物の数は変化**するが，**やがてもとにもどる**。

草食動物が増える → 肉食動物は増え，植物は減る → 草食動物が減る →肉食動物の数は**もとにもどる**。→植物の数は**もとにもどる**。

（肉食動物は食べ物が多くなり，植物は多く食べられる。）（草食動物は食べ物が少なくなり，肉食動物に多く食べられる。）

2 炭素のじゅんかんと酸素のやりとり

(1)**炭素のじゅんかん**…炭素は，生物のからだをつくる中心となるもので，**食物連さ**や**光合成**，**呼吸**などによってじゅんかんしている。

①植物は，空気中の**二酸化炭素**をとり入れ，**光合成**によって**栄養分**をつくる。

②動物は，**食物連さ**によって，養分にふくまれる炭素をとり入れる。

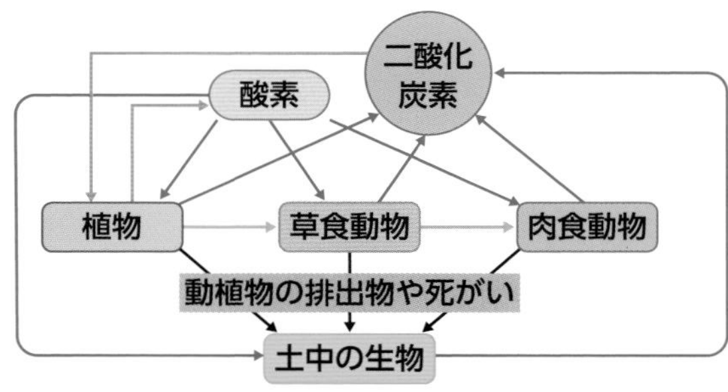

③生物の**呼吸**によって，空気中に**二酸化炭素**が出される。

④動植物の排出物や死がいは，**土中の小さな生物**や，**菌類**，**細菌類**によって分解される。
（土中の小さな生物：ミミズ，シデムシなど　菌類：カビ・キノコ　細菌類：乳酸菌など）

⑤土中の小さな生物や，菌類，細菌類は**分解者**とよばれる。

(2)**酸素のやりとり**…酸素は，植物の**光合成によって出され**，すべての生物の**呼吸によってとり入れられる**。

▶解答は4ページ

17　生物のつながり　理解度チェック！

学習日　　月　　日

■次の問いに答えなさい。（　　）にはことばを入れ，〔　　〕は正しいものを選びなさい。

□**1**　生物は，食べる・食べられるというつながりの中で生きています。このつながりを（　①　）といいます。

□**2**　①の出発点にあたる生物は（　②　）です。

□**3**　②の生物が出発点にあたるのは，この生物があるはたらきを行って栄養分をつくっているからです。あるはたらきとは（　③　）です。

□**4**　植物を食べる動物を（　④　）といいます。

□**5**　ほかの動物を食べる動物を（　⑤　）といいます。

□**6**　⑤の動物には⑥〔ワシ　トラ　ヒツジ〕があてはまります。

□**7**　右の図は，自然界での生物の数の関係を表したものです。Cにあてはまる生物は，食べ物から（　⑦　）といいます。

□**8**　A～Dのうち，ワシなどの大形の肉食動物にあてはまるのは（　⑧　）です。

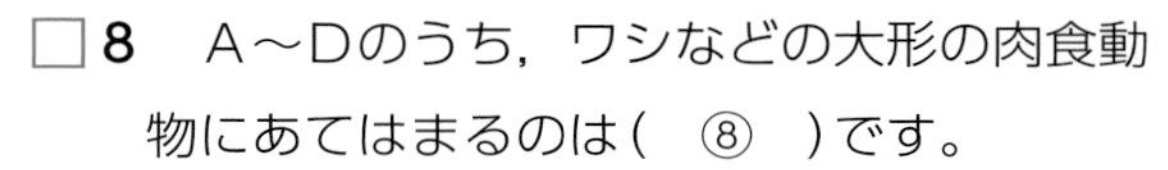

□**9**　ある地域に，イナゴ，イネ，カエル，フクロウがいたとすると，カエルにあてはまるのは上の図の（　⑨　）です。

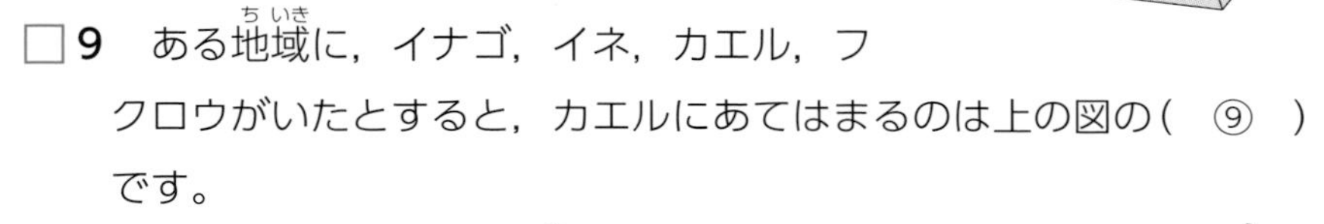

□**10**　Cの生物の数が急に減ると，Dの生物の数は一時的に⑩〔増え　減り〕，Bの生物の数は一時的に⑪〔増え　減り〕ます。

□**11**　右の図は，自然界での生物どうしの関係を表したものです。すべての生物から出される気体Xは（　⑫　）で，すべての生物がとり入れる気体Yは（　⑬　）です。

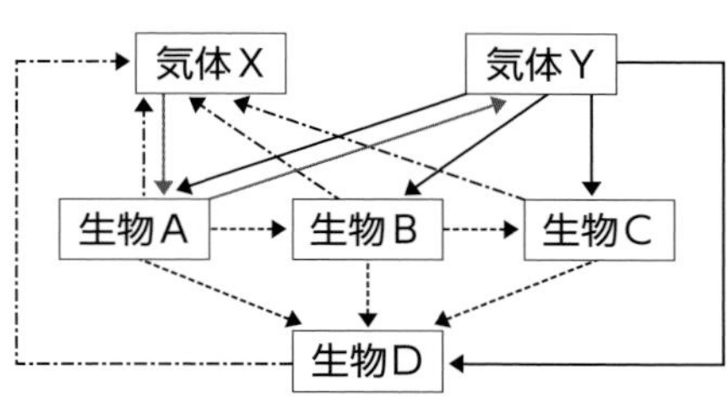

□**12**　気体Yをとり入れるはたらきを（　⑭　）といいます。

□**13**　図で，肉食動物にあてはまるのは生物（　⑮　）です。

□**14**　生物Dにあてはまらないのは⑯〔カビ　キノコ　ムカデ〕です。

□**15**　生物Dは，自然界の（　⑰　）とよばれます。

□**16**　**記述**　生物Dが自然界で⑰のようによばれるのはなぜですか。理由を説明しなさい。…⑱

①
②
③
④
⑤
⑥
⑦
⑧
⑨
⑩
⑪
⑫
⑬
⑭
⑮
⑯
⑰

こんな問題も出る

草食動物では，草をすりつぶすための（　①　）歯が発達し，肉食動物ではえものをしとめるための（　②　）歯が発達しています。

（答えは下のらん外）

⑱	

▶答え…①きゅう　②犬

18 環境問題，エネルギー問題

入試必出要点　赤シートでくりかえしチェックしよう！

1 人間の活動と自然環境の変化

(1)**外来種**…もともとその地域には生息していなかった生物が，**人間によって持ちこまれて野生化**したもの。在来種を食べて生息環境をうばう，農作物を食べるなどのひ害がある。
└もともとその地域に生息していた生物。

例　ブラックバス，マングース，アメリカザリガニ，セイヨウタンポポ

(2)**地球温暖化**…**温室効果**ガスによって地球の**平均気温が少しずつ上しょう**し，**温暖化する**こと。

①**温室効果**…太陽の光が地表をあたため，その地表からの熱が大気に伝わり，宇宙空間に放出される。大気中の温室効果ガスは，その熱の一部を吸収し，放出して大気をあたためている。このはたらきを温室効果という。

△温室効果のしくみ

②**温室効果ガス**…おもに**二酸化炭素**。石炭や石油などの**化石燃料の大量使用**や**森林の減少**により，二酸化炭素が増えると地球温暖化が進む。
メタンなどもある。

③**えいきょう**…南極の氷や氷河がとけて海水面が上しょうし，低地が海にしずむ。気象が変わり，自然界のバランスがくずれる。

(3)**酸性雨**…化石燃料を燃やしたときに生じる**いおう酸化物**や**ちっ素酸化物**が雨にとけ，**酸性の強い雨**になって降ったもの。
└森林がかれる，石像などの表面がとけるなどのひ害がある。

(4)**オゾン層**が**フロンによって破かい**されている。オゾンホールが生じ，**紫外線の量が増える**。
└2066年ごろに修復される予測。皮ふがんが生じやすくなる。

二酸化炭素濃度は，光合成がさかんな夏に低くなり，冬に高くなることをくり返しながら年々上しょうしている。

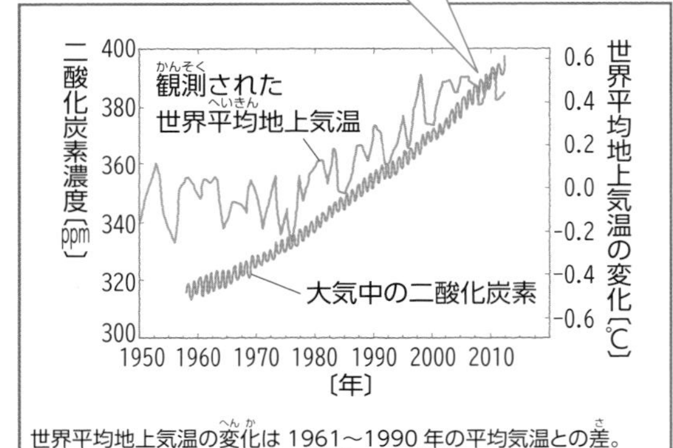

世界平均地上気温の変化は 1961～1990 年の平均気温との差。
ppmは 100 万分のいくらかの割合を表す単位。1ppm＝0.0001％

△世界の気温と大気中の二酸化炭素の関係

2 エネルギー問題

(1)**今までの発電とその問題点**

①**水力発電**…ダムをつくるときに環境をこわす。

②**火力発電**…化石燃料を燃やすので，**二酸化炭素**を出す。**資源に限りがある**。

③**原子力発電**…放射性はいき物の処理がむずかしい。事故が起こるとえいきょうが大きい。

燃料電池…**水素**と**酸素**が反応するときに生じる電気エネルギーを利用した装置。水しか出さないので環境にやさしい。

(2)**再生可能エネルギー**…太陽のエネルギーなど，**いつまでも利用できるエネルギー**で，環境をよごすおそれがない。資源がなくならず，くり返し利用できる。

(3)**再生可能エネルギーによる発電**…**太陽光発電**，**風力発電**，**地熱発電**，**バイオマス発電**など。
地下のマグマの熱を利用した発電。　└家ちくのふんや間ばつ材など。

▶解答は4ページ

18 環境問題，エネルギー問題 理解度チェック！

学習日　月　日

次の問いに答えなさい。(　　)にはことばを入れ，〔　　〕は正しいものを選びなさい。

□1　もともとその地域には生息していなかった生物で，人間によって持ちこまれて野生化したものを(　①　)といいます。

□2　①にあたる生物をすべて選びなさい。…②
〔アメリカザリガニ　マングース　ヤンバルクイナ　ブラックバス〕

□3　①の生物は，はじめは天敵がいないので，数は③〔多く　少なく〕なります。

□4　二酸化炭素の濃度が高くなることにより，地球の平均気温が少しずつ上がることを(　④　)といいます。

□5　宇宙空間に放出される熱の一部が，大気中の二酸化炭素などに吸収されて放出され，大気があたためられる現象を(　⑤　)といいます。

□6　⑤の原因となる気体を(　⑥　)といいます。

□7　二酸化炭素の濃度が上がる原因には，石油や石炭などの(　⑦　)燃料の大量使用があります。

□8　二酸化炭素の濃度は，夏に⑧〔高く　低く〕なり，冬に⑨〔高く　低く〕なることをくり返して，年々上しょうしています。

□9　④が進むと，海水面は⑩〔上しょう　下降〕し，低地が海に(　⑪　)おそれがあります。

□10　酸性が強い雨を(　⑫　)といいます。

□11　酸性が強い雨が降ると，(　⑬　)がかれるなどのひ害が生じます。

□12　ダムの水の力を利用して行う発電を(　⑭　)といいます。

□13　太陽のエネルギーなどのように，いつまでも利用できるエネルギーを(　⑮　)といいます。

□14　地下のマグマの熱を利用した発電を(　⑯　)といいます。

□15　エネルギー源や資源として利用できる家ちくのふんや間ばつ材などを利用した発電を(　⑰　)といいます。

□16　水素と酸素が反応するときに生じる電気エネルギーを利用した装置を(　⑱　)といい，このとき出されるのは(　⑲　)だけなので，環境にやさしい発電方法といえます。

□17　記述　二酸化炭素の濃度が夏に⑧のようになるのはなぜですか。植物が行うはたらきをもとに説明しなさい。…⑳

①
②
③
④
⑤
⑥
⑦
⑧
⑨
⑩
⑪
⑫
⑬
⑭
⑮
⑯
⑰
⑱
⑲

⑳

19 川の水のはたらき

入試必出要点　赤シートでくりかえしチェックしよう！

1 流れる水のはたらき

●**流れる水のはたらき**…流れる水のはたらきには，**しん食**，**運ぱん**，**たい積**の３つがある。

(1)**流れが速く，水の量が多いとき**…しん食，運ぱんのはたらきが**大きくなる**。

しん食	地面や川底を**けずる**はたらき	上流でさかん
運ぱん	岩石や土砂を**運ぶ**はたらき	上流や中流でさかん
たい積	土砂を**積もらせる**はたらき	下流でさかん

(2)**水の流れがおそいとき**…**たい積**のはたらきが**大きくなる**。

2 川の上流・中流・下流のようす

	上流	中流	下流
かたむき	急	←→	ゆるやか
流れの速さ	速い	←→	おそい
水の量	少ない	←→	多い
川はば	せまい	←→	広い
石の大きさ	大きい	←→	小さい
石の形	角ばっている	←→	丸みをおびている*
おもなはたらき	しん食，運ぱん	運ぱん	たい積

＊下流の石の形が丸みをおびているのは，石が川底や川岸にぶつかったり，石どうしがぶつかったりして角がとれるから。

3 川の流れの速さや川底のようす

●川がまっすぐ流れているところと，曲がって流れているところでは，流れの速さや川底や川岸のようすがちがう。

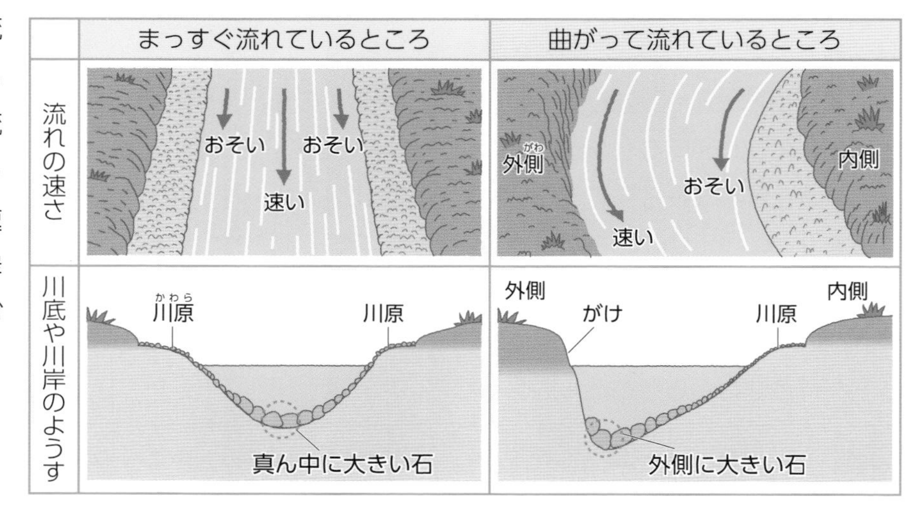

▶解答は５ページ

19 川の水のはたらき 理解度チェック！

学習日　　月　　日

■次の問いに答えなさい。（　　）にはことばを入れ，〔　　〕は正しいものを選びなさい。

□1　流れる水のはたらきで，地面や川底をけずるはたらきを（　①　），岩石や土砂を運ぶはたらきを（　②　），土砂を積もらせるはたらきを（　③　）といいます。

□2　川のかたむきは，④〔上流　中流　下流〕ほど急になります。

□3　川の流れの速さは，⑤〔上流　中流　下流〕ほどおそくなります。

□4　川に流れる水の量は，⑥〔上流　中流　下流〕ほど多くなります。

□5　川はばは，⑦〔上流　中流　下流〕ほど広くなります。

□6　④～⑦から，川の上流では⑧（　と　）のはたらきがさかんで，中流では（　⑨　）のはたらき，下流では（　⑩　）のはたらきがさかんなことがわかります。

□7　石の大きさは，上流より下流のほうが⑪〔大きく　小さく〕なっています。

□8　石の形は，上流では⑫〔角ばって　丸みをおびて〕いて，下流では⑬〔角ばって　丸みをおびて〕います。

□9　まっすぐ流れている川で，流れの速さが速いのは，⑭〔川岸に近いところ　川の真ん中に近いところ〕です。

□10　曲がって流れている川で，流れの速さが最も速いところは，⑮〔曲がりの外側　川の真ん中　曲がりの内側〕です。

□11　曲がって流れている川で，曲がりの内側は⑯〔がけ　川原〕になっていて，外側は⑰〔がけ　川原〕になっています。

□12　右の図のように，曲がって流れている川があります。図のA―Bの部分の川の断面として正しいものは，下の図の（　⑱　）です。

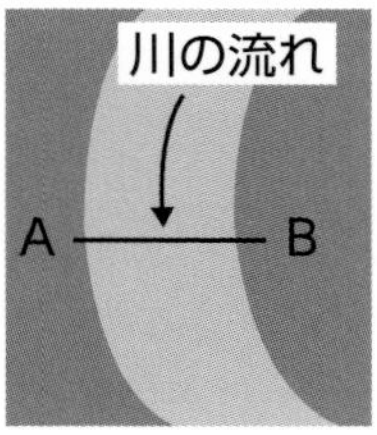

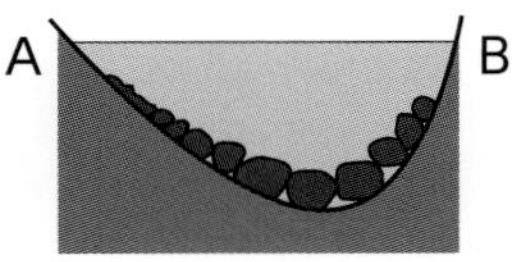

□13 記述 下流で石の形が⑬のようになっているのはなぜですか。理由を説明しなさい。…⑲

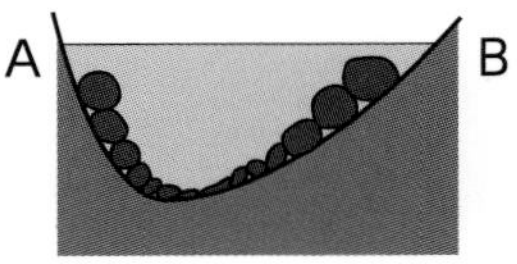

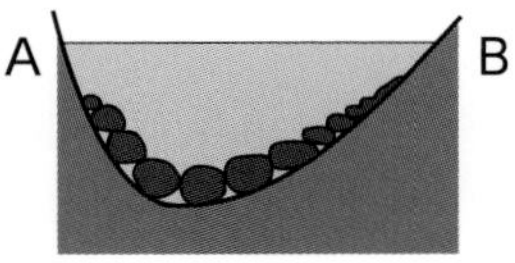

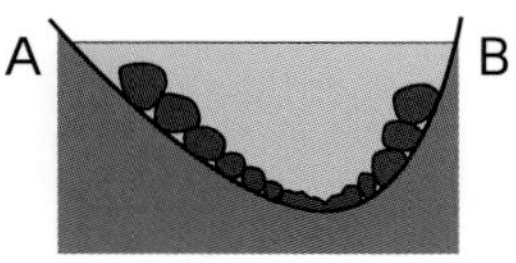

①
②
③
④
⑤
⑥
⑦
⑧　　と
⑨
⑩
⑪
⑫
⑬
⑭
⑮
⑯
⑰
⑱

⑲	

20 いろいろな地形

入試必出要点　赤シートでくりかえしチェックしよう！

1 川がつくるいろいろな地形

(1)**V字谷**…山のしゃ面が急なところで，川底が深くけずられてできる**V字形をした谷**。
　↳上流では川の流れが速く，しん食がさかん。

(2)**せん状地**…川が**山地から平地に出たところ**に見られる**おうぎ形をした土地**。
　↳水はけがよいので，果樹の栽培がさかんである。

(3)**三角州**…**河口近く**に見られる**三角形をした土地**。
　↳川のたい積のはたらきでできる。
　↳ややかたむいている。川のたい積のはたらきでできる。

(4)**だ　行**…川が**ヘビのように曲がりくねる**こと。

(5)**三日月湖**…三日月の形をした湖。

→**だ行した川**で**こう水**などが起こる。

→川の水が**曲がったところを通らず，まっすぐ流れる**ようになる。

→とり残された**カーブの部分が湖として残る。**

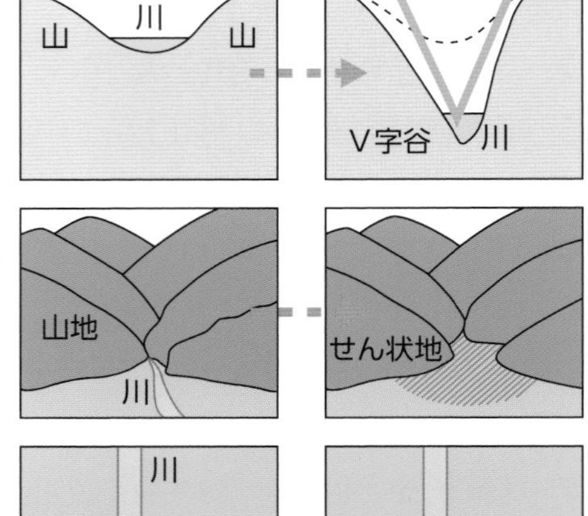

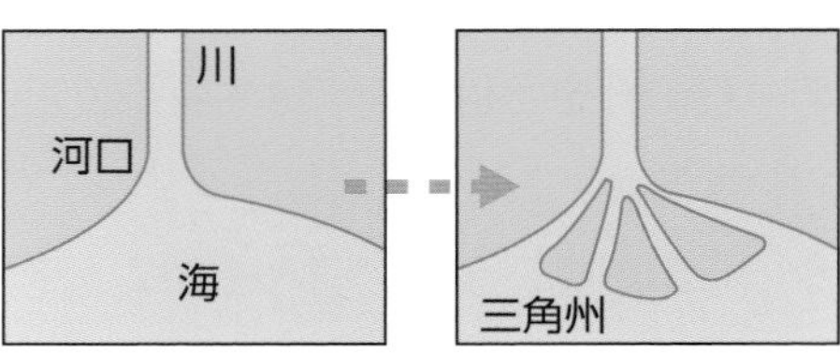

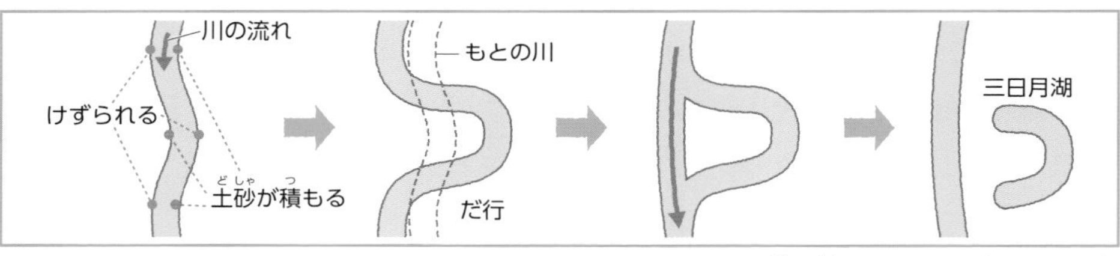

△だ行と三日月湖のでき方

三日月湖は釧路湿原（北海道）などで見られる。

2 隆起と沈降でできる地形

(1)**隆　起**…海面に対して土地が**上がる**こと。

(2)**隆起によってできる地形**…**海岸近く**に見られる**階段状の地形**である**海岸段丘**と，**川沿い**に見られる**階段状の地形**である**河岸段丘**がある。
　地上に出た平らな面を段丘面という。

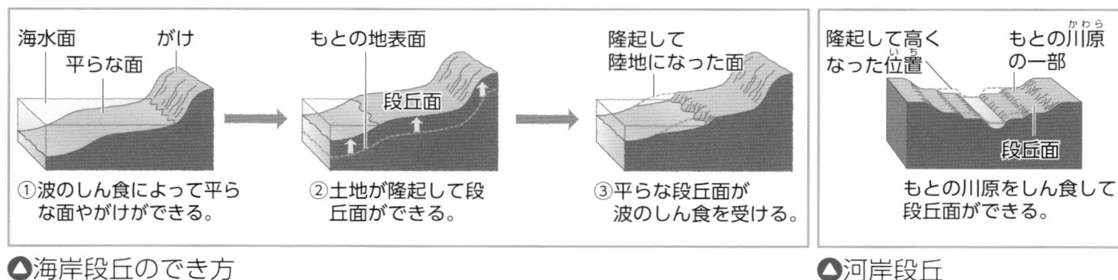

△海岸段丘のでき方　　△河岸段丘

(3)**沈　降**…海面に対して土地が**下がる**こと。

(4)**沈降によってできる地形**…起ふくの多い土地が沈降してできる，**複雑な出入りのあるリアス海岸**や，多くの小さな島が見られる**多島海**がある。
　↳三陸海岸や志摩半島など。　↳松島湾など。

▶解答は５ページ

20　いろいろな地形　理解度チェック！

学習日　　月　　日

次の問いに答えなさい。（　　）にはことばを入れ，〔　　〕は正しいものを選びなさい。

□**1**　図１は，ある川の高さと海からのきょりとの関係を示したものです。図１のＡの場所で見られる，深くえぐれた谷を（　①　）といいます。

図１

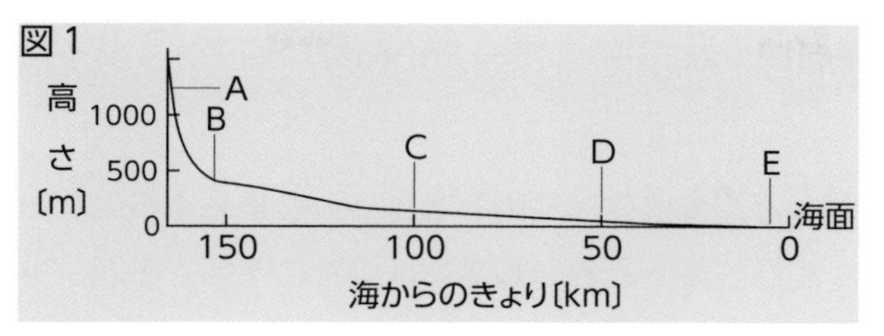

□**2**　①の谷は，おもに川の（　②　）というはたらきによってできたものです。

□**3**　図２のように，おうぎ形に広がっている土地を（　③　）といいます。

図２

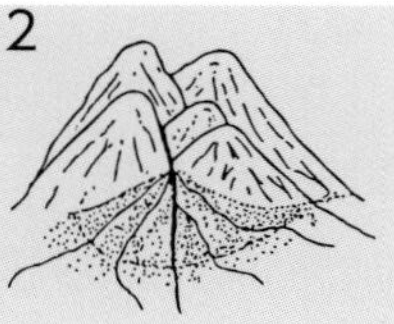

□**4**　図２の地形は，図１のＡ～Ｅの（　④　）で見られます。

□**5**　図２の地形は，おもに川の（　⑤　）というはたらきによってできたものです。

図３

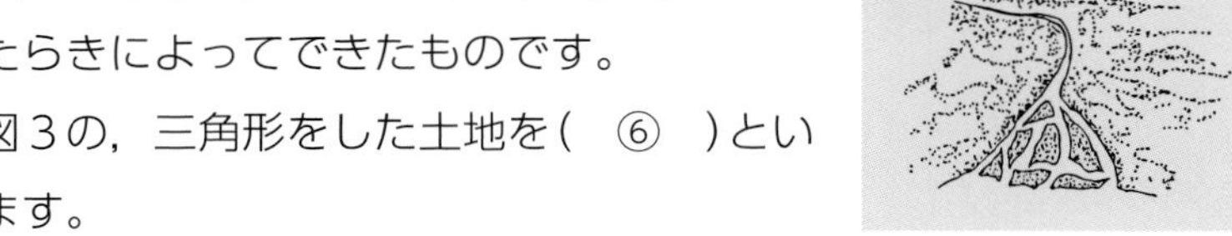

□**6**　図３の，三角形をした土地を（　⑥　）といいます。

□**7**　図３の地形は，図１のＡ～Ｅの（　⑦　）で見られます。

□**8**　図３の地形は，おもに川の（　⑧　）というはたらきによってできたものです。

□**9**　川がヘビのように曲がりくねることを（　⑨　）といいます。

□**10**　⑨のような流れがある場所で見られる，ある時期の月の形に似た湖を（　⑩　）といいます。

図４

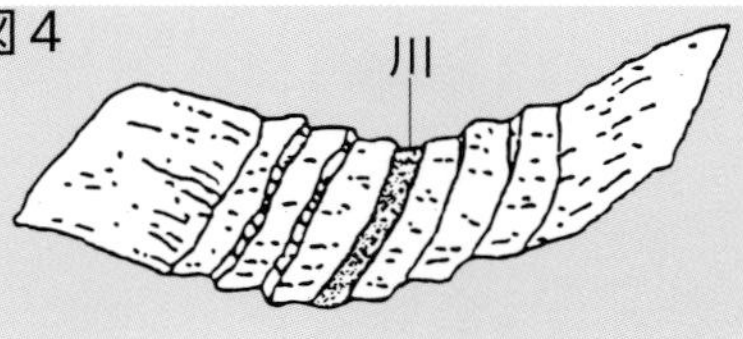

□**11**　川原に見られる図４のような地形を（　⑪　）といいます。

□**12**　図４のような地形は，川の水によるしん食と土地の（　⑫　）という変動によってできたものです。

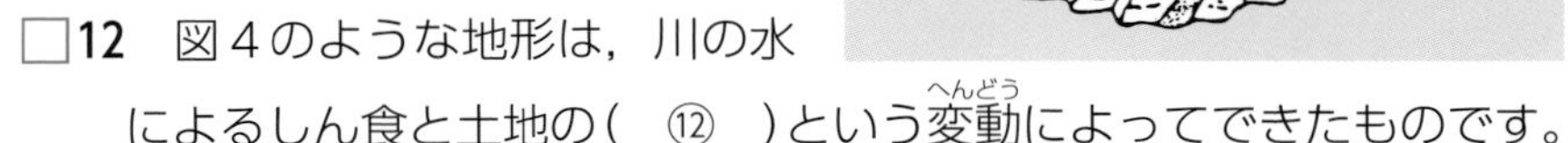

□**13**　複雑な出入りのある海岸を（　⑬　）といい，土地の（　⑭　）という変動によってできます。

□**14**　松島湾などで見られる，多くの小さな島が見られる海を（　⑮　）といいます。

□**15**　⑮は，土地の（　⑯　）という変動によってできます。

①
②
③
④
⑤
⑥
⑦
⑧
⑨
⑩
⑪
⑫
⑬
⑭
⑮
⑯

こんな問題も出る

下の図のような，海岸に見られる階段状の地形を（　①　）といい，㋐～㋒の面のうち，最も古いのは（　②　）です。

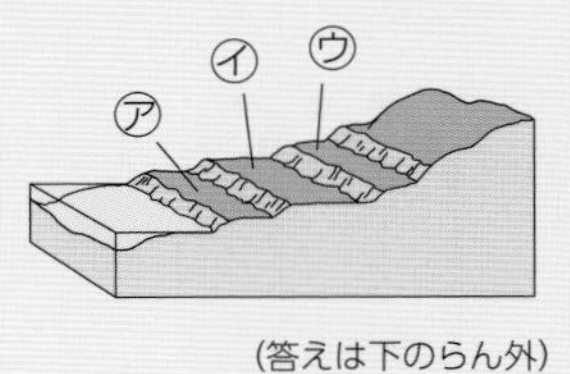

（答えは下のらん外）

▲答え…①海岸段丘　②㋒

21 地層のでき方

入試必出要点 赤シートでくりかえしチェックしよう！

1 地層のでき方

(1)**地　層**…どろ，砂，小石などが層になって積み重なり，**しまもよう**になっているもの。

●つぶの大きさの順は，小石，砂，どろ→しずむはやさの順は，小石，砂，どろ。

(2)**地層のでき方**

①川の水によって運ばれてきた土砂が**海底に積もる。**

②たい積物に大きな力がかかり，**おし固められる。**

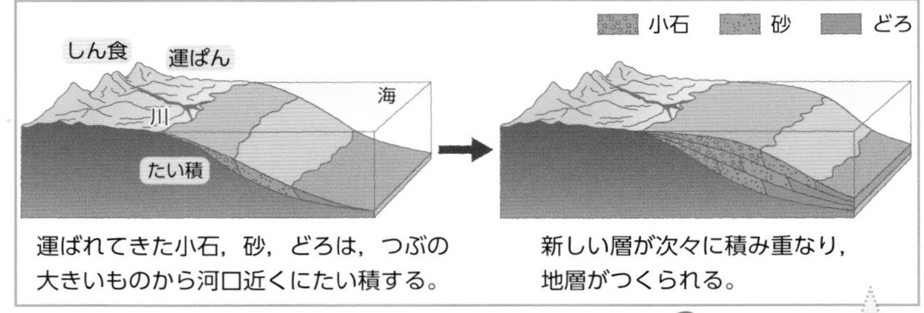

△地層のでき方

＊小石は河口近くの浅い海に積もる。
＊どろは河口から遠くの深い海に積もる。

③前に積もった層の上にさらに土砂が積もり，**しまもよう**ができる。

(3)**地層の特ちょう**

①たい積物は**下から**順に積もる→下の地層ほど**古い**時代にたい積した。

②流れる水のはたらきで**角がとれる**→つぶの形が**丸み**をもっている。

③大きいつぶほど**はやくしずむ**→１つの層では**下のほうに大きいつぶ**が多い。

④たい積物の中に生物の死がいなどが混ざることがある→**化石**がふくまれることがある。

2 隆起・沈降したときの地層のでき方

(1)**土地が隆起したときの地層の変化**…海の深さが**浅く**なる→河口からのきょりが**小さく**なる→たい積するつぶが**大きく**なる。

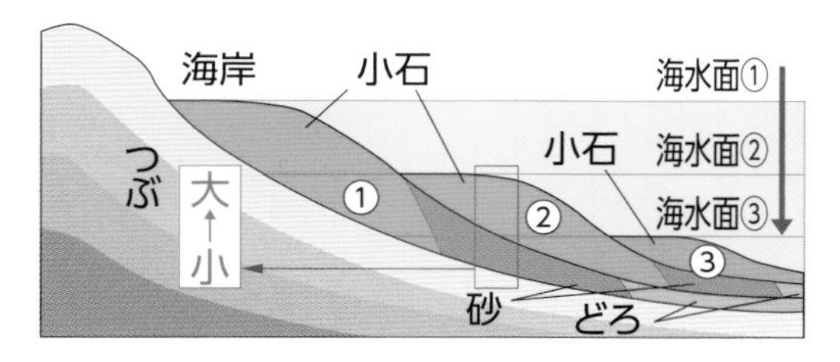

●**地層からわかること**…どろ，砂，小石の順にたい積した→つぶが**大きく**なった→土地が**隆起**した。

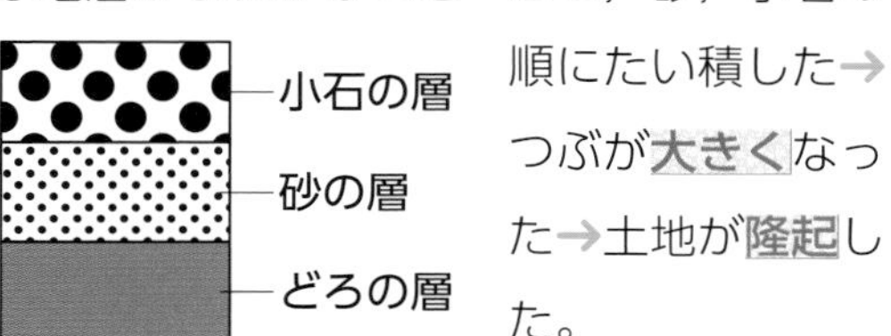

(2)**土地が沈降したときの地層の変化**…海の深さが**深く**なる→河口からのきょりが**大きく**なる→たい積するつぶが**小さく**なる。

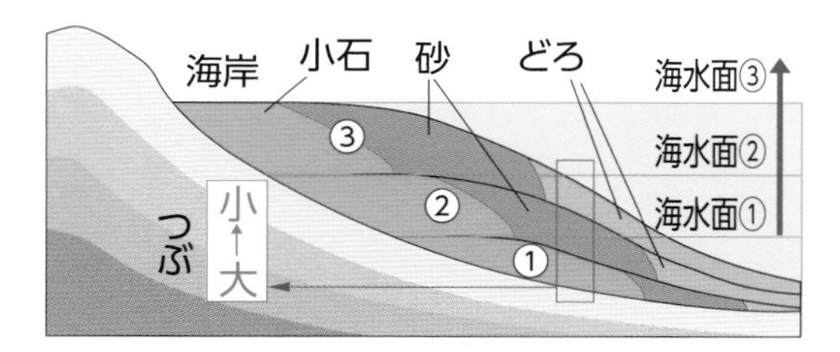

●**地層からわかること**…小石，砂，どろの順にたい積した→つぶが**小さく**なった→土地が**沈降**した。

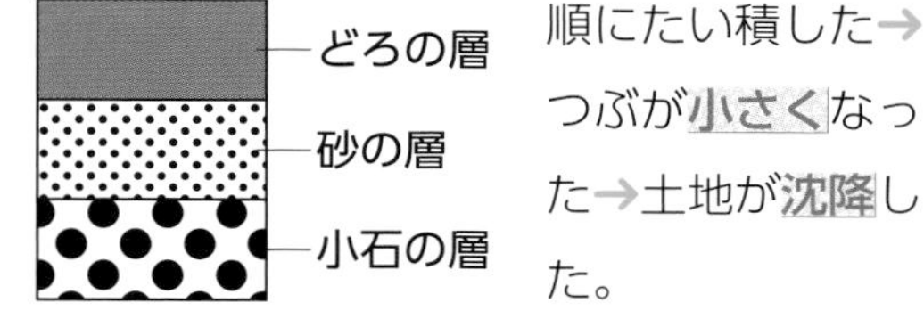

▶解答は５ページ

21 地層のでき方　理解度チェック！

学習日　　月　　日

次の問いに答えなさい。(　　)にはことばを入れ，〔　　〕は正しいものを選びなさい。

□ **1**　小石や砂，どろなどが層になって重なり，しまもようになっているものを(　①　)といいます。

□ **2**　水の入った円筒形の容器に小石，砂，どろを入れてよくふり，しばらく置いておきました。できたしまもようのようすを示したものは，図１の(　②　)です。

図１

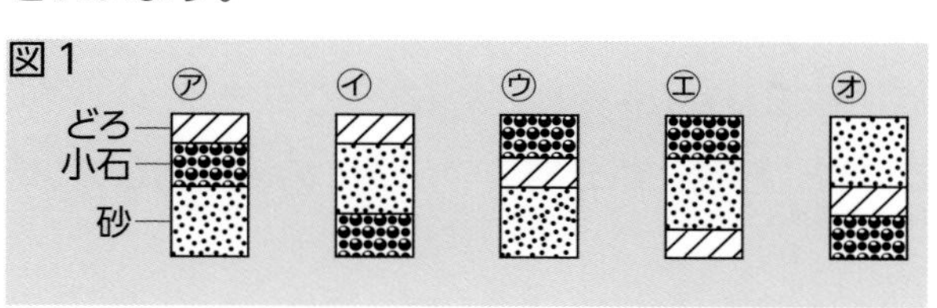

□ **3**　図２は河口付近の海底のたい積物のようすを示したものです。㋐〜㋒のおもなたい積物は，㋐では③〔どろ　砂　小石〕，㋑では④〔どろ　砂　小石〕，㋒では⑤〔どろ　砂　小石〕です。

図２

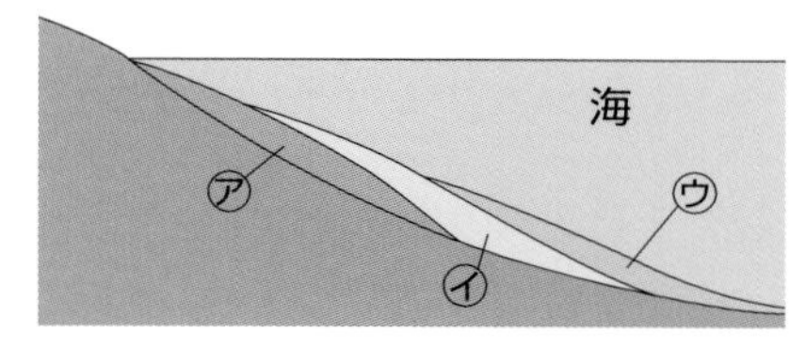

□ **4**　地層に残された大昔の生物の死がいや足あとなどを(　⑥　)といいます。

□ **5**　図３，図４は，地層が重なったようすとそのときの海面の高さを表しています。図３のＡの部分では，上のほうのつぶが⑦〔大きく　小さく〕なっています。

図３

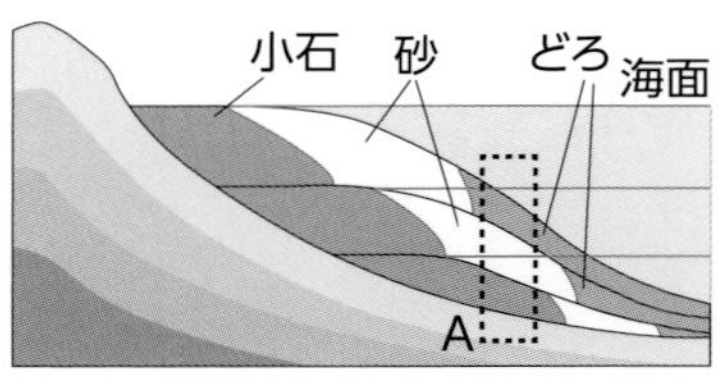

図４

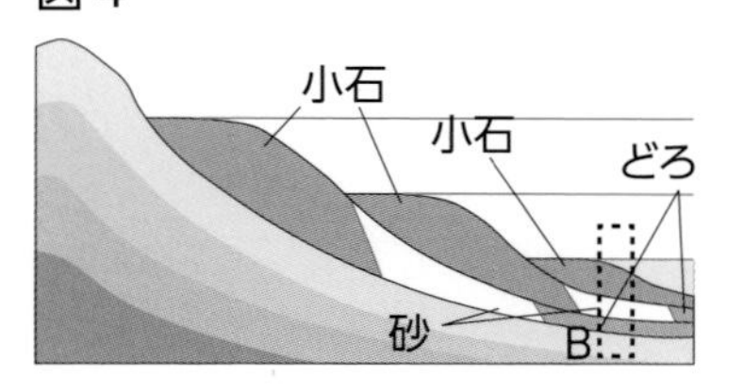

□ **6**　⑦のことから，この地層ができる間に，土地が⑧〔隆起　沈降〕したことがわかります。

□ **7**　図４のＢの部分では，上のほうのつぶが⑨〔大きく　小さく〕なっています。

□ **8**　⑨のことから，この地層ができる間に，土地が⑩〔隆起　沈降〕したことがわかります。

□ **9** 記述　小石や砂，どろが積み重なってできた地層をつくっているつぶは丸みをもっています。その理由を説明しなさい。…⑪

①
②
③
④
⑤
⑥
⑦
⑧
⑨
⑩

こんな問題も出る

ある地点の地層は，下から小石，砂，どろの順になっていました。この地層ができたとき，土地は〔隆起　沈降〕しました。

(答えは下のらん外)

⑪

答え…沈降

22 たい積岩と火成岩

入試必出要点　赤シートでくりかえしチェックしよう！

1 たい積岩

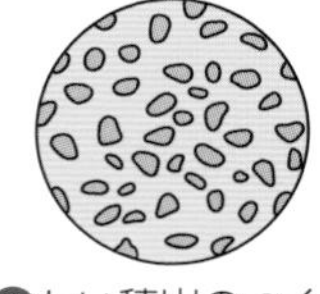

△たい積岩のつくり

(1)**たい積岩のでき方**…海底に積もったたい積物が固まってできる。

(2)**たい積岩の特ちょう…でい岩，砂岩，れき岩**のつぶは，**丸み**をおびている。
└→流水のはたらきでできたたい積岩。

(3)**いろいろなたい積岩**

つぶの大きさで分ける	でい岩	**どろ**や**ねん土**が固まってできた。	つぶが小さい ↕ つぶが大きい
	砂岩	おもに**砂**が固まってできた。	
	れき岩	おもに**小石(れき)**が固まってできた。	
たい積物のちがいで分ける	石灰岩	**石灰質の生物の死がい**が固まってできた。	**塩酸**を加えると**二酸化炭素**が発生する。
	ぎょう灰岩	**火山灰**などが固まってできた。	つぶが**角ばって**いる

流水のはたらきを受けていないから。

2 火成岩と火山

(1)**火成岩のでき方**…地下で**マグマが冷え固まってできる**。**深成岩**と**火山岩**の２種類がある。
└→地下にある岩石が高温のためどろどろにとけたもの。

(2)**火成岩の特ちょう**…つぶが**角ばって**いる。

(3)**いろいろな火成岩**…マグマの冷え方やつくり，ふくまれる鉱物によって分けられる。

	深成岩	火山岩
マグマの冷え方	**地下深く**で**ゆっくり**冷える	**地表や地表近く**で**急に**冷える
岩石の特ちょう	大きいつぶだけでできている**等粒状組織**	（石基）小さいつぶの間に大きいつぶが散らばる**斑状**組織。
岩石の例	**花こう岩**，せん緑岩，はんれい岩 白っぽい ←→ 黒っぽい	流もん岩，**安山岩**，玄武岩 白っぽい ←→ 黒っぽい

(4)**火山の形とふん火のようす**…マグマの**ねばりけ**によってちがう。

マグマのねばりけ	**強い**	中間	**弱い**
ふん火のようす	**激しい** ←		→ **おだやか**
火山の形	盛り上がった形	円すい形	うすく広がった形
火山の例	有珠山，雲仙普賢岳	浅間山，桜島	マウナロア，キラウエア

▶解答は５ページ

理解度チェック！

学習日　　月　　日

■次の問いに答えなさい。(　　)にはことばを入れ，〔　　〕は正しいものを選びなさい。

□1　どろやねん土が固まってできた岩石を(　①　)といいます。

□2　おもに砂が固まってできた岩石を(　②　)といいます。

□3　おもに小石が固まってできた岩石を(　③　)といいます。

□4　①～③の岩石は，(　④　)の大きさによって分けられます。

□5　石灰質の生物の死がいが固まってできた岩石を(　⑤　)といいます。

□6　⑤の岩石にうすい塩酸を加えると，(　⑥　)という気体が発生します。

□7　火山灰などが固まってできた岩石を(　⑦　)といいます。

□8　マグマが冷え固まってできた岩石を(　⑧　)といいます。

□9　⑧のうち，マグマが地下深くでゆっくり冷え固まってできた岩石を(　⑨　)といいます。

□10　⑧のうち，マグマが地表や地表近くで急に冷え固まってできた岩石を(　⑩　)といいます。

□11　右の図で，たい積岩のつくりを表しているのは(　⑪　)，⑨の岩石のつくりを表しているのは(　⑫　)，⑩の岩石のつくりを表しているのは(　⑬　)です。

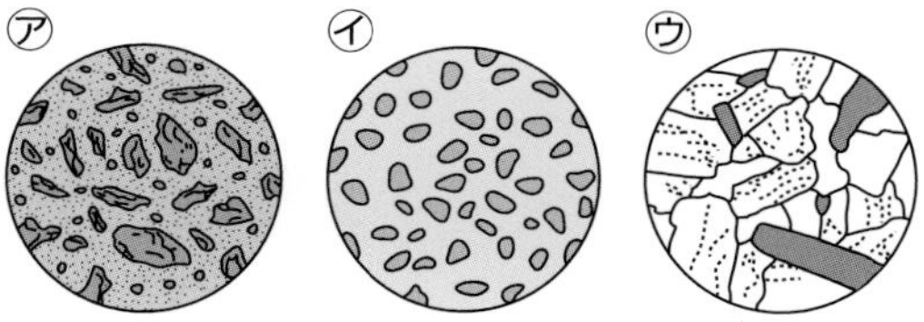

ア　イ　ウ

□12　⑨の岩石にあてはまるのは⑭〔玄武岩　花こう岩　流もん岩〕です。

□13　⑩の岩石にあてはまるのは⑮〔安山岩　はんれい岩　せん緑岩〕です。

□14　右の図で，ねばりけの強いマグマでできた火山は(　⑯　)で，おだやかなふん火をする火山は(　⑰　)です。

□15　右の図で，浅間山にあてはまるのは(　⑱　)，マウナロアにあてはまるのは(　⑲　)，雲仙普賢岳にあてはまるのは(　⑳　)です。

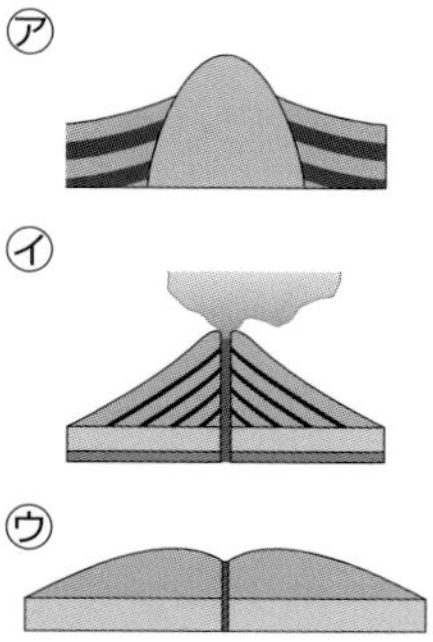

ア　イ　ウ

□16　**記述**　⑪で，たい積岩のつくりを示す図を選んだ理由を，つぶの形に着目して説明しなさい。…㉑

①
②
③
④
⑤
⑥
⑦
⑧
⑨
⑩
⑪
⑫
⑬
⑭
⑮
⑯
⑰
⑱
⑲
⑳

㉑

23 火山と大地の変化

入試必出要点　赤シートでくりかえしチェックしよう！

1 火山と地層

上空をふく偏西風のえいきょうで，火山灰は火山の東側に多く積もる

つぶの大きさが2mm以下

火山灰

よう岩

マグマ

(1)火山のふん火と地層のでき方

①地下の**マグマ**が上しょうして火山がふん火する。
└→地下にある岩石が高温のためどろどろにとけたもの。

②**火山灰**などを空中にふきあげ，**よう岩**が流れ出る。
マグマが地表に流れ出た高温で液体状のもの。また，それが固まったもの。

③火山灰などがまわりに降り積もり，**地層**をつくる。

④火山灰などがたい積して**ぎょう灰岩**の地層ができる。

(2)つぶの特ちょう

①つぶが**角ばって**いる→**流れる水のはたらきを受けていない**から。

②小さい**あな**があいていることがある→マグマがふき出たときに，**中のガスがぬけた**から。

2 地層の変形

(1)**しゅう曲**…地層に**左右から大きなおす力**が加わり，地層が**波を打ったように曲げられる**こと。

(2)**断層**…地層に**大きな力**が加わって，**ある面を境に地層がずれる**こと。大きな**地震**が起こったときにできることがある。**引っ張る力で正断層**，**おす力で逆断層**ができる。

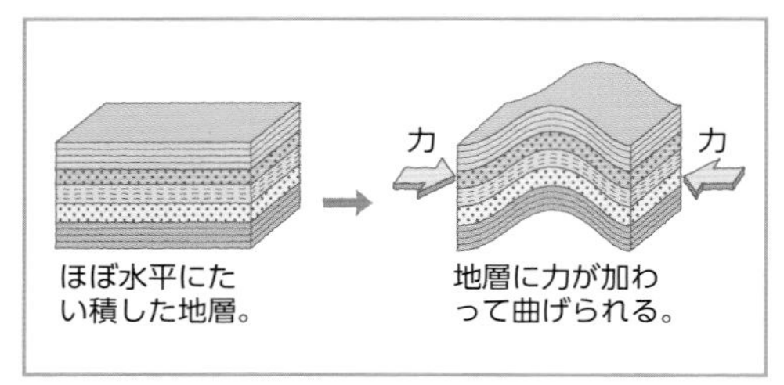

▲しゅう曲した地層

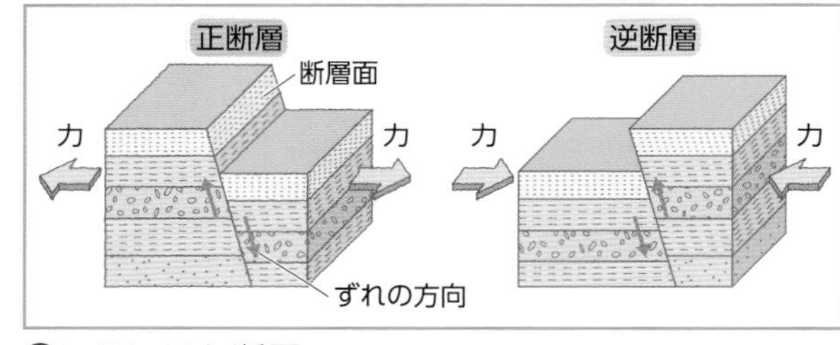

▲いろいろな断層

(3)地層の重なり方

①**整合**…たい積が**連続的に行われた**地層の重なり方。

②**不整合**…たい積が**とちゅうで中断された**地層の重なり方。

③**不整合のでき方**…海底で地層が**たい積**したあと，

→土地が**隆起**して**陸上**に出る。

→しん食や**風化**のはたらきを受けて**表面がでこぼこ**になる。
不連続な境の面で，たい積の一時中断を示す。この面を不整合面という。

●**風化**…岩石が気温や水などのえいきょうを受けて，表面からもろくなって**細かくくずれる**こと。

→土地が**沈降**して**海底**になる。

→再び地層が**たい積する。**

→土地が**隆起**して**陸上**に出る。

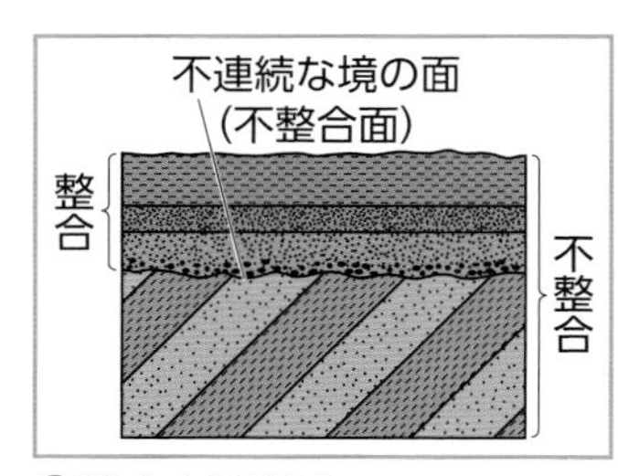

▲整合と不整合

不整合面から，陸上になった回数がわかる。上の図では，現在をふくめて2回。

▶解答は５ページ

23 火山と大地の変化 理解度チェック！

学習日　　月　　日

次の問いに答えなさい。（　　）にはことばを入れ，〔　　〕は正しいものを選びなさい。

□1　火山は，地球内部にある，高温で液体状の（　①　）が上しょうしてふん火が起こります。このとき，①が地表に流れ出たものや，それが固まったものを（　②　）といいます。

□2　火山のはたらきでできた地層をつくるつぶは，③〔角ばって　丸みをもって〕います。

□3　右の図１のように，地層が曲がっている状態を（　④　）といいます。

図１

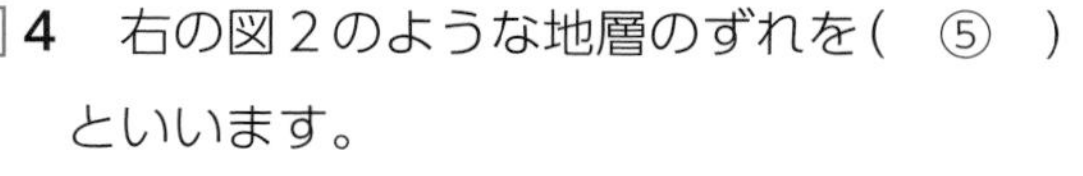

□4　右の図２のような地層のずれを（　⑤　）といいます。

図２

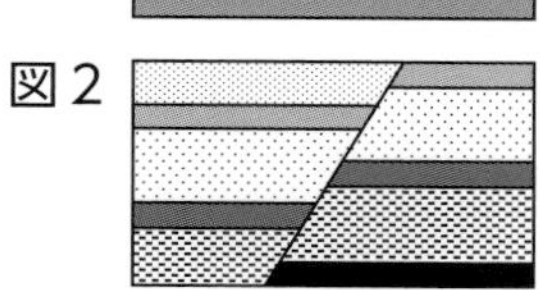

□5　図２のずれは，地層に⑥〔左右に引く力　左右からおす力〕がはたらいたときにできます。

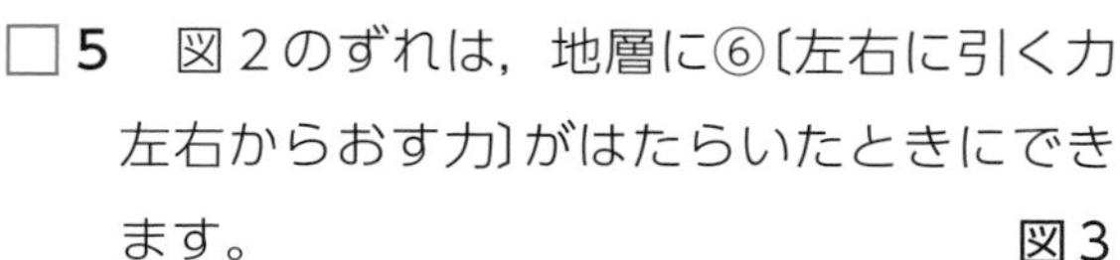

図３

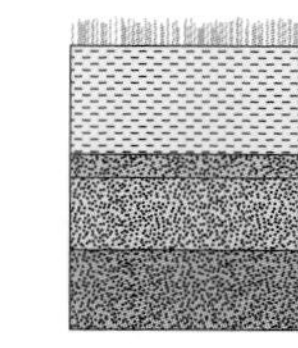

図４

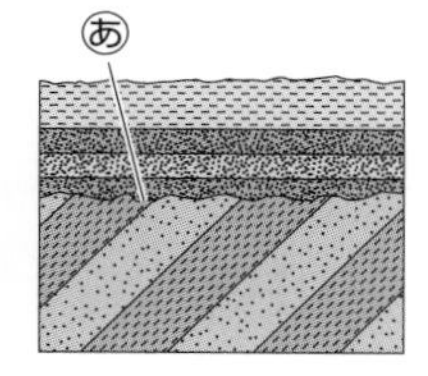

□6　図３のような地層の重なり方を（　⑦　）といい，図４のような地層の重なり方を（　⑧　）といいます。

□7　図３，図４で，地層のたい積がとちゅうで中断された重なり方を示しているのは（　⑨　）です。

□8　図４の，あの面を（　⑩　）といいます。

□9　図４のあの面は，流水のしん食や，気温や水のえいきょうによる（　⑪　）というはたらきを岩石が受けたためにできます。

□10　⑧のような重なり方ができるようすを示した図を，㋐をはじまりとして順に並べなさい。…⑫

㋐
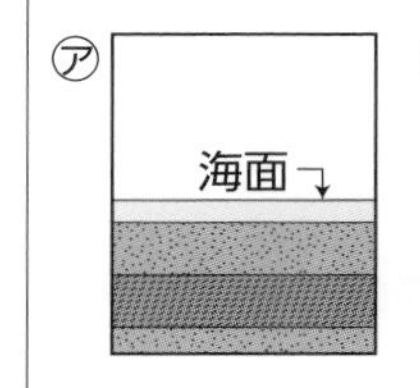

㋑
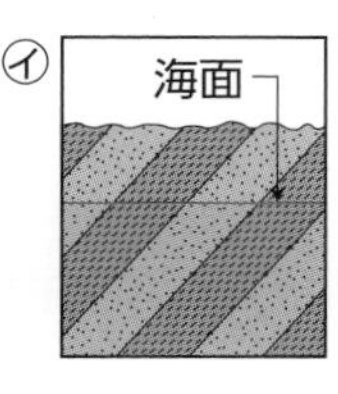

㋒
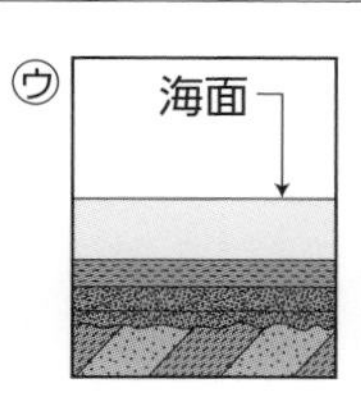

㋓
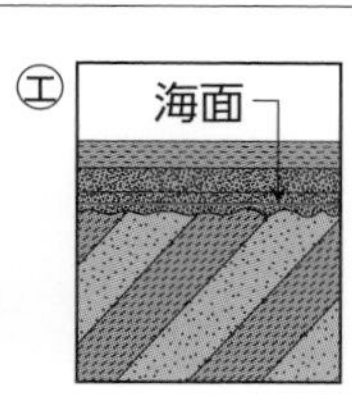

㋔
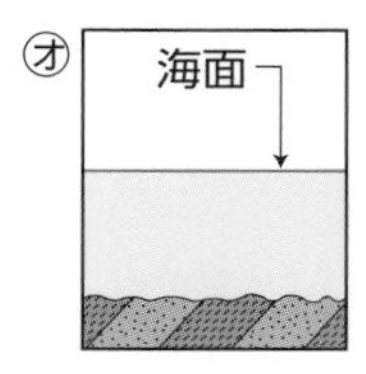

㋕
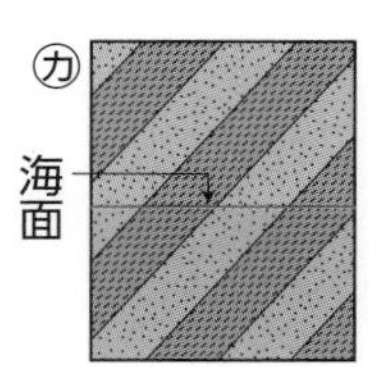

□11　記述　火山のはたらきでできた地層をつくるつぶの形が③のようになっているのはなぜですか。その理由を説明しなさい。…⑬

①
②
③
④
⑤
⑥
⑦
⑧
⑨
⑩
⑪
⑫ ㋐　→　　→　　→　　→　　→

⑬	

24 化石と地層のようす

赤シートでくりかえしチェックしよう！

1 化石からわかること

(1)**化石**…地層に残された大昔の生物の**死がい**，**足あと**，**すみあと**，**ふん**など。

(2)**化石からわかること**…地層ができたときの**環境**や，その化石をふくむ地層ができた**年代**がわかる。

①**示相化石**…地層ができた当時の**環境を知る手がかりになる化石**。

→**生きられる環境が限られ**，その種類が現在も生きていて，生活のようすがわかっている生物の化石が適している。

サンゴ	あたたかくて，浅い海
アサリ・ハマグリ	浅い海
シジミ	湖や河口付近
ブナ	やや寒冷な地域
ホタテガイ	冷たい海

②**示準化石**…地層ができた**年代**を知る手がかりになる化石。

→**広いはん囲に生息**し，**短い期間栄えた**生物の化石が適している。

古生代	中生代	新生代
サンヨウチュウ フズリナ	恐竜 アンモナイト	ナウマンゾウ ビカリア

2 地層からわかること

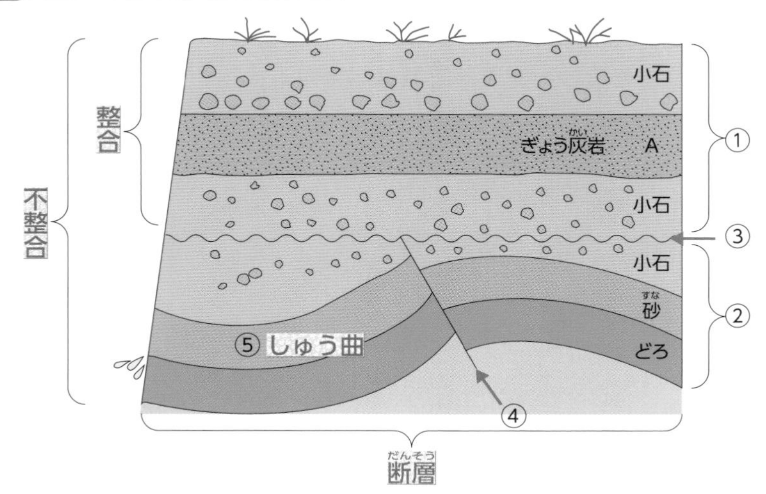

(1)①，②の地層と③の不整合面，④の断層面，⑤ができた順に並べると，②→⑤→④→③→①となる。

(2)②の地層ができたとき，土地が**隆起**した。
つぶの大きさは，下から小→大

(3)現在を合わせて，少なくとも**2**回陸上になった。

(4)①のAの層ができたとき，付近で**火山のふん火**があったと考えられる。

(5)**どろ**の**層の上**から，**地下水がしみ出す**ことがある。
└→どろの層は水を通しにくいから。

▶解答は５ページ

24 化石と地層のようす　理解度チェック！

学習日　　月　　日

■次の問いに答えなさい。（　　）にはことばを入れ，〔　　〕は正しいものを選びなさい。

□1　地層ができたときの環境を知る手がかりになる化石を（　①　）といいます。

□2　①の化石の条件として適するのは，生きられる環境が②〔限られた　限られない〕生物の化石です。

□3　右の図のＡ層ができた当時は③〔あたたかく　冷たく〕，④〔浅い　深い〕海であったと考えられます。

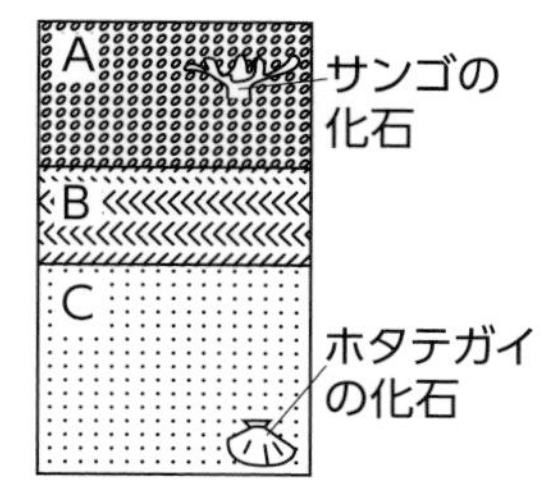

□4　Ｃ層ができた当時は，⑤〔あたたかい　冷たい〕海であったと考えられます。

□5　たい積当時，湖か河口であったと考えられるのは⑥〔アサリ　シジミ〕の化石をふくむ地層です。

□6　地層ができた年代を知る手がかりになる化石を（　⑦　）といいます。

□7　⑦の化石の条件として適するのは，⑧〔せまい　広い〕はん囲に生息し，⑨〔長い　短い〕期間栄えた生物の化石です。

□8　ビカリアは（　⑩　）代，アンモナイトは（　⑪　）代，サンヨウチュウは（　⑫　）代の化石です。

□9　右の図は，ある地層の断面を示したものです。

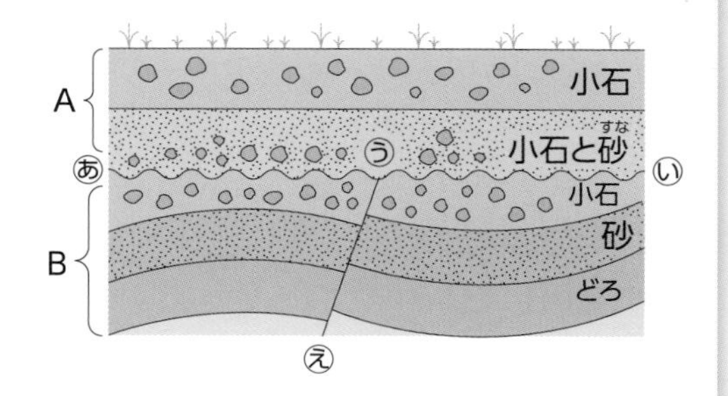

(1)　あ～いの面を（　⑬　）といいます。

(2)　う～えのずれを（　⑭　）といいます。

(3)　Ｂ層のように，地層が波を打ったように曲がることを（　⑮　）といいます。

(4)　Ｂ層ができたとき，海はだんだん⑯〔浅く　深く〕なりました。

(5)　う一えができるとき，Ｂ層には⑰〔おす力　引く力〕が加わった。

(6)　現在をふくめて（　⑱　）回陸地になったことがわかります。

(7)　次のア～カを古い順に並べると，（　⑲　）になります。

ア　あ～いができた。　イ　Ａ層がたい積した。
ウ　Ｂ層がたい積した。　エ　Ｂ層が曲がった。
オ　う一えができた。　カ　Ａ・Ｂ層が陸地になった。

①
②
③
④
⑤
⑥
⑦
⑧
⑨
⑩
⑪
⑫
⑬
⑭
⑮
⑯
⑰
⑱
⑲　→　→　→　→　→

25 地　震

入試必出要点　赤シートでくりかえしチェックしよう！

1 地震のゆれと波

(1)**地下で地震が発生した場所**を震源といい，**その真上の地表の地点を**震央という。ゆれは**震央を中心**として同心円**状**に伝わる。

(2)**地震のゆれ**…**はじめの小さなゆれ**を初期び動といい，P波が届いて起こる。**あとからくる大きなゆれ**を主要動といい，S波が届いて起こる。

P波：地震が発生したときに発生する波のうち，速いほうの波。
S波：地震が発生したときに発生する波のうち，おそいほうの波。

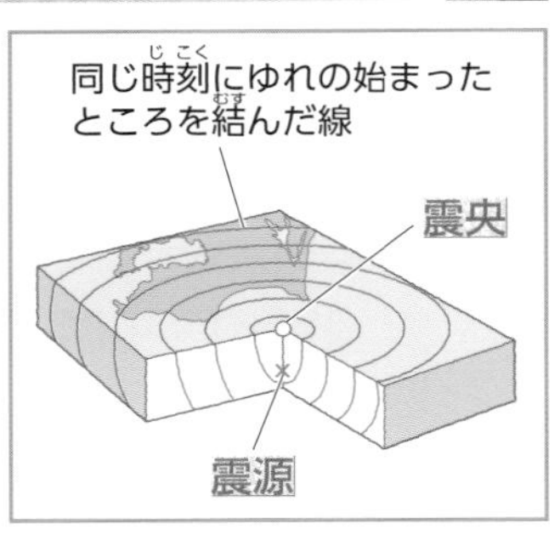

△震源・震央と地震のゆれの伝わり方

(3)**初期び動けい続時間**…P波が届いてからS波が届くまでの時間。震源からのきょりが大きくなるほど長くなる。

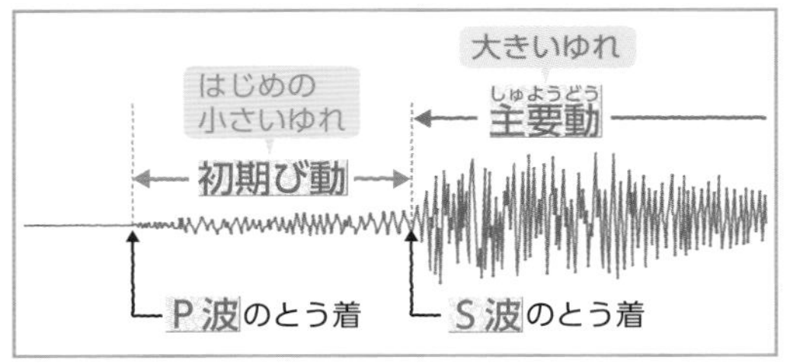

△地震計の記録

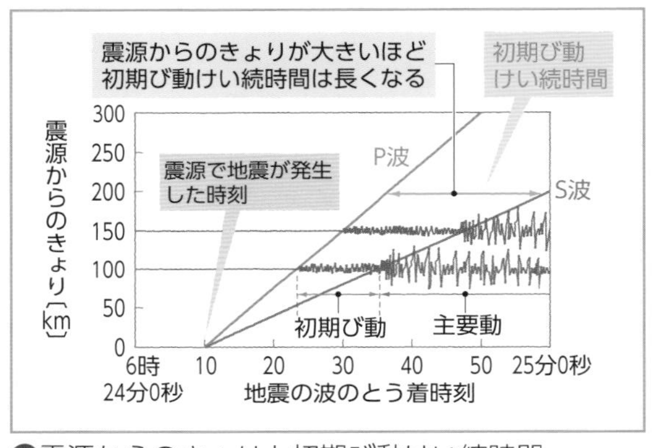

△震源からのきょりと初期び動けい続時間

(4)震　度…各地点での地震のゆれの大きさを表すもの。0～7の10段階(震度5と6はそれぞれ強，弱の2階級)に分けられる。

(5)マグニチュード…地震の**規模**(地震のエネルギーの大きさ)を表したもの。記号はM。
└→マグニチュードが1増えると，エネルギーは約32倍になる。

2 地震が起こるしくみとひ害・対策

(1)**プレートの境界で起こる地震のしくみ**(右の図)

①海洋プレートが大陸プレートの下にしずみこむ。

②しずみこむ海洋プレートが大陸プレートを引きずりこむ。

③大陸プレートがひずみにたえられなくなると反発し，地震が起こる。

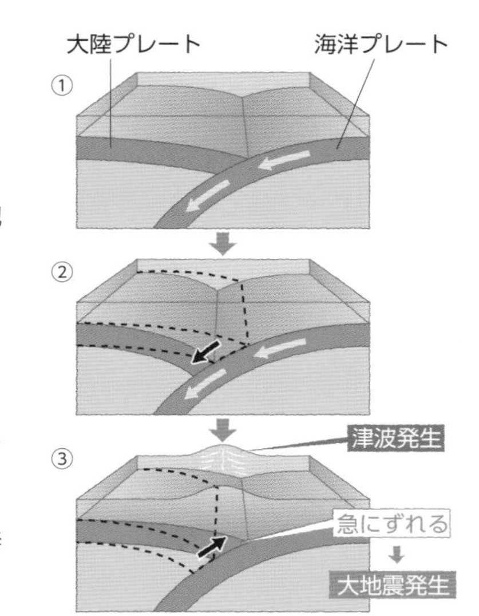

(2)日本列島の内陸で起こる地震は，活断層が動いて起こる。
活断層：過去に生じた断層で，今後もずれる可能性のある断層。

(3)津　波…海底で地震が起きたときに発生する**大きな波**。

(4)液状化…海岸のうめ立て地などの砂地で，**地面が液体状**になり，どろがふき出す現象。
└→建物がかたむいたり，マンホールがうき上がったりする。

(5)緊急地震速報…先に伝わるP波を分析し，S波のとう着時刻や震度を予測してすばやく知らせるシステム。

▶解答は６ページ

25 地　震　理解度チェック!

学習日　　月　　日

■次の問いに答えなさい。(　　)にはことばを入れ，〔　　〕は正しいものを選びなさい。

□1　図１のＡ地点は地震の発生した場所で，(　①　)といいます。

図１

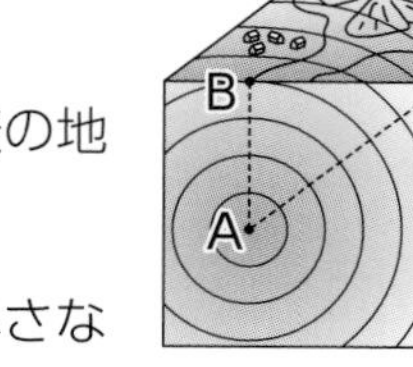

□2　図１のＢ地点は，Ａ地点の真上の地表の地点で，(　②　)といいます。

□3　図２は地震計の記録です。はじめの小さなゆれＡを(　③　)といい，④〔Ｐ波　Ｓ波〕が届いて起こります。

図２

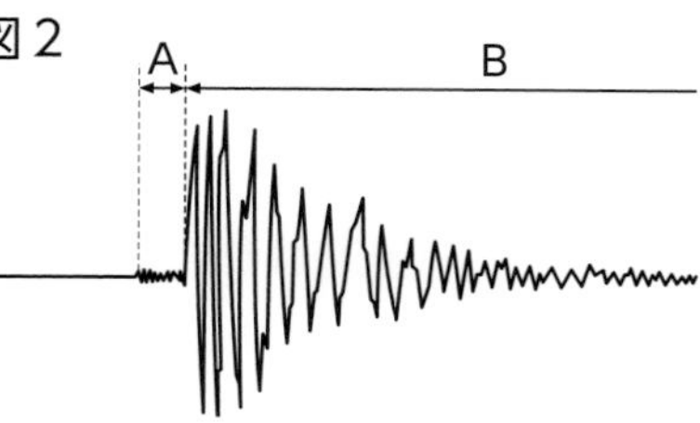

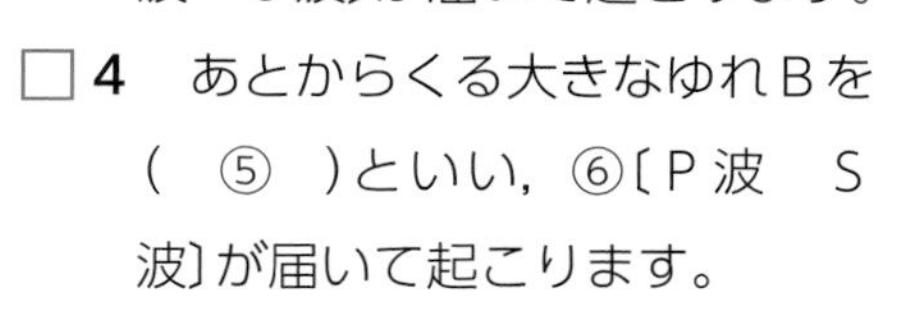

□4　あとからくる大きなゆれＢを(　⑤　)といい，⑥〔Ｐ波　Ｓ波〕が届いて起こります。

□5　Ｐ波が届いてからＳ波が届くまでの時間を(　⑦　)といいます。

□6　⑦の時間は，震源からのきょりが大きくなるほど⑧〔短く　長く〕なります。

□7　各地点での地震のゆれの大きさを(　⑨　)といい，(　⑩　)段階に分けられます。

□8　地震の規模(地震のエネルギーの大きさ)を(　⑪　)といいます。

□9　下の図は，日本付近で起こる地震のしくみを模式的に示したものです。㋐～㋒を正しい順に並べなさい。…⑫

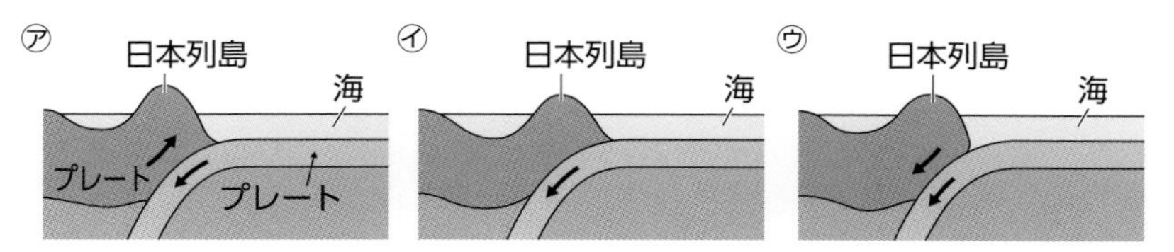

□10　海底で地震が起きたときに発生することがあり，大きなひ害をもたらすことがある波を(　⑬　)といいます。

□11　地震が起きたとき，海岸のうめ立て地などで，地面が液体状になることを(　⑭　)といいます。

□12　Ｐ波を分析し，Ｓ波のとう着時刻や震度を予測してすばやく知らせるシステムを(　⑮　)といいます。

□13 記述 異なる地震を同じ地点で観測したとき，⑨は同じでしたが，⑪は大きくちがっていました。その理由を説明しなさい。…⑯

①
②
③
④
⑤
⑥
⑦
⑧
⑨
⑩
⑪
⑫　　→　　→
⑬
⑭
⑮

⑯

こんな問題も出る

過去に生じた断層で，今後もずれる可能性のある断層を(　　)といいます。(答えは下のらん外)

▶答え…活断層

26 気温の変化

入試必出要点　赤シートでくりかえしチェックしよう！

1 気温，百葉箱と地温のはかり方

(1)**気温のはかり方**…直射日光が当たらない，**風通しのよい**場所で，地面から1.2m～1.5mの高さではかる。

(2)百葉箱…自記温度計やかんしつ計などが入っている。適切な観測が行われるようにするため，次のようなつくりになっている。

①全体が白くぬってある→太陽の熱を**吸収しにくくする**ため。

②まわりがよろい戸になっている→**風通しをよくし，直射日光が当たらない**ようにしたり，**雨が入らない**ようにしたりするため。

③しばふの上に建てられている→地面からの**熱の照り返しを防ぐ**ため。

④とびらは北向きについている→とびらを開けたとき，**直射日光が入らない**ようにするため。

百葉箱

(3)**地温のはかり方**…液だめを地中に入れ，**おおい**をしてはかる。

地温のはかり方

2 気温の変化

(1)**太陽の高さ・気温・地温の1日の変化**

①晴れの日の1日の気温や地温は，太陽の高さの変化に対して，少しおくれて変化する。

②太陽の高さは，12**時ごろ最高**になる。

③地温は**午後1時ごろ最高**になる。

④気温は**午後2時ごろ最高**になる。

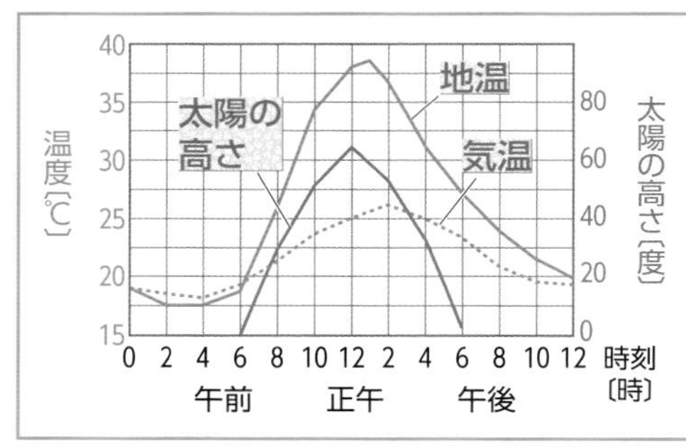

1日の気温・地温と太陽の高さの変化

最高気温になる時刻が，最高地温になる時刻よりおそくなるのは，**太陽の熱によって地面があたたまり，その地面からの熱が伝わって空気があたたまるから。**

(2)**天気と1日の気温の変化**

①**晴れの日**…日の出直前に**最低，午後2時ごろ最高**になる。1日の**気温の変化が大きい**。

②**くもりの日**…気温はあまり高くならない。1日の**気温の変化が小さい**。

③**雨の日**…日光が当たらないので，気温は1日中**ほとんど変わらない**。

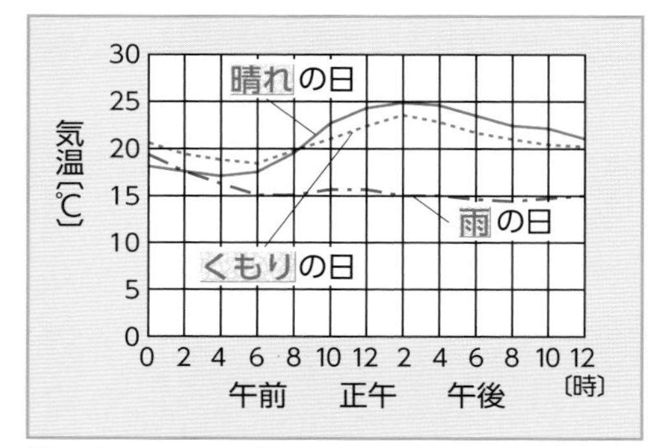

天気と1日の気温の変化

▶解答は６ページ

26 気温の変化　理解度チェック！

学習日　　月　　日

次の問いに答えなさい。(　　)にはことばを入れ，〔　　〕は正しいものを選びなさい。

□1　気温は，直射日光が①〔当たる　当たらない〕場所で，地面からの高さが1.2m～(　②　)mのところではかります。

□2　百葉箱は，太陽からの熱を吸収しにくくするため，(　③　)色にぬってあります。

□3　百葉箱のまわりがよろい戸になっているのは，(　④　)をよくするためです。

□4　百葉箱のよろい戸を横から見ると，右の図の(　⑤　)のようになっています。

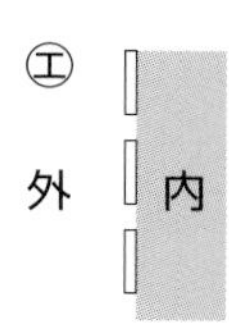

□5　百葉箱の下には，(　⑥　)が植えられています。

□6　百葉箱のよろい戸のとびらは(　⑦　)向きについています。

□7　右の図１は，ある晴れた日の気温，地温，太陽の高さの変化をグラフに表したものです。気温のグラフは(　⑧　)，地温のグラフは(　⑨　)，太陽の高さのグラフは(　⑩　)です。

図１

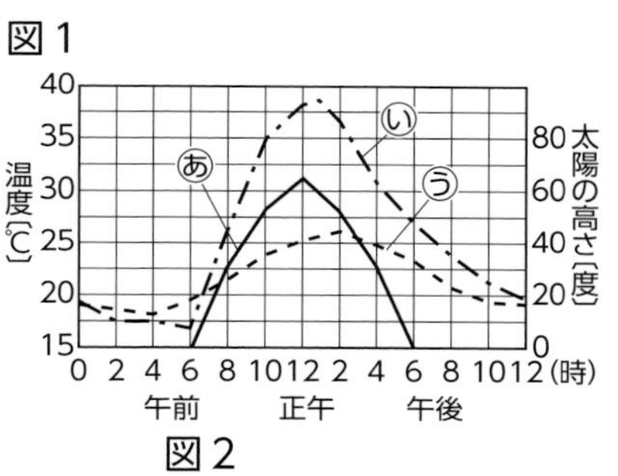

□8　右の図２は，ある晴れた日の気温の変化を表したグラフです。午後２時を示しているのは，A～Kの(　⑪　)です。

図２

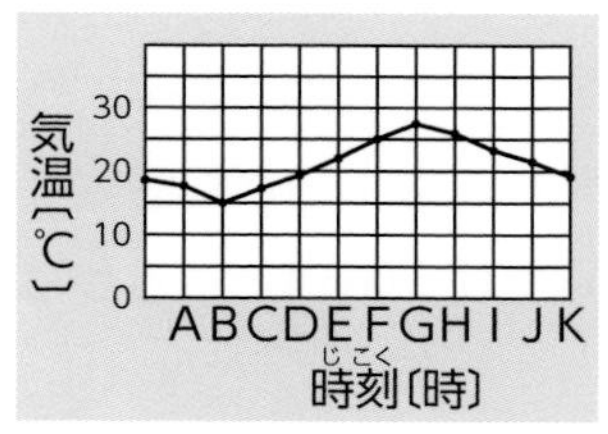

こんな問題も出る

晴れの日の１日のうちで，気温が最低になるのはいつごろですか。

(答えは下のらん外)

□9　下の図で，１日中くもりか雨の日と考えられるのは(　⑫　)です。

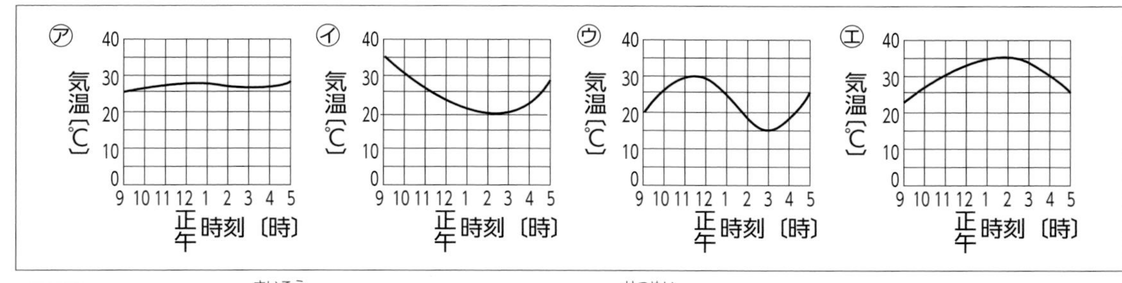

□10 **記述** 地温と気温が最高になる時刻がずれる理由を説明しなさい。…⑬

⑬

▶答え…日の出直前

27 気象の観測，気圧と風

赤シートでくりかえしチェックしよう！

1 気象の観測

(1)**雲量と天気**…空全体を**10**として，雲がおおっている割合で表す。

雲量	0，1	2～8	9，10
天気	快晴	晴れ	くもり

❗注意　雲量がどの場合でも，雨が降っていれば天気は雨，雪が降っていれば天気は雪である。

(2)**天気記号**…天気図では，天気は記号で表す。

○(快晴)，◐(晴れ)，◎(くもり)，●(雨)，⊗(雪)

(3)**しつ度**…かんしつ計のかん球としっ球の示す温度を読みとり，しつ度表を使って読みとる。
↳空気のしめりけの度合い。
↳気温を示す。

①かん球としっ球の示度の差は，
21－19＝2℃

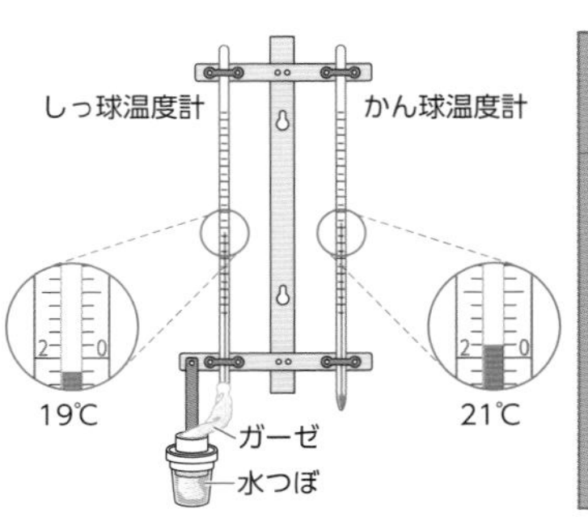

▲かんしつ計

かん球温度計の示度〔℃〕	かん球温度計としっ球温度計の示度の差〔℃〕			
	1.0	2.0	3.0	4.0
24	91%	83%	75%	68%
23	91	83	75	67
22	91	82	74	66
21	91	82	73	65
20	91	81	72	64
19	90	81	72	63
18	90	80	71	62

▲しつ度表

②**示度の差2.0℃の列**と**かん球の示度21℃の行**が交わる部分**の値がしつ度**になる。→82%

(4)アメダス…全国に約1300か所ある自動的な気象観測システム。
↳気温，しつ度，降水量，風力などをはかる。

2 気圧と風

(1)気　圧…大気が物体におよぼす**圧力**。単位：ヘクトパスカル(hPa)
↳$1\,m^2$あたりの面を垂直におす力。

(2)等圧線…**気圧の**等しい**地点をなめらかな曲線**で結んだもの。

(3)**気圧と風のふき方**…風は**気圧の**高い**ところから**低い**ところに向かってふく。**
↳等圧線の間かくがせまいところほど風が強い。

(4)**高気圧・低気圧と風**

①高気圧…まわりより気圧が**高い**ところ。中心付近では下降**気流**が生じ，地表付近では時計**回りに風が**ふき出す。
↳高気圧におおわれると，晴れることが多い。

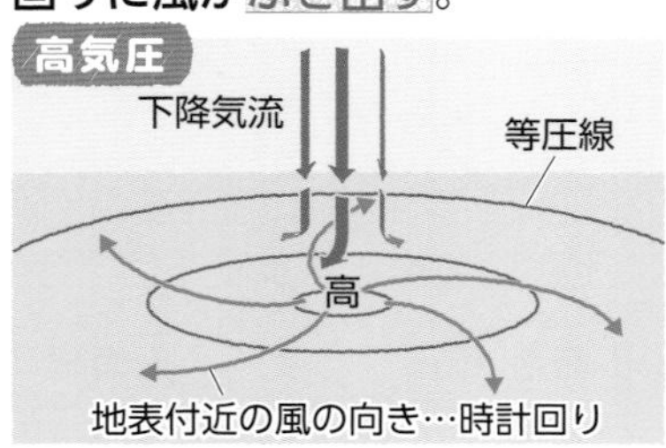

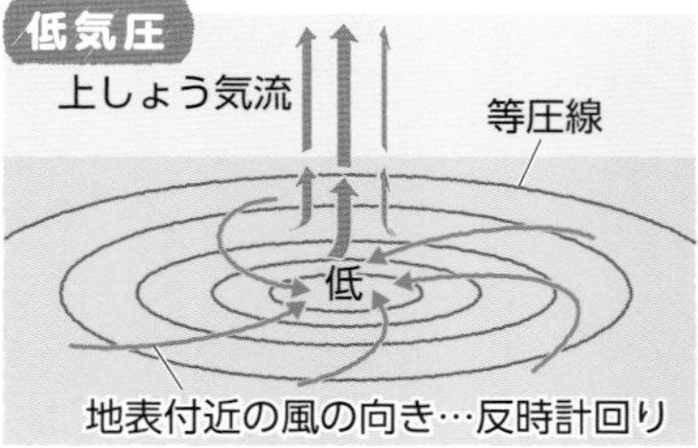

▼台風周辺の風

②低気圧…まわりより気圧が**低い**ところ。中心付近では上しょう**気流**が生じ，地表付近では反時計**回り**に**風が**ふきこむ。
↳低気圧が近づくと，雨やくもりになりやすい。

●台風は低気圧の一種で，進行方向に対して右側では**風が強くなる。**
↳台風の進む向きと台風にふきこむ風の向きが同じになるため。

(しつ度を計算で求める方法は58ページ。)

▶解答は6ページ

27 気象の観測，気圧と風　理解度チェック！

学習日　　月　　日

次の問いに答えなさい。(　　)にはことばを入れ，〔　　〕は正しいものを選(えら)びなさい。

□**1**　空の60％くらいを雲がしめていて，ほかの部分は青空でした。このときの天気は(　①　)で，天気記号では(　②　)で表します。ただし，降水(こうすい)はありません。

□**2**　天気記号で◎で表されるときの天気は(　③　)，●で表されるときの天気は(　④　)です。

□**3**　下の図は，ある日のかん球温度計としっ球温度計を示(しめ)したものです。

かん球温度計〔℃〕　しっ球温度計〔℃〕
20　20
10　10

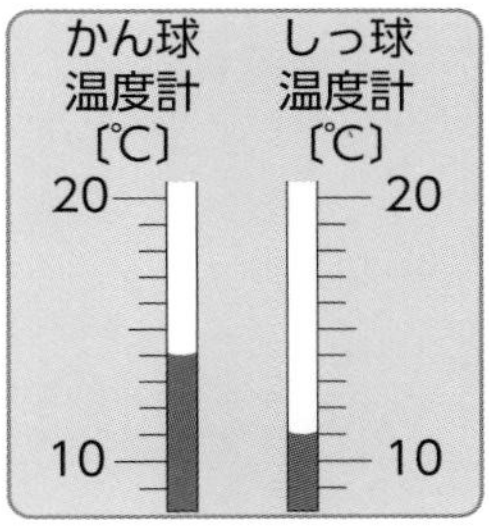

かん球の温度〔℃〕	かん球としっ球の示度(しど)の差〔℃〕						
	0	1	2	3	4	5	6
15	100	89	78	68	58	48	39
14	100	89	78	67	57	46	37
13	100	88	77	66	55	45	34
12	100	88	76	64	53	43	32
11	100	87	75	63	52	40	29
10	100	87	74	62	50	38	27

(1)　このときの気温は(　⑤　)℃です。

(2)　かん球としっ球の示度の差は(　⑥　)℃です。

(3)　このときのしつ度は(　⑦　)％です。

□**4**　ふき流しが流されるようすを真上から見ると，右の図のようになりました。このときの風向は(　⑧　)です。

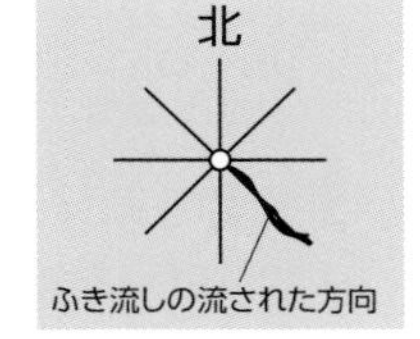

□**5**　全国に約(やく)1300か所ある，自動的(てき)な気象観測(きしょうかんそく)システムを(　⑨　)といいます。

□**6**　気圧(きあつ)の等しい地点を曲線で結(むす)んだものを(　⑩　)といいます。

□**7**　中心付近(ふきん)の気流と，地表付近の風の向きを示した下の図で，高気圧は(　⑪　)，低(てい)気圧は(　⑫　)で表されます。

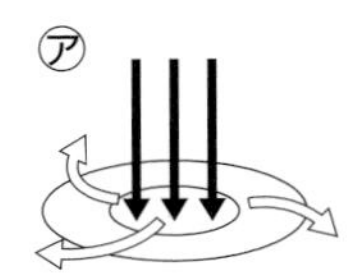

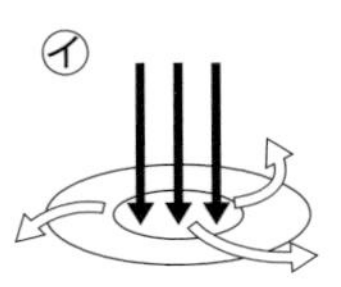

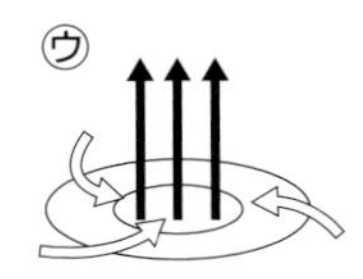

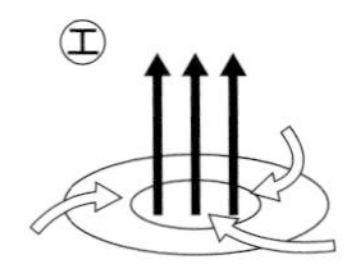

□**8**　雨やくもりになるのは⑬〔高気圧　低気圧〕が近づいたときです。

□**9**　台風周辺(しゅうへん)で風が強いのは，進行方向に対して⑭〔右　左〕側(がわ)です。

□**10**　**記述**　かんしつ計で，球部が水でしめらせたガーゼでおおわれているしっ球の温度が，かん球の温度より低(ひく)い理由を説明(せつめい)しなさい。…⑮

①
②
③
④
⑤
⑥
⑦
⑧
⑨
⑩
⑪
⑫
⑬
⑭

⑮

こんな問題も出る

等圧線の間かくが密(みつ)なところほど，風は〔強く　弱く〕なっています。

(答えは下のらん外)

◀答え…強く

28 しつ度と雲のでき方

赤シートでくりかえしチェックしよう！

1 しつ度

(1)**ほう和水蒸気量**…ある気温で**1 m^3の空気がふくむことのできる水蒸気の限度の量**。気温が高くなるほど**大きく**なる。

気温〔℃〕	0	5	10	15	20	25	30
ほう和水蒸気量〔g/m^3〕	4.8	6.8	9.4	12.8	17.3	23.1	30.4

気温とほう和水蒸気量

ほう和水蒸気量をこえる水蒸気は，**水てきとなって出てくる。**←空気の温度が下がった場合など。

(2)**露点**…空気中の水蒸気が**水てき**になり始めるときの温度。

ステンレス製のコップ　断面図　水てき　空気中の水蒸気　氷水　氷水を入れる。　水蒸気をふくむ空気が露点以下に冷やされると水てきがつく。

コップにつく水てき

(3)**しつ度**…1 m^3の空気中にふくまれている水蒸気が，**ほう和水蒸気量の何％にあたるか**で表す。

$$\text{しつ度〔\%〕} = \frac{\text{空気1}\,m^3\text{中の水蒸気の量〔g〕}}{\text{そのときの気温でのほう和水蒸気量〔g〕}} \times 100$$

(4)**晴れの日の気温としつ度**…
晴れの日は，**気温としつ度は逆の変化**をする。
気温が上がると，ほう和水蒸気量が増えるため。

2 雲のでき方

(1)**雲のでき方**…雲は**上しょう気流**のあるところでできる。
①空気が**上しょう**する。
②上空ほど**気圧が低い**ので空気が**ぼう張**する。
③空気がぼう張すると，温度が**下がる**。
④**露点以下**になると，**水蒸気が水てき**になる。
⑤さらに上しょうすると**氷のつぶ**になる。
⑥水や氷のつぶが上空にうかんだものが雲である。
とけて水のつぶとなって降るのが雨，とけずに降るのが雪。

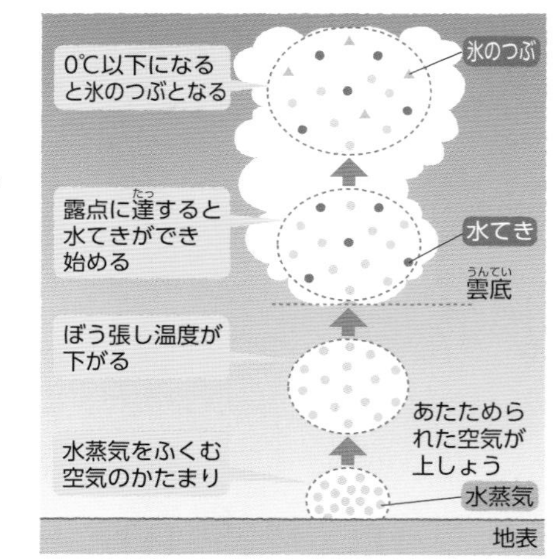

雲のでき方

(2)しめった空気が山をこえてふき降りるときに温度が**上しょう**する。そのため，山のふもとではかわいた空気にさらされ，気温が**高く**なる。これを**フェーン現象**という。

フェーン現象の図解▶

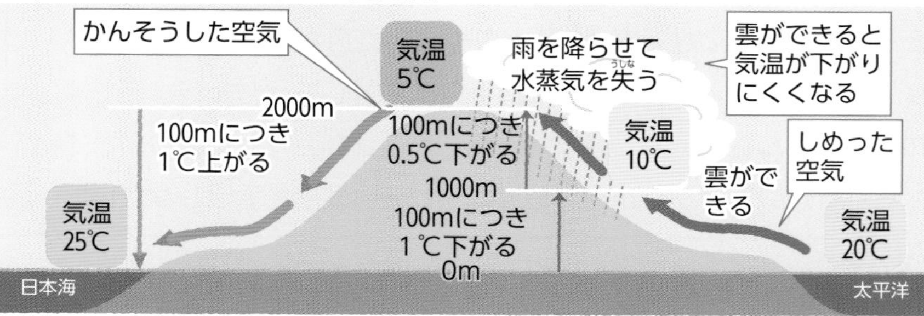

 （しつ度のはかり方は56ページ。）

▶解答は６ページ

28 しつ度と雲のでき方　理解度チェック!

学習日　　月　　日

■次の問いに答えなさい。(　　　)にはことばを入れ，〔　　　〕は正しいものを選びなさい。

□**1**　金属製の容器にくみ置きの水を入れ，試験管の中に氷を入れて容器の水をかき混ぜながら冷やしていくと，水の温度が22℃のときコップの表面がくもり始めました。このときの気温は26℃でした。

温度計　氷

気温〔℃〕	ほう和水蒸気量〔g/m³〕
16	13.6
18	15.4
20	17.3
22	19.4
24	21.8
26	24.4
28	27.2

⑴　空気１m³中にふくむことのできる水蒸気の限度の量を(　①　)といいます。

⑵　コップの表面がくもり始めたときの温度を(　②　)といいます。

⑶　この空気１m³中にふくまれている水蒸気は(　③　)gです。

⑷　このときのしつ度を，小数第１位を四捨五入して求めると，(　④　)%になります。

⑸　さらに水の温度を16℃まで下げると，空気１m³について(　⑤　)gの水てきが生じます。

□**2**　ある日の気温は28℃で，しつ度は64%でした。以下の問いは，**1**の表を利用して求めなさい。

⑴　この空気１m³中にふくまれている水蒸気の量を，小数第２位を四捨五入して求めると，(　⑥　)gです。

⑵　この空気を冷やしたとき，約(　⑦　)℃で水てきができ始めます。

□**3**　右の図は，雲のでき方を模式的に示したもので，ａは雲ができ始めた高さを示しています。

雲　a　水蒸気をふくむ空気X　地面

⑴　空気Xがａまで上しょうするとき，気圧は⑧〔高く　低く〕なります。

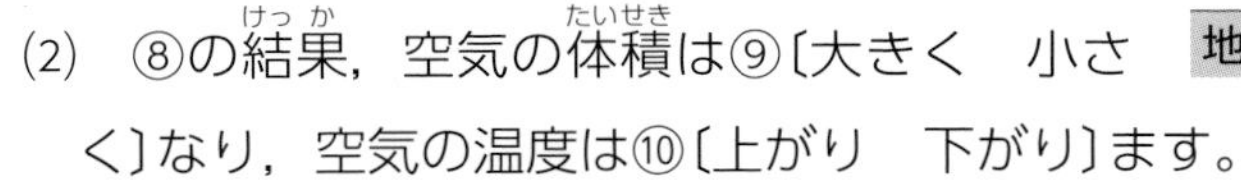

⑵　⑧の結果，空気の体積は⑨〔大きく　小さく〕なり，空気の温度は⑩〔上がり　下がり〕ます。

⑶　⑵の結果，空気は高さａで(　⑪　)に達し，雲ができ始めます。

□**4**　右の図は，水蒸気をふくんだ空気がＡ地点から山のしゃ面に沿って上しょうし，その後，山のしゃ面に沿って下降してＢ地点に達したようすを表しています。

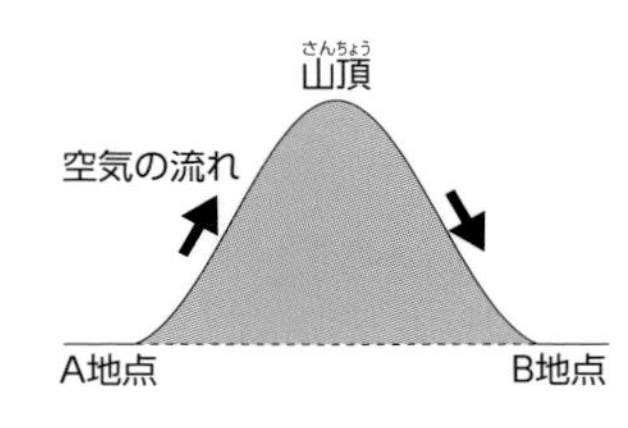

⑴　Ｂ地点の気温はＡ地点の気温より(　⑫　)なっています。

⑵　気温が⑴のようになる現象を(　⑬　)といいます。

①
②
③
④
⑤
⑥
⑦
⑧
⑨
⑩
⑪
⑫
⑬

〈③のヒント〉

22℃でくもり始めたということは，その温度でほう和水蒸気量になったということです。

こんな問題も出る

晴れの日に気温が上がると，しつ度は〔上がり　下がり〕ます。

(答えは下のらん外)

▶答え…下がり

29 前線と天気，海陸風

入試必出要点　赤シートでくりかえしチェックしよう！

1 前線と天気

(1)**気　団**…大きな空気のかたまり。

(2)**前線面**…性質の異なる２つの気団（暖気と寒気）がぶつかり合うところでできる境の面。
　└両方の気団が混ざり合わないので境ができる。

(3)**前　線**…前線面と地表が交わるところ。

(4)**寒冷前線**（▼▼▼）…寒気が暖気の下にもぐりこみ，**暖気をおし上げながら進む**前線。

①**強い上しょう気流**が生じ，**積雲**や**積乱雲**のように**垂直に発達する雲**ができる。

②**雷雨**や**強い雨**が**短時間**降る。

③前線が通過すると，**寒気におおわれる**ので気温が**下がり**，風向が**南寄りから北寄りに変わる。**

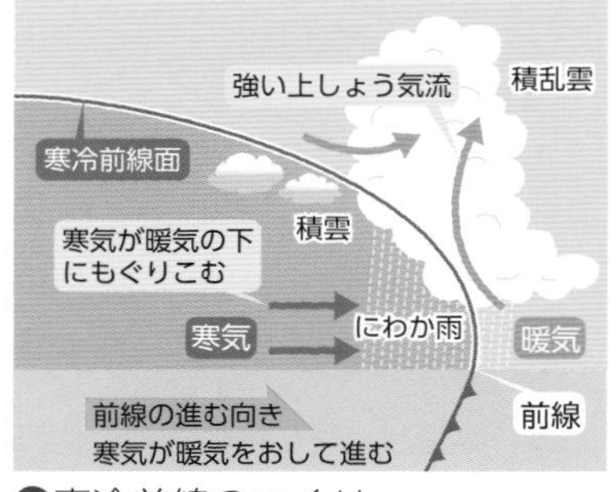

△寒冷前線のつくり

(5)**温暖前線**（●●●）…暖気が寒気の上にゆっくりはい上がり，**寒気を後退させて進む**前線。

①**乱層雲**などの**層状に発達する雲**ができる。

②**おだやかな雨**が**長時間**降る。

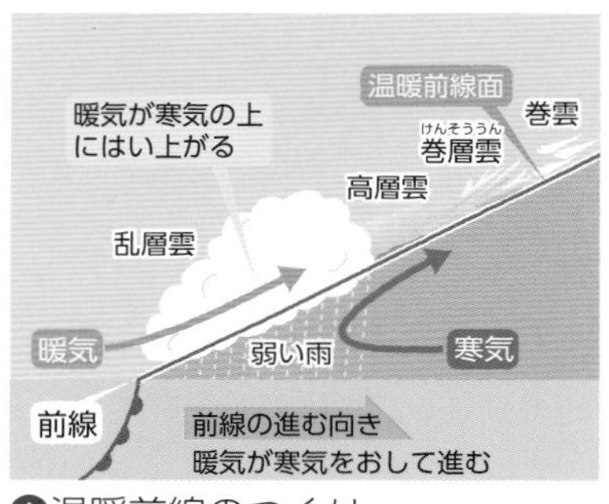

△温暖前線のつくり

③前線が通過すると**暖気におおわれる**ので気温が**上がり**，風向が**東寄りから南寄り**に変わる。

(6)**停滞前線**（▼●▼●）…**寒気と暖気の勢力が同じくらい**で，ほとんど動かない前線。つゆのころにできる**梅雨前線**と，秋にできる**秋雨前線**がある。

2 海陸風

(1)**海　風**…**昼間**の海岸地方で，**海から陸**に向かってふく風。
　└よく晴れた日にふく。

①陸上の空気は海上の空気より**あたたまる。**
　└陸地は海水に比べてあたたまりやすいから。

②陸上で**上しょう気流**が発生し，気圧が低くなる。

③海上では陸上より**気圧が高く**なって，**海から陸**に向かって風がふく。

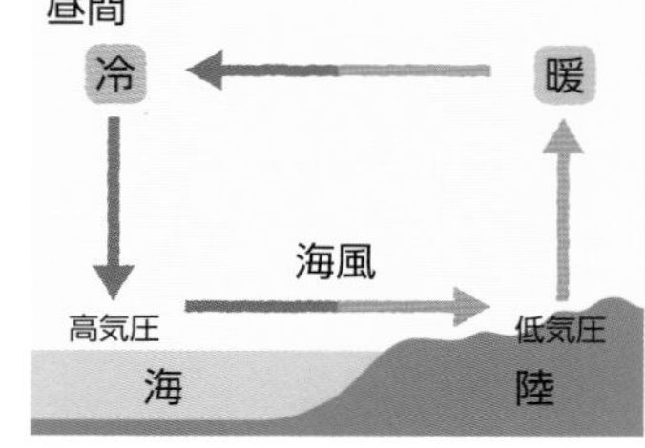

△海風のふくしくみ

(2)**陸　風**…**夜間**の海岸地方で，**陸から海**に向かってふく風。
　└よく晴れた日にふく。

①海上の空気は陸上の空気より**あたたかい。**
　└海水は陸地に比べて冷めにくいから。

②海上では**上しょう気流**が発生し，気圧が低くなる。

③陸上では海上より**気圧が高く**なって**陸から海**に向かって風がふく。

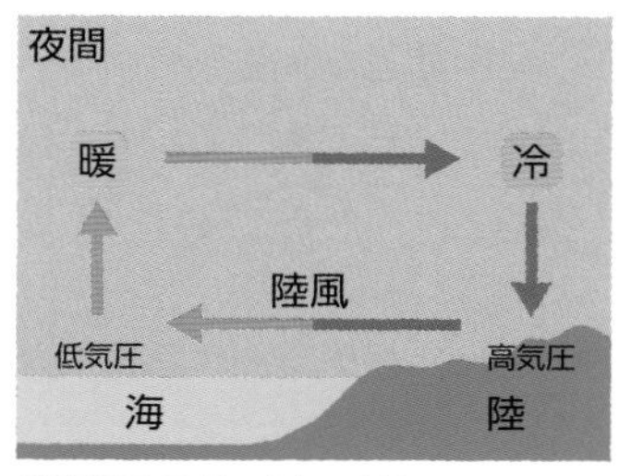

△陸風のふくしくみ

▶解答は６ページ

29　前線と天気，海陸風　理解度チェック！

学習日　　月　　日

■次の問いに答えなさい。（　　）にはことばを入れ，〔　　〕は正しいものを選びなさい。

□1　右の図１は（　①　）前線の断面を示していて，寒気を表しているのは②〔あ　い〕です。

□2　図１の前線は，図３の（　③　）の記号で表されます。

□3　図１の前線付近で発達する雲は，積雲や（　④　）です。

□4　図１の前線が通過するときに降る雨は，⑤〔強い　おだやかな〕雨で，⑥〔長　短〕時間降ります。

□5　図１の前線が通過したあとは，気温は⑦〔上がり　下がり〕，風向は⑧〔南　北〕寄りに変わります。

□6　右上の図２は（　⑨　）前線の断面を示していて，寒気を表しているのは⑩〔う　え〕です。

図１

図２

図３

㋐

㋑

㋒

□7　図２の前線は，図３の（　⑪　）の記号で表されます。

□8　図２の前線付近で発達する雲は（　⑫　）です。

□9　図２の前線が通過するときに降る雨は，⑬〔強い　おだやかな〕雨で，⑭〔長　短〕時間降ります。

□10　図２の前線が通過したあとは，気温は⑮〔上がり　下がり〕，風向は⑯〔南　北〕寄りに変わります。

□11　寒気と暖気の勢力が同じくらいで，ほとんど動かないときにできる前線を（　⑰　）前線といい，図３の（　⑱　）の記号で表されます。

□12　⑰の前線のうち，つゆのころにできる前線を（　⑲　）前線，秋にできる前線を（　⑳　）前線といいます。

□13　晴れた日の昼間，海から陸に向かってふく風を（　㉑　）といい，この風は，陸上と海上で，（　㉒　）のほうが気圧が高いために生じます。

□14　晴れた日の夜間，陸から海に向かってふく風を（　㉓　）といい，この風は，陸上と海上で，（　㉔　）のほうが気圧が高いために生じます。

①
②
③
④
⑤
⑥
⑦
⑧
⑨
⑩
⑪
⑫
⑬
⑭
⑮
⑯
⑰
⑱
⑲
⑳
㉑
㉒
㉓
㉔

30 日本の天気

入試必出要点　赤シートでくりかえしチェックしよう！

1 天気の移り変わり

(1)**偏西風**…日本が位置する**中緯度の上空**をふいている**強い西風**。

(2)**天気の移り変わり**…日本付近の雲や移動性高気圧，低気圧は，**偏西風のえいきょうで西から東へ動いている**。このため，天気も**西から東へ移り変わる**。

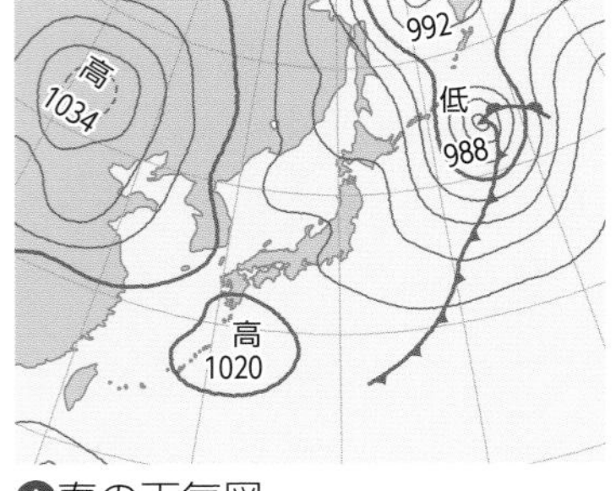

春の天気図

2 日本の天気

(1)**気　団**…大陸と海上には，季節ごとに大きな気団が発達し，日本の気象に大きなえいきょうをあたえている。

日本付近の気団

(2)**春の天気**…**温帯低気圧**と**移動性高気圧が交ごに日本を西から東に通過**していく。
→晴れと，くもりや雨の日が**周期的にくり返される**。
└3～4日の周期。

(3)**つゆ（梅雨）の天気**…6月から7月にかけて，**オホーツク海気団**と**小笠原気団**の**勢力がほぼつり合い**，その境界にできた**停滞前線（梅雨前線）**が日本列島付近に停滞する。
└雲画像では，日本列島の南岸沿いに帯状の雲がのびる。
→雨やくもりの日が続き，大量の雨が降ることもある。

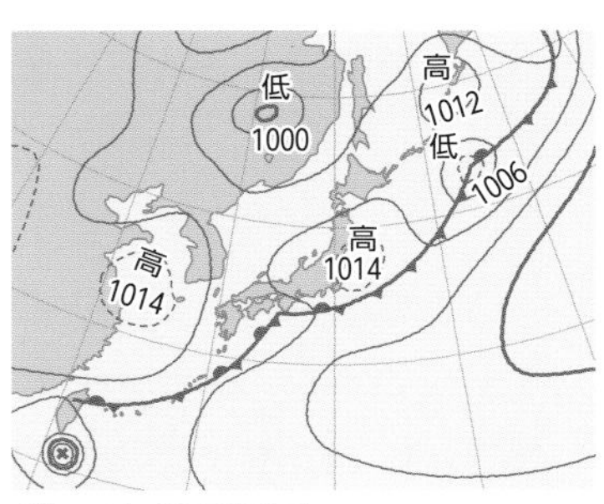

つゆの天気図

(4)**夏の天気**…**小笠原気団**の勢力が強まり，**南東**の**季節風**がふく。
└太平洋高気圧からつくられる。
→蒸し暑い晴天の日が続く。気圧配置は**南高北低**。

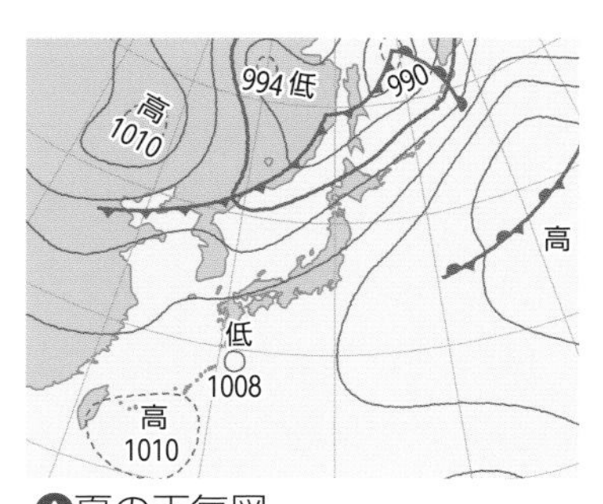

夏の天気図

(5)**秋の天気**…秋のはじめは**停滞前線（秋雨前線）**が停滞する。
→はじめは雨になることが多い。その後は，春と同様に，天気は**周期的に変化**する。

(6)**冬の天気**…**シベリア気団**が発達し，**西高東低**の**気圧配置**になり，**北西**の**季節風**がふく。
└雲画像では，日本海に東西にすじ状の雲が見られる。
→日本海側に大量の雪を降らせる一方，太平洋側ではかわいた晴天の日が続く。

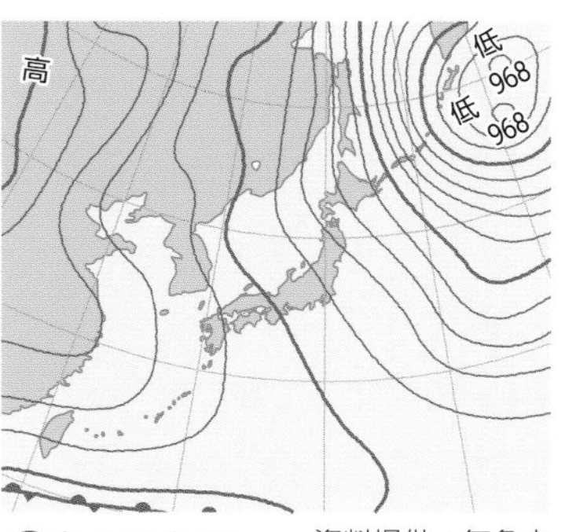

冬の天気図　資料提供：気象庁

(7)**台　風**…熱帯の海上で発生した熱帯低気圧のうち，中心付近の最大風速が**毎秒17.2m以上**になったもの。日本付近に近づくと，**偏西風**に**流されて東寄り**に進路を変える。
└雲画像では大きなうずが見られる。
└小笠原気団のへりに沿って日本付近に北上する。
→大量の雨と強風をもたらす。

▶解答は6ページ

30 日本の天気　理解度チェック！

学習日　月　日

次の問いに答えなさい。（　）にはことばを入れ，〔　〕は正しいものを選びなさい。

□1　次の連続した3日間の天気図を日づけの順に並べなさい。…①

図1　図2 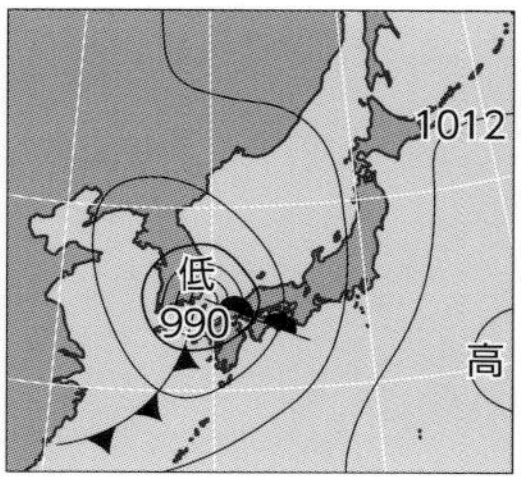　図3

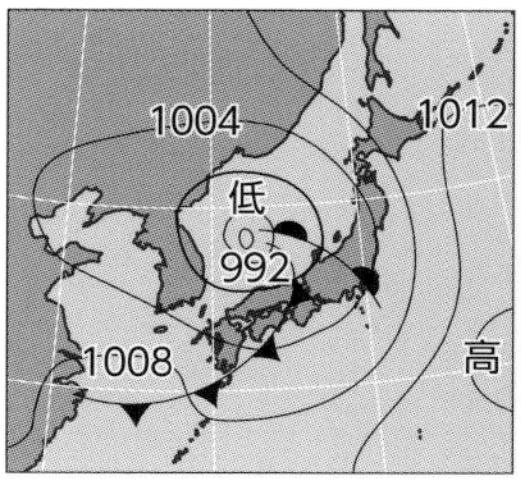

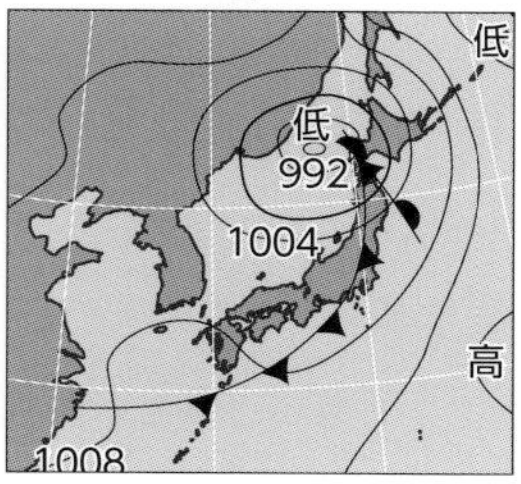

□2　①のように天気が移り変わるのは，（　②　）という風が（　③　）から（　④　）にふいているからです。

□3　次の写真は，いろいろな季節の雲画像です。つゆは（　⑤　），夏は（　⑥　），台風は（　⑦　），冬は（　⑧　）のときに見られます。

A　B 　C 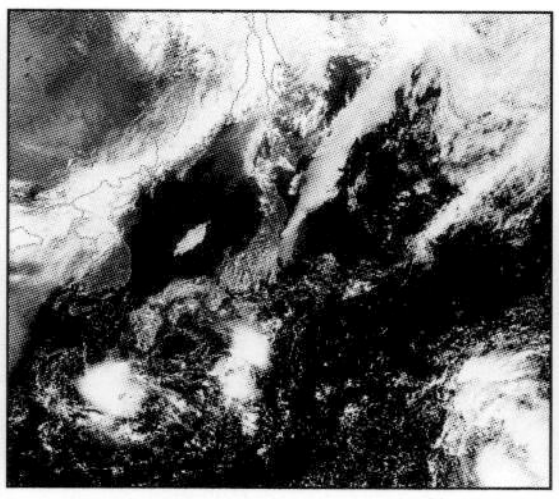　D

（資料提供：気象庁）

□4　写真Aのとき，日本の北の（　⑨　）気団と南の（　⑩　）気団の勢力がほぼつり合っています。

□5　写真Aのときに見られる停滞前線を（　⑪　）前線といいます。

□6　写真Bのとき，日本にえいきょうをあたえている気団は（　⑫　）気団で，このとき（　⑬　）の季節風がふき，気圧配置は（　⑭　）になっています。

□7　写真Cのとき，日本にえいきょうをあたえている気団は（　⑮　）気団で，このとき（　⑯　）の季節風がふき，気圧配置は（　⑰　）になっています。

□8　晴れと，くもりや雨の日が周期的にくり返される季節をすべて答えなさい。…⑱

□9　**記述** 台風が日本付近に近づくと，東寄りに進路を変える理由を説明しなさい。…⑲

①　→　→
②
③
④
⑤
⑥
⑦
⑧
⑨
⑩
⑪
⑫
⑬
⑭
⑮
⑯
⑰
⑱

⑲

31 太陽の動き

入試必出要点 赤シートでくりかえしチェックしよう！

1 太陽の１日の動き

(1)太陽の１日の動きは，**地球の自転による見かけの動き。**
西から東に１日に１回転する動き。

→太陽は**東**から出て**南**の空を通り，**西**にしずむ。

(2)**太陽の南中**…太陽が**真南**にくること。
太陽の高さは最高。このときの高さが南中高度。

(3)**日本の正午**…兵庫県明石市を通る**東経135度の地点**で**太陽が南中したとき**を**正午**と決めている。

→明石市より**東**の地点では，**正午より前に太陽は南中**する。
経度が１度ちがうと，南中時刻は，60×24÷360＝4〔分〕ずれる。

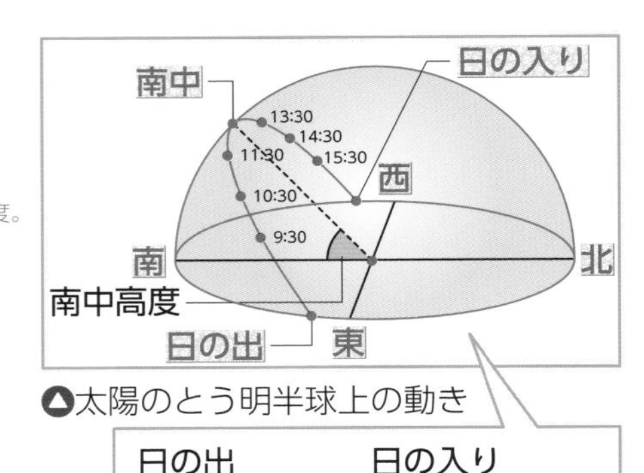

▲太陽のとう明半球上の動き

日の出　地平線
日の入り　地平線

2 太陽の１年の動き

(1)地球は**地じく**をかたむけたまま太陽のまわりを**公転**している。
地球の北極と南極を結ぶじく。　太陽のまわりを回ること。

→太陽の高度や昼の長さが変化し，**季節の変化が生じる。**

	春分・秋分の日	夏至の日	冬至の日
日の出・日の入りの位置	真東から出て真西にしずむ	真東より最も北寄りから出て，真西より最も北寄りにしずむ	真東より最も南寄りから出て，真西より最も南寄りにしずむ
南中高度（北緯N度の地点）	90－N〔度〕	90－N＋23.4〔度〕	90－N－23.4〔度〕
昼夜の長さ	昼の長さ＝夜の長さ	昼の長さ＞夜の長さ	昼の長さ＜夜の長さ

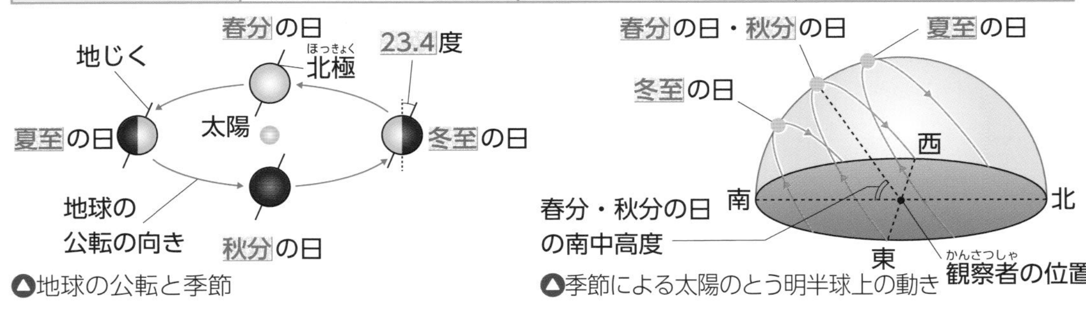

▲地球の公転と季節

▲季節による太陽のとう明半球上の動き

(2)**棒のかげの動き**

①**かげのできる方向**…**太陽と反対方向にできる**ので，時間がたつにつれ，**西→北→東**へと移っていく。

春分・秋分：南　棒　東　西　4時 3 2 1 12 11 10 9 8時　午後　北　午前　かげの先の動き　東西方向と平行

夏至：南　棒　4時　8時　東　西　3　9　2 1 12 11 10　午後　午前　北　1年で南中時のかげが最も短い。

冬至：南　棒　東　西　2時　9時　1 12 11 10　午後　北　午前　1年で南中時のかげが最も長い。

②**かげの長さ**…太陽が**真南**にきたとき**最も短く**なる。

▶解答は7ページ

31 太陽の動き　理解度チェック！

学習日　　月　　日

■次の問いに答えなさい。(　　)にはことばを入れ，〔　　〕は正しいものを選(えら)びなさい。

□1　太陽の1日の動きは，地球の(　①　)による見かけの動きです。

□2　右の図1は，太陽のとう明半球上の動きを示(しめ)したものです。太陽が動く向きは②〔あ　い〕です。

図1

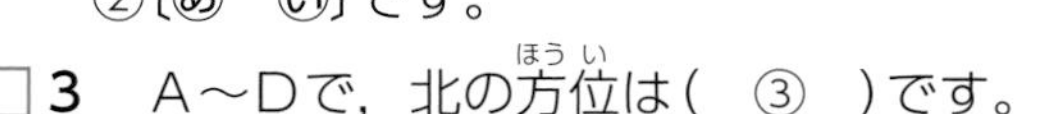

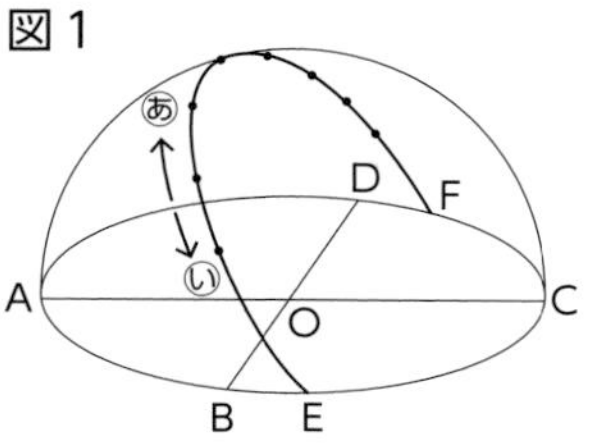

□3　A～Dで，北の方位(ほうい)は(　③　)です。

□4　Eは(　④　)の位置(いち)，Fは(　⑤　)の位置を示しています。

□5　日本の正午は，兵庫県明石市(ひょうごけんあかしし)を通る東経(とうけい)(　⑥　)度の地点で太陽が真南にきたときと決めています。

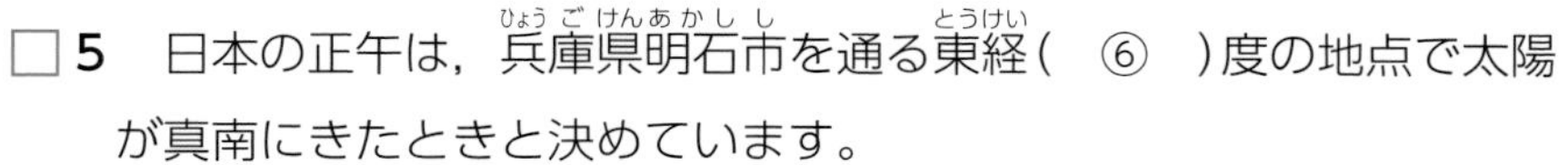

□6　春分・夏至(げし)・秋分・冬至(とうじ)の日の，太陽のとう明半球上の動きを図2に，地球の公転上の位置を図3に示しました。

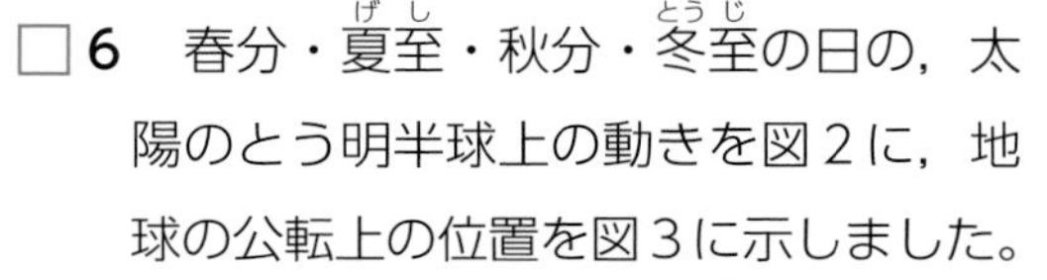

図2

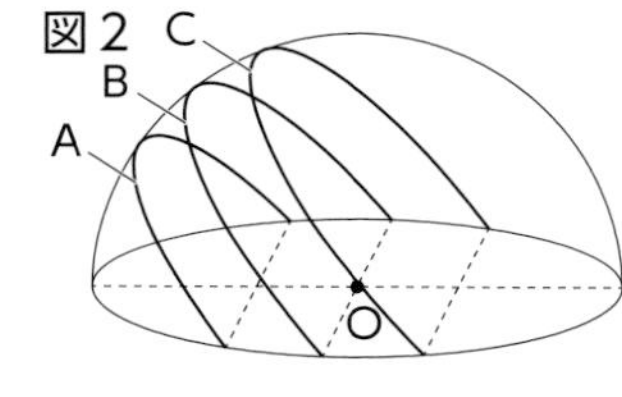

(1)　図2で，春分の日の太陽の動きは(　⑦　)です。

(2)　北緯(ほくい)35度の地点での夏至の日の太陽の南中高度は(　⑧　)度です。

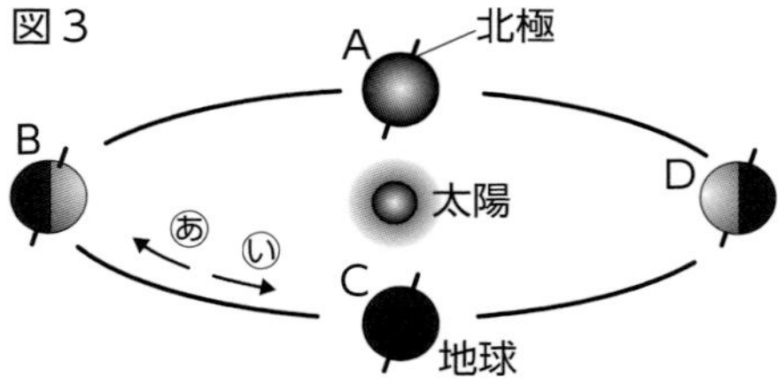

(3)　図2で，冬至の日の太陽の動きは(　⑨　)で，図3では，地球が(　⑩　)の位置のときです。

(4)　図3で，地球の公転の向きは⑪〔あ　い〕です。

(5)　昼の長さが夜の長さより長くなるのは，図2の(　⑫　)の動きのときで，図3では，地球が(　⑬　)の位置のときです。

図3

□7　図4は，春分・夏至・冬至の日に，地面に垂直(すいちょく)に立てた棒(ぼう)のかげの先の動きを示したものです。

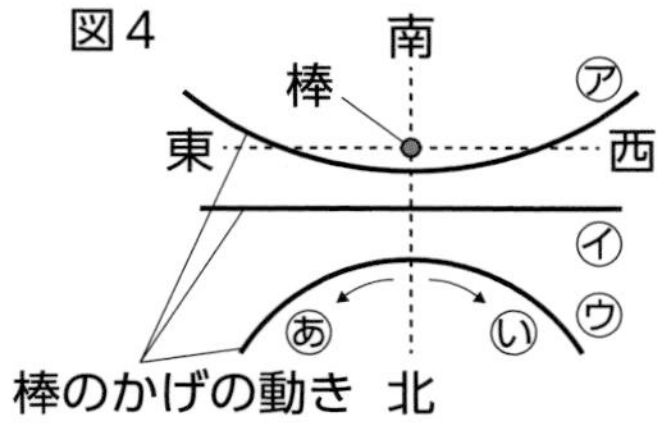

(1)　かげが動く向きは⑭〔あ　い〕です。

(2)　春分の日の動きは(　⑮　)，夏至の日の動きは(　⑯　)，冬至の日の動きは(　⑰　)です。

図4

□8　記述　季節(きせつ)の変化(へんか)が生じる理由を説明(せつめい)しなさい。…⑱

⑱	

① ② ③ ④ ⑤ ⑥ ⑦ ⑧ ⑨ ⑩ ⑪ ⑫ ⑬ ⑭ ⑮ ⑯ ⑰

こんな問題も出る

太陽が南中したときの棒のかげの長さが最(もっと)も長くなるのは(　①　)の日で，最も短くなるのは(　②　)の日です。

(答えは下のらん外)

▶答え…①冬至　②夏至

32 月の動き

入試必出要点　赤シートでくりかえしチェックしよう！

1 月の動きと満ち欠け

(1)**月の表面**…岩石でおおわれ，クレーターとよばれるくぼ地がたくさんある。
└いん石がしょうとつしてできたと考えられる。

(2)**月の1日の動き**…太陽と同じように，**東**から出て**南**の空を通り西にしずむ。月の形によって見られる時刻は異なる。
└地球の自転が原因。
月の出の時刻は1日に約48分ずつおそくなる。

三日月	夕方，西の空の低いところに見える。
上げんの月	夕方**南中**する。
満月	夕方東の地平線から出て，真夜中ごろ**南中**。
下げんの月	真夜中ごろ東の地平線から出て，明け方**南中**。

△月の形と見え方

(3)**月の公転**…およそ1か月かけて**地球の自転の向き**（**北極側から見て**反時計**回り**）**と同じ向きに公転**している。
→月の自転と公転の周期は約27.3日で同じなので，月の裏側は見えない。

(4)**月の満ち欠け**
①**満ち欠けの周期**…約29.5日。
②**形の変化**…**新月→**三日月**→上げんの月→**満月**→下げんの月→新月**
→月は右側から**満ちていき，**右側**から欠けていく。**

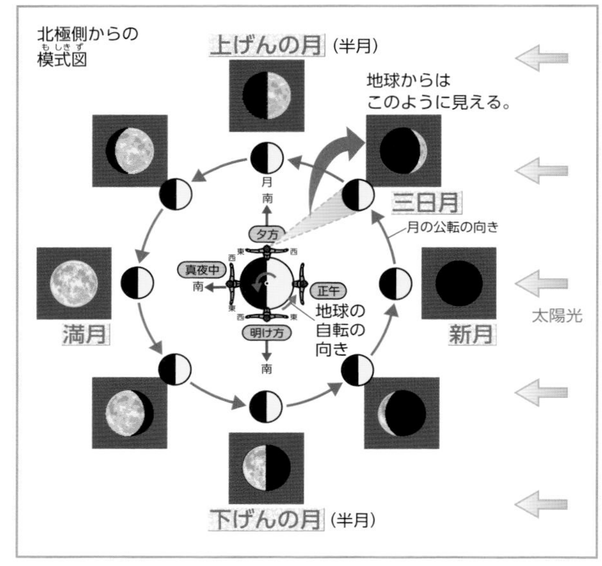

△月の公転と満ち欠け

2 日食と月食

(1)日　食…**太陽，月，地球**がこの順で一直線上に並んだとき，**太陽が月にかくされる現象**。
→新月のときに起こることがある。
①皆既日食…**太陽全体**が月にかくされる場合の日食。
②部分日食…**太陽の一部**が月にかくされる場合の日食。

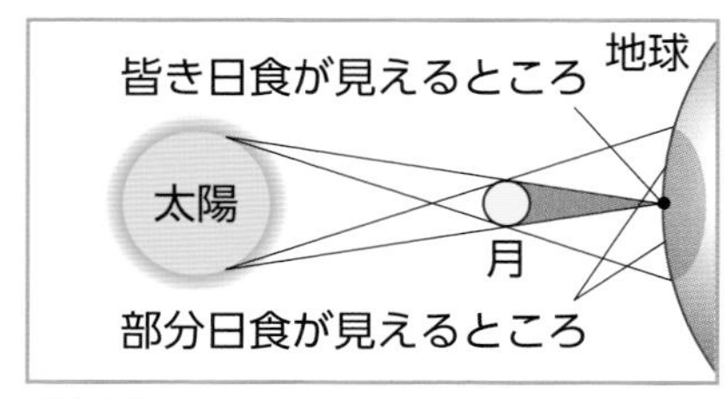

△日食

(2)月　食…**太陽，地球，月**がこの順で一直線上に並んだとき，**月が地球のかげに入る現象**。
→満月のときに起こることがある。
①皆既月食…**月全体が地球のかげに入った**場合の月食。
②部分月食…**月の一部が地球のかげに入った**場合の月食。

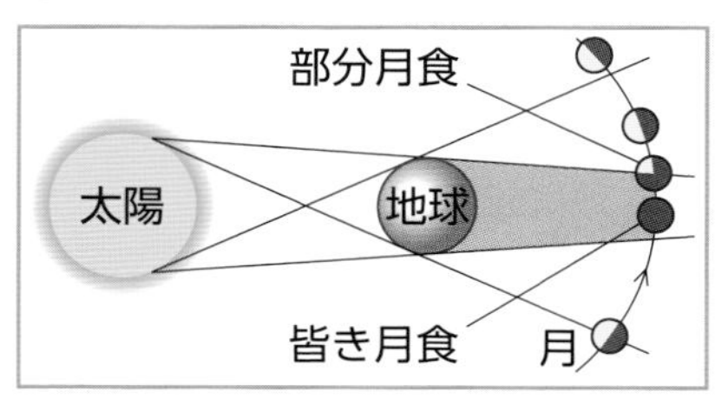

△月食

▶解答は7ページ

32 月の動き　理解度チェック！

学習日　月　日

■次の問いに答えなさい。(　　)にはことばを入れ，〔　　〕は正しいものを選(えら)びなさい。

図1は，地球と，地球のまわりを公転する月を，図2はいろいろな月の形を表しています。

図1

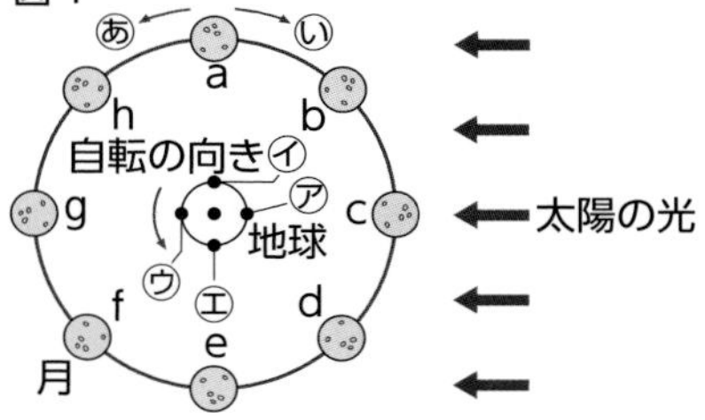

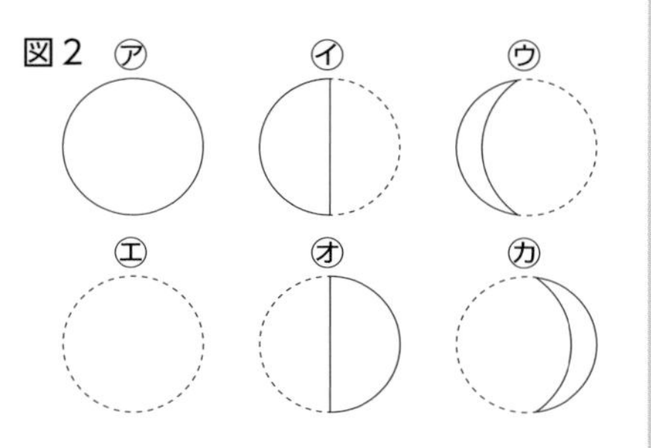

図2

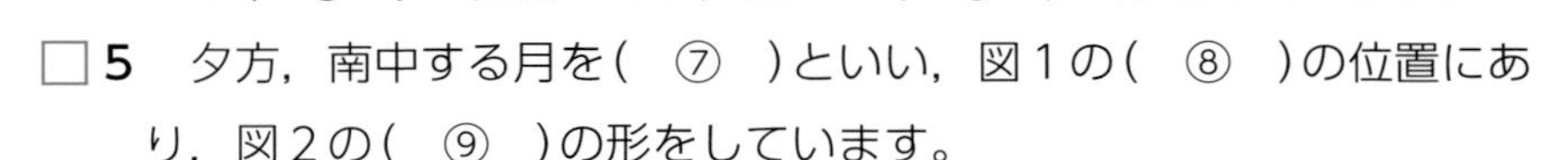

□1　月の表面にたくさんある円形のくぼ地を(　①　)といいます。

□2　月の公転の向きは，図1の②〔あ　い〕です。

□3　図1で，地球上のア～エの地点のうち，夕方を示(しめ)しているのは(　③　)です。

□4　夕方，西の空の低(ひく)いところに見える月を(　④　)といい，図1の(　⑤　)の位置(いち)にあり，図2の(　⑥　)の形をしています。

□5　夕方，南中する月を(　⑦　)といい，図1の(　⑧　)の位置にあり，図2の(　⑨　)の形をしています。

□6　真夜中ごろに南中する月を(　⑩　)といい，図1の(　⑪　)の位置にあり，図2の(　⑫　)の形をしています。

□7　明け方に南中する月を(　⑬　)といい，図1の(　⑭　)の位置にあり，図2の(　⑮　)の形をしています。

□8　月の形が変化(へんか)する順(じゅん)に，図2の月をエから並(なら)べなさい。…⑯

□9　月の満(み)ち欠(か)けの周期(しゅうき)は約(やく)(　⑰　)日です。

□10　太陽が月にかくされる現象(げんしょう)を(　⑱　)といい，このうち太陽全体が月にかくされる場合を(　⑲　)，太陽の一部が月にかくされる場合を(　⑳　)といいます。

□11　⑱の現象は，月が図1の(　㉑　)の位置にあるときに起こり，このときの月を(　㉒　)といいます。

□12　月が地球のかげに入る現象を(　㉓　)といいます。

□13　㉓の現象は，月が図1の(　㉔　)の位置にあるときに起こります。

□14 記述　地球からは月の裏側(うらがわ)を見ることができません。その理由を説明(せつめい)しなさい。…㉕

㉕	

①
②
③
④
⑤
⑥
⑦
⑧
⑨
⑩
⑪
⑫
⑬
⑭
⑮
⑯　エ →　→
→　→　→
⑰
⑱
⑲
⑳
㉑
㉒
㉓
㉔

33 星の動き

入試必出要点　赤シートでくりかえしチェックしよう！

1 星の１日の動き

(1)**星の１日の動き**…**地球の自転**によって起こる**見かけの動き**。

(2)**東・南・西の空の星の動き**…１時間に約15度，**東**から**西**へ動く。**真南**にきたとき，**高さが最高**になる。
└→360÷24＝15〔度〕

右ななめ上にのぼっていく　　右ななめ下にしずんでいく

北←　東　→南　　東←　南　→西　　南←　西　→北

△東の空の星の動き　△南の空の星の動き　△西の空の星の動き

2月10日の夜　午後4時　午後6時　午後8時　午後10時　午前0時　動く向き　真南にきたときの高さが最高

のぼるとき3つ星は縦　しずむとき3つ星は横

←東　南　西→

オリオン座の動き

(3)**北の空の星と動き**

①**北極星**…ほぼ**真北**にあり，ほとんど**動かない**。高度はその**地点の緯度と同じ**。
└→こぐま座にふくまれる。
└→地じくの北の延長線上にあるから。

②**北と七星**…**おおぐま座**の一部で，**ひしゃくの形**に見える７つの星の集まり。

③**カシオペヤ座**…Wの形に見える星座。北極星をはさんでほぼ**北と七星と反対側**にある。

④**北の空の星の動き**…**北極星を中心に反時計回りに１時間に，15度動く**。

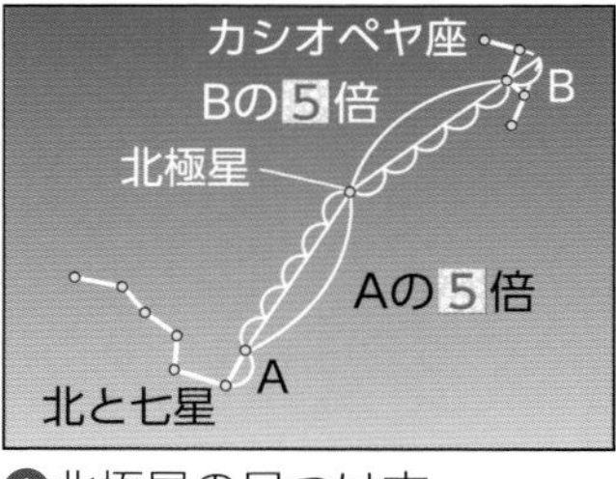

△北極星の見つけ方

9月12日の夜　11時　9時　7時　北と七星　北極星　30°　カシオペヤ座

←西　北　東→

△北と七星とカシオペヤ座の１日の動き

2 星の１年の動き

(1)**星の１年の動き**…**地球が公転**しているために起こる**見かけの動き**。

(2)**同じ時刻に見える星のずれ**…同じ時刻に見える星の位置は，**１か月に約30度，東から西へずれる。**

→１年で**360度動く**から，１か月では，360÷12＝30〔度〕

(3)**同じ位置に見える時刻**…**１か月で約2時間はやくなる。**

→１時間に約**15度動く**から，**30度動くには2時間かかる**。

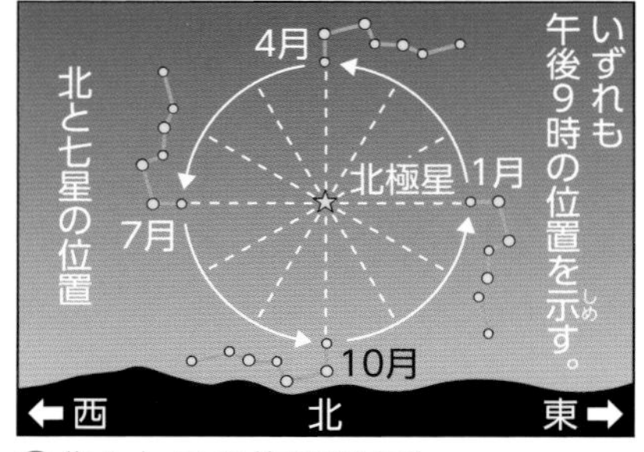

△北と七星の位置の変化

▶解答は7ページ

33 星の動き 理解度チェック!

学習日　　月　　日

次の問いに答えなさい。(　　)にはことばを入れ,〔　　〕は正しいものを選びなさい。

□1　次の図は,星の1日の動きを模式的に表したものです。
Aは(　①　)の空,Bは(　②　)の空,Cは(　③　)の空です。

A　B　C

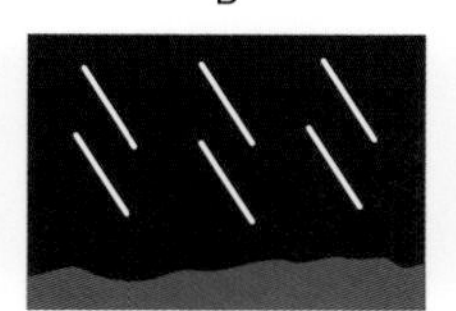

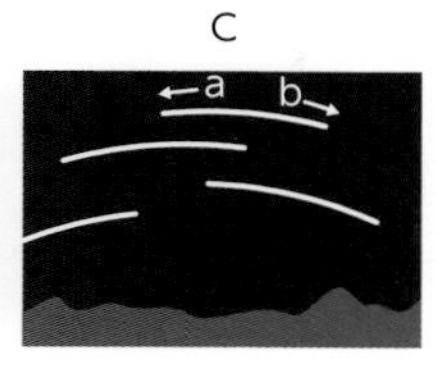

□2　上の図のCで,星の動く向きは④〔a　b〕です。

□3　星の1日の動きは,地球の(　⑤　)による見かけの動きです。

□4　右の図は,ある星座を表しています。この星座を(　⑥　)といいます。

㋐ 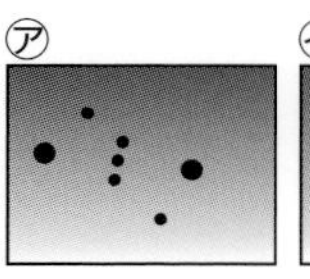

㋑ 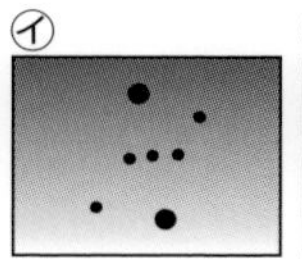

㋒ 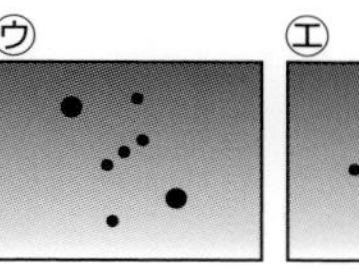

㋓

□5　⑥の星座が西の地平線にしずむときのようすは(　⑦　)です。

□6　右の図は,北の夜空を表したものです。図の7つの星の集まりを(　⑧　)といいます。

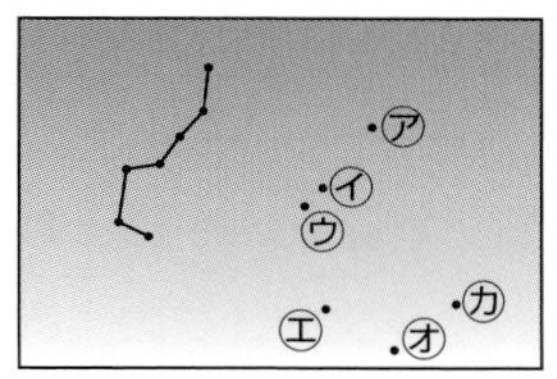

□7　⑧の星の集まりは,ある星を中心にして回転しています。その星を(　⑨　)といいます。

□8　⑨の星の位置は,㋐～㋕のうち,(　⑩　)です。

□9　ある日の午後9時に,カシオペヤ座が右の図のⒶの位置に見えました。この日の午後11時には(　⑪　)の位置に見えます。

□10　2か月後の午後9時には,(　⑫　)の位置に見えます。

□11　3か月後の午後7時には(　⑬　)の位置に見えます。

□12　1か月後に,Ⓐの位置に見えるのは午後(　⑭　)時です。

□13 記述 1年のうち,同じ時刻に見える星の位置や,同じ位置に見える星の時刻が変わる理由を説明しなさい。…⑮

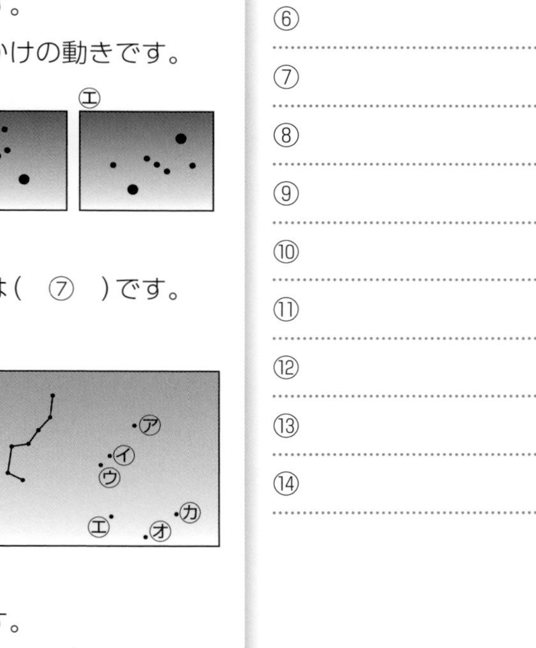

①
②
③
④
⑤
⑥
⑦
⑧
⑨
⑩
⑪
⑫
⑬
⑭

〈⑬のヒント〉
3か月後の午後9時には,30×3=90°反時計回りの位置にあり,午後7時は午後9時の2時間前です。

⑮

34 四季の星座

入試必出要点　赤シートでくりかえしチェックしよう！

1 星の明るさと色

(1)**星の明るさ**…最も明るく見える星を**1等星**，肉眼で見える最も暗い星を**6等星**として６階級に分ける。
1等級上がると約2.5倍明るくなる。

(2)**星の色**…**表面温度**によってちがう。

低い ← 表面の温度 → 高い

3500℃		6000℃			29000℃
赤	だいだい	黄	うす黄色	白	青白
ベテルギウス アンタレス	アルデバラン ポルックス	太陽	北極星 プロキオン	シリウス ベガ	リゲル スピカ

△いろいろな星の色と表面温度

2 四季の星座

(1)**夏の大三角**…**こと座**の**ベガ**（**おりひめ星**），**わし座**の**アルタイル**（**ひこ星**），**はくちょう座**の**デネブ**の３つの１等星を結んでできる三角形を，**夏の大三角**という。頭上の**天の川の付近**に見られる。

はくちょう座
天の川
デネブ
（おりひめ星）
ベガ
夏の大三角
こと座
アルタイル
（ひこ星）
わし座

(2)**夏の南の空の星座**…南の低い空に**S字形**に並んだ**さそり座**が見られる。１等星**アンタレス**をふくんでいる。

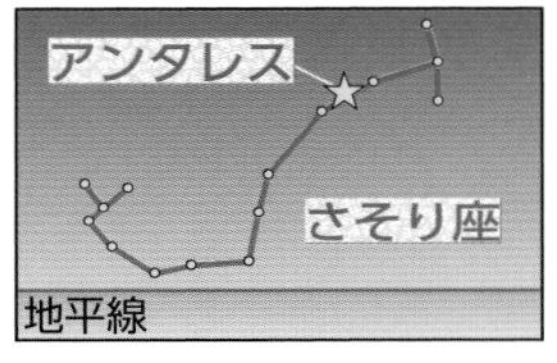

(3)**冬の大三角**…**オリオン座**の**ベテルギウス**，**おおいぬ座**の**シリウス**，**こいぬ座**の**プロキオン**の３つの１等星を結んでできる三角形を，**冬の大三角**という。

①オリオン座は，ベテルギウスのほかに，**リゲル**という１等星をふくむ。

②**シリウス**は全天で**最も明るい**。

ポルックス
おうし座
ふたご座
こいぬ座
アルデバラン
ベテルギウス
プロキオン
オリオン座
リゲル
冬の大三角
シリウス
おおいぬ座

(4)**春の星座**…**しし座**や**おとめ座**などがある。
1等星レグルスをふくむ。　1等星スピカをふくむ。

(5)**秋の星座**…**アンドロメダ座**や**ペガスス座**などがある。

3 星座早見の使い方

●とめがねの部分が**北極星**，だ円のふちが**地平線**を表す。

①日づけと時刻を合わせる。

②**見たい方向を下**にして星座早見を持つ。

③星座早見を頭の上にかざして，下からあおぎ見るようにして見る。

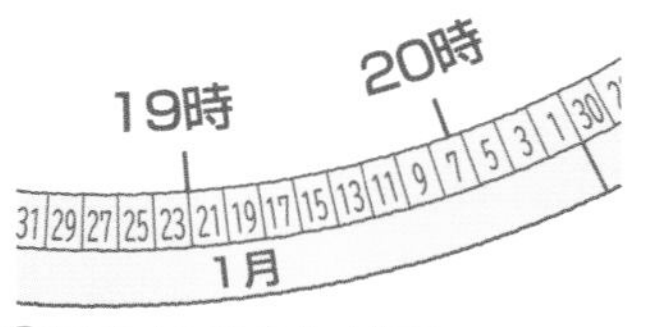

△目もりの合わせ方
（1月22日19時に合わせたとき）

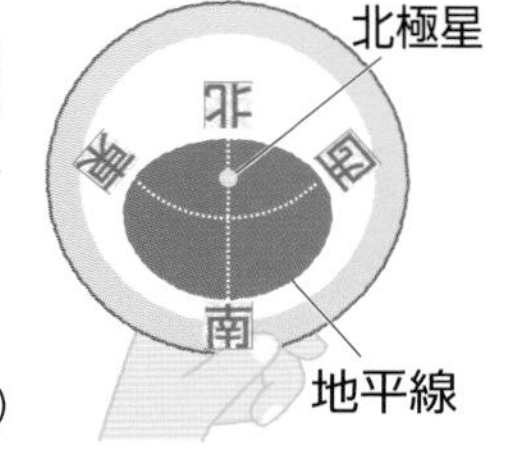

△南の空を見るとき

▶解答は７ページ

34 四季の星座　理解度チェック！

学習日　　月　　日

■次の問いに答えなさい。（　　）にはことばを入れ，〔　　〕は正しいものを選びなさい。

□1　星の色は，星の（　①　）によってちがいます。

□2　赤色，だいだい色，黄色，白色，青白色の星で，①が最も高いのは（　②　）色の星です。

□3　右の図１は，夏の大三角をつくる１等星を表しています。星Aは（　③　）で，（　④　）座にふくまれ，星Bは（　⑤　）で，（　⑥　）座にふくまれ，星Cは（　⑦　）で，（　⑧　）座にふくまれています。

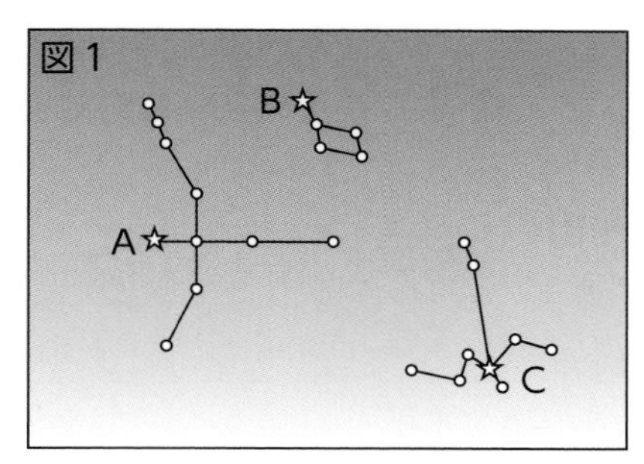

□4　七夕に出てくるおりひめ星は，図１の（　⑨　）で，ひこ星は（　⑩　）です。

□5　右の図２は，夏の南の空に見える星座で，（　⑪　）座です。

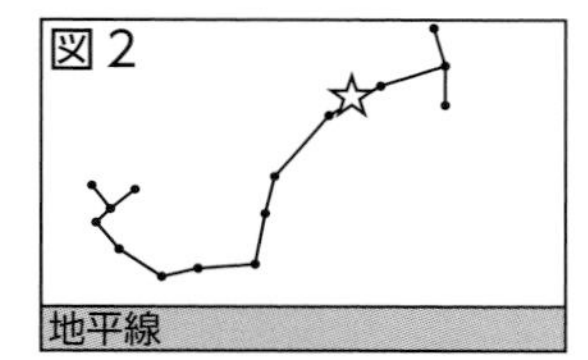

□6　⑪にふくまれる１等星は（　⑫　）です。

□7　右の図３は，冬の大三角をつくる１等星を表しています。星Dは（　⑬　）で，（　⑭　）座にふくまれ，星Eは（　⑮　）で，（　⑯　）座にふくまれ，星Fは（　⑰　）で，（　⑱　）座にふくまれています。

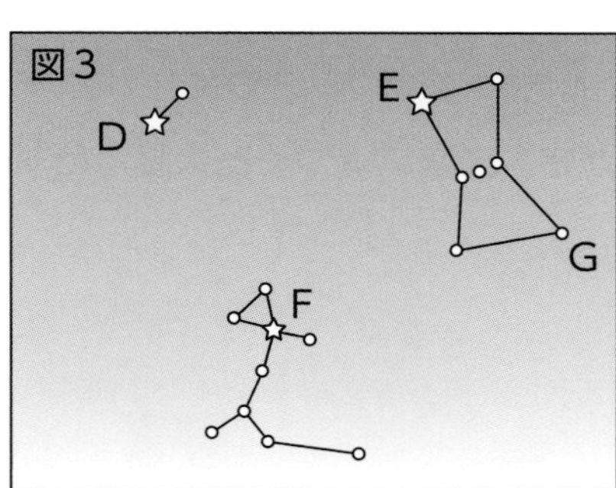

□8　図３の星Gは（　⑲　）です。

□9　A～Fの星で，赤色をしているものを１つ選びなさい。…⑳

□10　全天で最も明るい星は，A～Fの（　㉑　）です。

□11　おとめ座としし座は㉒〔春　秋〕，ペガスス座とアンドロメダ座は㉓〔春　秋〕に見えます。

□12　星座早見で，右の図４は１月26日の（　㉔　）時の星座を観察しようとしたもので，図５は（　㉕　）の方角の星座を観察しようとしたものです。

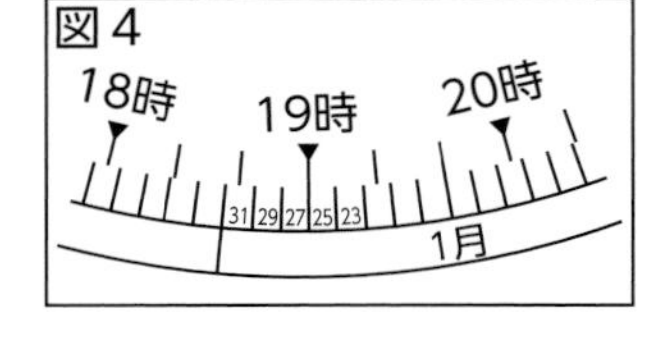

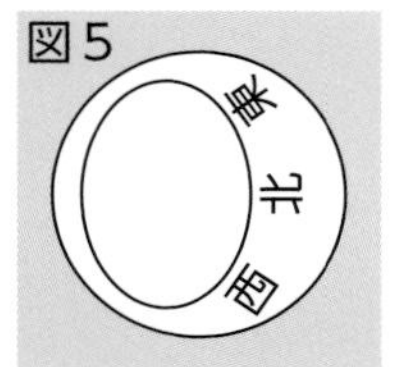

①

②

③

④

⑤

⑥

⑦

⑧

⑨

⑩

⑪

⑫

⑬

⑭

⑮

⑯

⑰

⑱

⑲

⑳

㉑

㉒

㉓

㉔

㉕

35 太陽系

入試必出要点 赤シートでくりかえしチェックしよう！

1 太陽系

(1)**太陽系**…太陽とそのまわりを公転する**8つのわく星**，**小わく星**，**すい星**，**衛星**などの天体の集まり。
└→火星と木星のき動の間にある小さい天体。

(2)**こう星**…太陽や星座をつくる星のように，**自ら光を出してかがやく天体**。

(3)**わく星**…**こう星のまわりを公転する天体**。太陽系のわく星には，太陽に近いほうから，**水星**，**金星**，**地球**，**火星**，**木星**，**土星**，**天王星**，**海王星**の８つがある。**太陽の光を反射**して光っている。

水星	昼の表面温度は約400℃，夜は－150℃以下。
金星	**二酸化炭素**を主成分とする大気がある。
地球	液体の**水**とおもにちっ素，**酸素**からなる大気がある。
火星	表面は岩石でおおわれ，**赤く**見える。肉眼で見える。
木星	太陽系のわく星の中で**最も大きい**。
土星	大きな**円盤状の環**をもっている。
天王星	大気の主成分は水素で，青緑色に見える。
海王星	美しい青色に見える。

▲太陽系のわく星

(4)**衛星**…**わく星のまわりを公転する天体**。**月**は地球の衛星である。

(5)**すい星（彗星）**…おもに氷のつぶやちりが集まってできた天体。**ほうき星**ともよばれる。**細長いだ円形のき動**をえがき，太陽に近づくと太陽と反対側に**尾がのびる**。

2 金星の見え方と大きさ

(1)**金星の見え方**…金星は**夕方西の空**か，**明け方東の空**に見ることができる。
└→太陽の近くに見える。

①**よいの明星**…**夕方西の空**に見える金星。太陽がしずんだあとにしずむ。

②**明けの明星**…**明け方東の空**に見える金星。太陽がのぼる前にのぼる。

③地球より**内側を公転**しているので，**真夜中に見ることはできない**。

(2)**金星の満ち欠け**…金星は月と同じように**満ち欠けして見える**。

(3)**金星の大きさ**…地球からのきょりが大きく変わるから，**見かけの大きさが変化**する。

→地球から**遠いほど小さく**見え，地球から**近いほど大きく**見える。
└→欠け方が小さい。　└→欠け方が大きい。

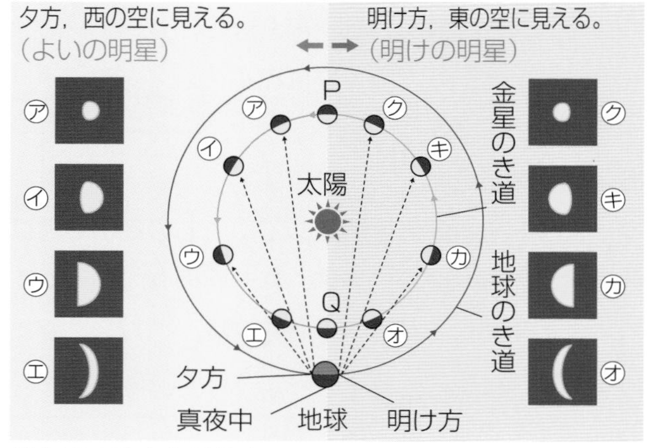

▲金星の動きと見え方
金星がＰとＱの位置にあるときは太陽と重なって見えない。
よいの明星は左側，明けの明星は右側が欠けている。

▶解答は7ページ

35 太陽系　理解度チェック！

学習日　　月　　日

■次の問いに答えなさい。（　　）にはことばを入れ，〔　　〕は正しいものを選びなさい。

□1　太陽と，そのまわりを公転する8つのわく星などの天体の集まりを（　①　）といいます。

□2　太陽や星座をつくる星のように，自ら光を出してかがやく天体を（　②　）といいます。

□3　②のまわりを公転する地球などの天体を（　③　）といいます。

□4　最も大きいわく星は（　④　）です。

□5　赤く光って，肉眼でも見えるわく星は（　⑤　）です。

□6　二酸化炭素を主成分とした大気があるわく星は（　⑥　）です。

□7　円盤状の大きな環をもっているわく星は（　⑦　）です。

□8　太陽に最も近いところを公転しているわく星は（　⑧　）です。

□9　液体の水が存在しているわく星は（　⑨　）です。

□10　わく星のまわりを公転している天体を（　⑩　）といいます。

□11　地球にとっての⑩は（　⑪　）です。

□12　ほうき星とよばれる天体は（　⑫　）です。

□13　右の図1は，金星，地球，太陽の位置関係を表しています。

(1)　明け方に見られる金星をすべて選びなさい。…⑬

(2)　(1)の金星は⑭〔東　西〕の空にかがやいています。

(3)　⑬の金星は（　⑮　）とよばれます。

(4)　夕方に見られる金星をすべて選びなさい。…⑯

(5)　⑯の金星は⑰〔東　西〕の空にかがやいています。

(6)　⑯の金星は（　⑱　）とよばれます。

(7)　㋑の位置にある金星の見え方は図2の（　⑲　）です。

(8)　㋓の位置にある金星の見え方は図2の（　⑳　）です。

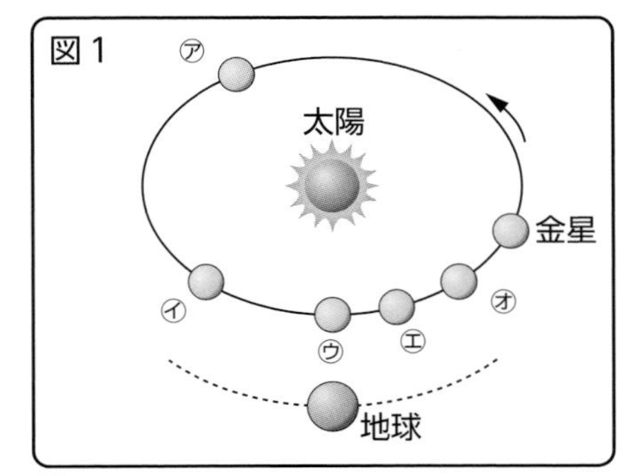

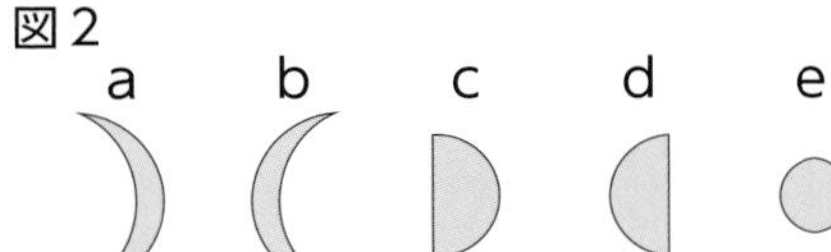

□14 記述 金星が真夜中に見えない理由を説明しなさい。…㉑

①
②
③
④
⑤
⑥
⑦
⑧
⑨
⑩
⑪
⑫
⑬
⑭
⑮
⑯
⑰
⑱
⑲
⑳

㉑

36 水よう液ともののとけ方

入試必出要点 赤シートでくりかえしチェックしよう！

1 水よう液

(1)水に，砂糖などの**固体**や二酸化炭素などの**気体**，アルコールなどの**液体**がとけた液を**水よう液**という。例 砂糖水，食塩水，硫酸銅水よう液，炭酸水，アルコール水

(2)**水よう液のようす**

①水にとけたものは，けんび鏡でも見えない小さなつぶになり，**水全体に広がっている。**
└→均一に広がる。

②水よう液の濃さは，どこでも**同じ**。
└→濃さは，上も下も真ん中も同じ。

③水よう液は**とう明**である。

④時間がたっても，とけたものが底にたまらない。

コーヒーシュガーが水にとけるようす

水よう液ではないもの
- **牛乳**(にごっている)
- **どろ水**(時間がたつとどろがしずむ)

(3)もの(固体)を水にはやくとかすには，**かき混ぜる**，**つぶを細かくする**，**水の温度を高く**する。

2 水にとけるものの量

(1)もののとける量は，水の量に**比例**する。

(2)一定量の水にとけることのできるものの**限度の量**を**よう解度**という。
└→ふつう，100gの水にとけるものの重さで表す。

注意 水によう解度以上の量のものを加えると，よう解度以上の量は**とけ残る**。

(3)固体が水にとける量は，水の温度が高くなると**大きく**なる。

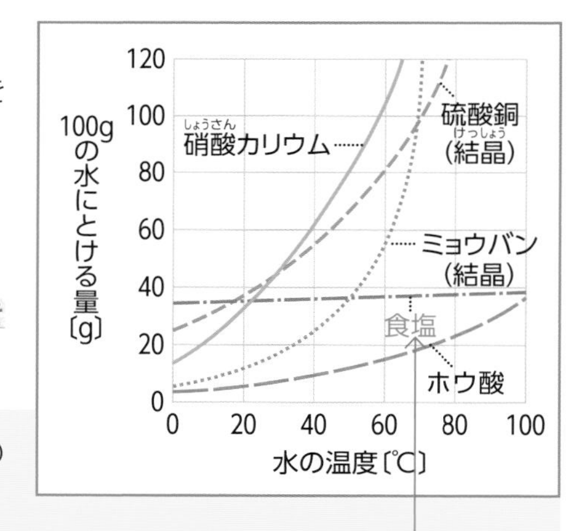

(4)右の図は，水の温度といろいろなもののよう解度の関係をグラフに表したものである。

〈グラフからわかること〉

- 水の温度が同じでも，とける量はものによって**ちがう**。
- **食塩**のとける量は，水の温度によってあまり**変化しない**。
- 硝酸カリウムや硫酸銅，ミョウバン，ホウ酸は，水の温度が高いほどとける量が**大きく**なる。

(5)気体が水にとける量は，温度が高くなると**小さく**なる。

(6)ものが**限度(よう解度)までとけている水よう液**を**ほう和水よう液**という。

▶解答は7ページ

理解度チェック!

学習日　　月　　日

■次の問いに答えなさい。(　　)にはことばを入れ,〔　　〕は正しいものを選びなさい。

□1　水にものがとけている液を(　①　)といいます。

□2　①の液を〔　　　　　〕からすべて選びなさい。…②
〔牛乳　砂糖水　食塩水　どろ水　せっけん水〕

□3　水にとけたもののつぶを○としたとき,次の図で,ものが水にとけているようすを表しているのは,③〔㋐　㋑　㋒〕です。

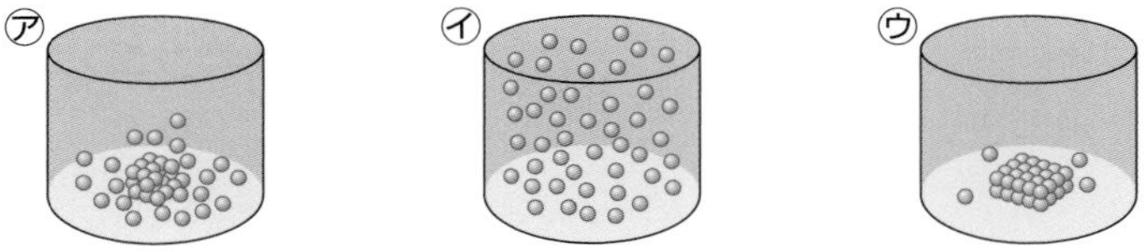

㋐　㋑　㋒

□4　①の液の濃さは,
④〔上のほうが濃い　下のほうが濃い　どこでも同じ〕です。

□5　①の液を長い時間放置しておくと,とけたものが底に⑤〔たまります　たまりません〕。

□6　ものを水にはやくとかすには,かき混ぜたり,つぶを(　⑥　)くしたり,水の温度を(　⑦　)くしたりすればよいのです。

□7　水にとけるものの量は,水の量に⑧〔比例　反比例〕します。

□8　一定量の水(ふつう100gの水)にとけることのできるものの限度の量を(　⑨　)といいます。

□9　気体が水にとける量は水の温度が高くなるほど(　⑩　)なります。

□10　ものが限度までとけている①の液を(　⑪　)といいます。

□11　右の図は,水の温度とA,Bが100gの水にとける量の関係をグラフに表したものです。ただし,A,Bは食塩かミョウバンのいずれかです。

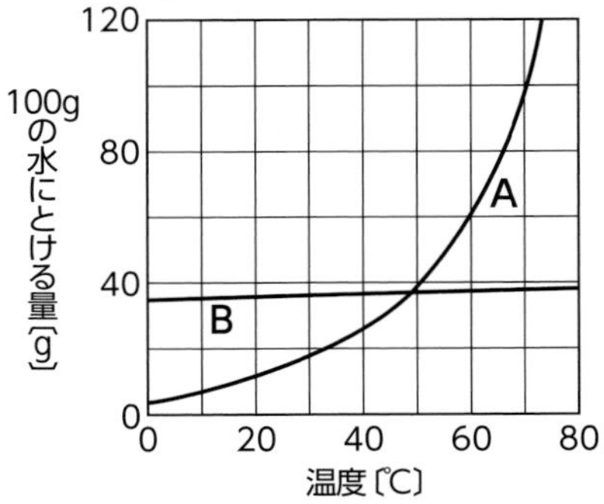

(1)　20℃の水にとける限度の量は,⑫〔A　B〕のほうが多くなります。

(2)　60℃の水200gにAは(　⑬　)gまでとけます。

(3)　A,Bを40gずつとり,それぞれ70℃の水100gが入った容器に入れてよくかき混ぜました。このとき,とけ残りができたのは⑭〔A　B〕です。

(4) **記述** Bは食塩だと考えました。そのように考えた理由を簡単に説明しなさい。…⑮

100gの水にとける量〔g〕
120
80
40
0
0　20　40　60　80
温度〔℃〕
A
B

①
②
③
④
⑤
⑥
⑦
⑧
⑨
⑩
⑪
⑫
⑬
⑭

⑮	

37 とけているもののとり出し方

入試必出要点　赤シートでくりかえしチェックしよう！

1 結晶と再結晶

(1)固体をいったん水にとかしたあと，水よう液から再び結晶としてとり出す方法を再結晶という。

(2)結　晶…再結晶で出てくる固体。

①いくつかの平面で囲まれた規則正しい形をしている。

②形はものの種類によって決まっている。

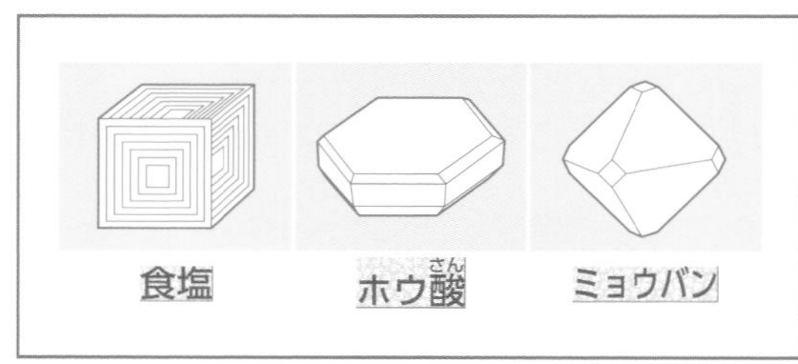

▲いろいろなものの結晶

水にとけているもののとり出し方は，水の温度によるもののよう解度の差の大小をもとに考える。

2 水にとけているもののとり出し方

(1)水よう液を加熱して水を蒸発させる。

水の温度を変えてもよう解度がほとんど変わらないものに適している。食塩など。

➔水の量が減るので，その分とける量が減り，ものが固体となって出てくる。

(2)水よう液の温度を下げる。

水の温度によってよう解度が大きく変化するものに適している。ホウ酸，ミョウバンなど。

➔よう解度が小さくなるので，その分とける量が減り，ものが固体となって出てくる。

例題　出てくる結晶の量

右のグラフは，ある物質(もの)が水100gにとける限度の量(よう解度)を示したものである。この物質15gを80℃の水100gにとかした。

(1)　80℃の水100gに，この物質はあと何gとけるか。

(2)　ほう和水よう液にするには，水よう液を何℃まで冷やせばよいか。

(3)　水よう液の温度を20℃まで冷やしたとき，何gの結晶が出てくるか。

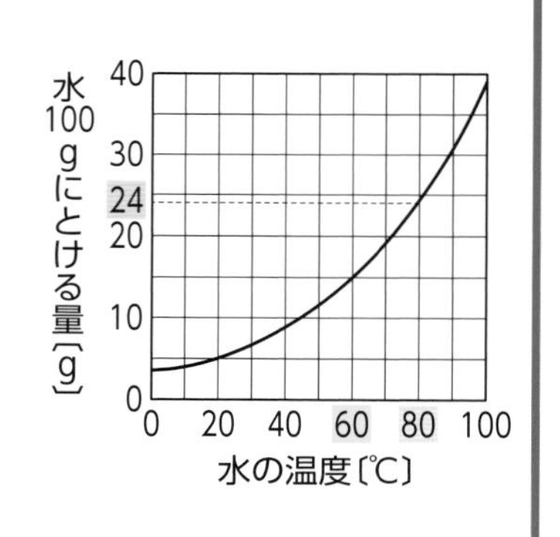

解き方

(1)　**とかした量**が**15**gで，**80℃でのよう解度**が**24**gだから，あと，**24－15＝9**〔g〕とかすことができる。

(2)　**15gがよう解度となるときの温度**が**60℃**なので，60℃まで冷やせばよい。

(3)　**20℃のときのよう解度**が**5**gで，**15gとかした**のだから，その**差**の，**15－5＝10**〔g〕が結晶として出てくる。

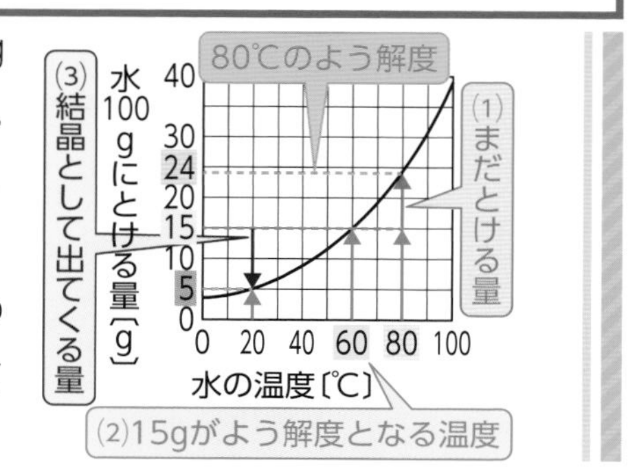

▶解答は８ページ

37 とけているもののとり出し方　理解度チェック！

学習日　　月　　日

■次の問いに答えなさい。(　　)にはことばを入れ，〔　　〕は正しいものを選びなさい。

□1　固体をいったん水にとかしたあと，水よう液から再び結晶としてとり出す方法を(　①　)といいます。

□2　①で得られた固体は，いくつかの平面で囲まれた規則正しい形をしています。このような固体を(　②　)といいます。

□3　②の形は，ものの種類によって，③〔決まっています　決まっていません〕。

□4　右の図で，
㋐は(　④　)，
㋑は(　⑤　)，
㋒は(　⑥　)の結晶です。

㋐　㋑　㋒

□5　食塩水から食塩の固体をとり出すには，⑦〔温度を下げる　水を蒸発させる〕方法が適しています。

□6　食塩水から食塩の固体をとり出す方法として⑦が適しているのは水の温度が変化しても，食塩のよう解度の差がほとんど(　⑧　)ためです。

□7　80℃の水100gに食塩は38gとけます。いま，80℃の水100gに食塩を30gとかしたあと，水を50g蒸発させました。
(1)　残った水の量は(　⑨　)gです。
(2)　80℃の(1)の水にとける食塩は(　⑩　)gです。
(3)　したがって，出てくる食塩の結晶は(　⑪　)gになります。

①
②
③
④
⑤
⑥
⑦
⑧
⑨
⑩
⑪
⑫
⑬
⑭
⑮
⑯

類題　**右の表は，水の温度とミョウバンのよう解度の関係を表しています。いま，60℃の水100gにミョウバンを23.8gとかしました。**

水の温度〔℃〕	0	20	40	60
よう解度〔g〕	5.6	11.4	23.8	57.4

□8　ミョウバンはあと(　⑫　)gとかすことができます。

□9　水よう液の温度を下げていったとき，ほう和水よう液になるのは，(　⑬　)℃のときです。

□10　20℃まで温度を下げたとき，出てくる結晶の量は(　⑭　)gになります。

□11　⑭で出てきたミョウバンを全部とかすには，20℃の水を何g加えればよいですか。…⑮
〔約64g　　約88g　　約109g　　約124g〕

□12　次に，60℃の水150gにミョウバンを35.7gとかしました。水よう液の温度を下げていったとき，ほう和水よう液になるのは，(　⑯　)℃のときです。

38 水よう液の濃さ

入試必出要点　赤シートでくりかえしチェックしよう！

1 水よう液の重さ

(1)物質(もの)が水にとけると，物質のつぶが見えなくなるが，とけた物質がなくなったわけではない。

(2)水よう液の重さは，水の重さと，とかした物質の重さの和になる。←**とかした物質の分だけ重さが増す。**

水よう液の重さ＝水の重さ＋とかした物質の重さ

(3)物質を水にとかしても，体積はほとんど増えない。そのため，同じ体積では，濃い水よう液ほど重くなる。

食塩 20g
水 100g
食塩水 120g

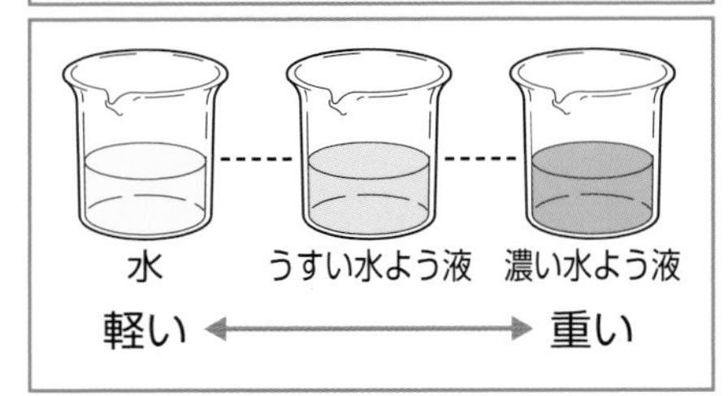

▲水よう液の濃さと重さ

2 水よう液の濃さ

(1)水よう液の濃さは，**水よう液の重さに対するとけている物質の重さの割合**を百分率で表す。

$$水よう液の濃さ〔\%〕=\frac{とけている物質の重さ〔g〕}{水よう液の重さ〔g〕}\times 100$$

とけている物質の重さ〔g〕＝水よう液の重さ〔g〕×水よう液の濃さ〔%〕÷100

(2)**○倍にうすめる**…全体の重さが○倍になるように，(○－1)倍の水を加える。

例　2倍にうすめる→全体の重さが2倍になるように，水よう液の(2－1)倍の水を加える。

(3)水を加えたときの濃さ…水を加える前後でとかした物質の重さは変わらないことを利用する。
下の(3)の問題の解き方を参考に。

例題　水よう液の濃さ

44gの水に食塩を6g加えてとかして，食塩水Aをつくった。

(1)　食塩水Aの濃さは何%か。

(2)　食塩水Aを4倍にうすめるには，水を何g加えればよいか。

(3)　食塩水Aの濃さを5%にするには，水を何g加えればよいか。

解き方

(1)　食塩水Aの重さが，44＋6＝50〔g〕だから，濃さは，6÷50×100＝12〔%〕

(2)　水よう液の，(4－1)＝3〔倍〕の水を加えればよいから，50×3＝150〔g〕

(3)　求める水よう液の重さを□gとすると，

6÷□×100＝5　6÷□＝0.05　□＝6÷0.05＝120　だから，

120－50＝70〔g〕の水を加えればよい。

▶解答は８ページ

38 水よう液の濃さ　理解度チェック！

学習日　　月　　日

■次の問いに答えなさい。(　　)には数や記号を入れ〔　　〕は正しいものを選びなさい。

□ **1**　25℃の水100gに食塩を20g加えると，完全にとけました。この食塩水の濃さを，小数第１位を四捨五入して求めると(　①　)％になります。

□ **2**　20℃で300gの水にホウ酸をとけるだけとかしてほう和水よう液をつくりました。このホウ酸水よう液の濃さを，小数第２位を四捨五入して求めると(　②　)％になります。ただし，20℃の水100gにホウ酸は4.9gとけます。

□ **3**　20％の食塩水400gを16％の食塩水にするには，水を(　③　)g加えます。

□ **4**　36％の濃い塩酸を水でうすめて，６％のうすい塩酸120gをつくるには，濃い塩酸は(　④　)g必要です。

□ **5**　水100gが入ったビーカーＡにミョウバン12gを加え，水200gの入ったビーカーＢにミョウバン18gを加えると，ビーカーＡ，Ｂでミョウバンはすべてとけました。ビーカーＡとＢの水よう液の濃さを同じにするには，どちらのビーカーに何gのミョウバンを加えるとよいですか。…⑤

□ **6**　右の図のように，100gの水に食塩25gをとかした食塩水ａ，400gで濃さが15％の食塩水ｂがあります。

a　b

食塩25g

水100g　15％の食塩水400g

(1)　食塩水ａの濃さは(　⑥　)％です。

(2)　食塩水ｂで，とけている食塩の重さは(　⑦　)gで，水の重さは(　⑧　)gです。

(3)　食塩水ａの濃さを４％にするためには，水を(　⑨　)g加えます。

(4)　食塩水ｂの水を100g蒸発させると，濃さは(　⑩　)％になります。

(5)　食塩水ａと食塩水ｂを混ぜて，食塩水ｃをつくりました。

- 食塩水ｃの重さは(　⑪　)gです。
- とけている食塩は(　⑫　)gです。
- 濃さは，小数第１位を四捨五入すると(　⑬　)％です。

①

②

③

④

⑤

⑥

⑦

⑧

⑨

⑩

⑪

⑫

⑬

〈⑩のヒント〉

水を蒸発させても，とけている食塩の量は変わりません。

39 いろいろな水よう液と性質

入試必出要点 赤シートでくりかえしチェックしよう！

1 水よう液の性質

(1)水よう液は，**酸性**，**中性**，**アルカリ性**のうちのどれかの性質があり，**指示薬**でその性質を調べることができる。

(2)**水よう液の性質と指示薬の色の変化**

指示薬	酸性	中性	アルカリ性
リトマス紙	青色→赤色	変化なし	赤色→青色
ＢＴＢ液	黄色	緑色	青色
フェノールフタレイン液	無色	無色	赤色
(参考)ムラサキキャベツ液	赤色・赤紫色	紫色	青緑色・黄色

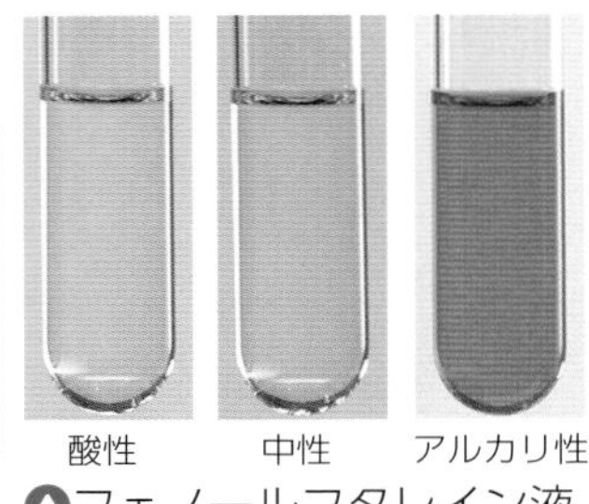

△フェノールフタレイン液

2 いろいろな水よう液

(1)**いろいろな水よう液と特有の性質**

水よう液	とけている物質	性質	特有の性質
塩酸	塩化水素　(気体)	酸性	石灰石を加えると二酸化炭素が発生する。 鉄などの金属を加えると水素が発生する。 鼻をさすようなにおいがある。
炭酸水	二酸化炭素 (気体)	酸性	石灰水を加えると白くにごる。
す	さく酸　(液体)	酸性	鼻をさすようなにおいがある。
食塩水	食塩　(固体)	中性	加熱して水を蒸発させると，食塩の結晶が残る。
砂糖水	砂糖　(固体)	中性	加熱して水を蒸発させると，最後は黒くこげる。
石灰水	水酸化カルシウム (固体)	アルカリ性	二酸化炭素を通したり，炭酸水を加えたりすると白くにごる。
アンモニア水	アンモニア (気体)	アルカリ性	鼻をさすようなにおいがある。
水酸化ナトリウム水よう液	水酸化ナトリウム (固体)	アルカリ性	二酸化炭素をよく吸収する。 アルミニウムを加えると水素が発生する。

●上の表の水よう液のうち，砂糖水以外は電流が流れる。

(2)**水よう液の加熱**

①固体がとけた水よう液では，とけていた物質の**結晶が残る**。

②液体や気体がとけた水よう液では，**何も残らない**。

→とけていた液体や気体が**空気中ににげる**から。

▶解答は8ページ

39 いろいろな水よう液と性質　理解度チェック！

学習日　　月　　日

■次の問いに答えなさい。(　　)にはことばを入れなさい。

□1　青色のリトマス紙を赤色に変化させるのは(　①　)性の水よう液で，赤色のリトマス紙を青色に変化させるのは(　②　)性の水よう液です。

□2　BTB液を，酸性の水よう液に加えると(　③　)色を示し，中性の水よう液に加えると(　④　)色，アルカリ性の水よう液に加えると(　⑤　)色を示します。

□3　アルカリ性の水よう液にフェノールフタレイン液を加えると，(　⑥　)色を示します。

□4　塩酸は(　⑦　)という気体がとけた水よう液で，石灰石を加えると(　⑧　)が発生し，鉄やマグネシウムを加えると，(　⑨　)が発生します。

□5　炭酸水は(　⑩　)という気体がとけた水よう液で，(　⑪　)を加えると白くにごります。

□6　石灰水に気体の(　⑫　)を通したり，液体の(　⑬　)を加えたりすると，白くにごります。

□7　水酸化ナトリウム水よう液に(　⑭　)を加えると，水素が発生します。

□8　下の[　　]から，酸性の水よう液をすべて(3つ)選びなさい。…⑮

炭酸水	砂糖水	石灰水	水酸化ナトリウム水よう液
す	塩酸	食塩水	アンモニア水

□9　上の[　　]から，アルカリ性の水よう液をすべて(3つ)選びなさい。…⑯

□10　上の[　　]から，鼻をさすようなにおいがある水よう液をすべて(3つ)選びなさい。…⑰

□11　上の[　　]から，水よう液を加熱しても何も残らないものをすべて(4つ)選びなさい。…⑱

□12 記述 食塩水と砂糖水を区別する方法と，その結果を説明しなさい。ただし，「味を調べる」という方法は除きます。…⑲

①
②
③
④
⑤
⑥
⑦
⑧
⑨
⑩
⑪
⑫
⑬
⑭
⑮
⑯
⑰
⑱

⑲

40 水よう液と金属の反応

入試必出要点　赤シートでくりかえしチェックしよう！

1 塩酸と金属の反応

(1)うすい塩酸に，**鉄，アルミニウム，マグネシウム**などの金属を入れると，金属が**あわを出してとけ，水素が発生**する。

(2)うすい塩酸に**銅**を入れても，**気体は発生しない**。

(3)金属がとけた液を蒸発させると，もとの金属とはまったく**別の固体が残る**。

(4)**塩酸の体積・金属の重さと，発生する水素の体積**

①**一定量のうすい塩酸に金属を入れる…過不足なく反応**するまでは，発生する水素の体積は**金属の重さに比例して増える**。それ以後は，水素の体積は**増えず，金属が残る**。

②**一定量の金属にうすい塩酸を入れる…過不足なく反応**するまでは，発生する水素の体積は**塩酸の体積に比例して増える**。それ以後は，水素の体積は**増えず，塩酸が残る**。

発生する気体の体積
過不足なく反応し，塩酸がなくなった。
金属が残る。
0
0　金属の重さ

▲一定量の塩酸に金属を入れる

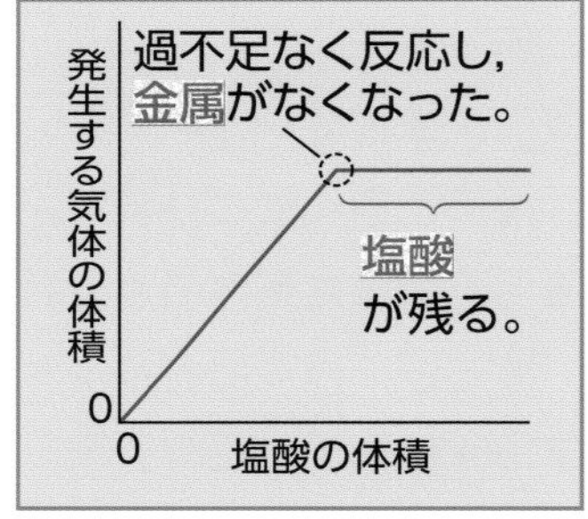

▲一定量の金属に塩酸を入れる

2 水酸化ナトリウム水よう液と金属の反応

(1)水酸化ナトリウム水よう液に**アルミニウム**を入れると，アルミニウムがとけて**水素が発生する**。

(2)水酸化ナトリウム水よう液に，鉄，マグネシウム，銅を入れても，**気体は発生しない**。

例題　塩酸と金属の反応

50cm³のうすい塩酸にそれぞれ重さのちがうアルミニウムを入れた。右の表は，このときの，アルミニウムの重さと発生した水素の体積の関係を表したものである。

アルミニウムの重さ〔g〕	0.5	1.0	1.5	2.0	2.5
水素の体積〔cm³〕	200	400	600	800	800

(1)　塩酸50cm³と過不足なく反応するアルミニウムは何gか。

(2)　アルミニウム3.5gを入れると，何gのアルミニウムが反応せずに残るか。

(3)　アルミニウム4.4gと過不足なく反応する塩酸は何cm³か。

解き方

(1)　水素の体積は，アルミニウムの重さが2.0gまではアルミニウムの重さに比例して増え，2.5gでも水素の体積は2.0gのときと同じ800cm³なので，2.0gになる。

(2)　2.0g以上のアルミニウムが残るから，3.5－2.0＝1.5〔g〕となる。

(3)　塩酸の体積を□cm³とすると，50：2.0＝□：4.4　の比例式が成り立つので，□＝50×4.4÷2.0＝110〔cm³〕と求められる。

▶解答は８ページ

40 水よう液と金属の反応　理解度チェック！

学習日　　月　　日

次の問いに答えなさい。(　　)にはことばを入れ，〔　　〕は正しいものを選びなさい。

□1　うすい塩酸に鉄，アルミニウム，マグネシウム，銅を入れました。金属がとけて気体が発生するものは(　①　)つあります。

□2　①で発生した気体は(　②　)です。

□3　①で金属がとけた液を蒸発させたときに残る固体は，もとの金属と③〔同じ物質　別の物質〕です。

□4　右の図１は，一定量のうすい塩酸に金属を加えたときの，金属の重さと発生した気体の体積の関係をグラフに表したものです。うすい塩酸と金属が過不足なく反応したのは(　④　)点のときです。

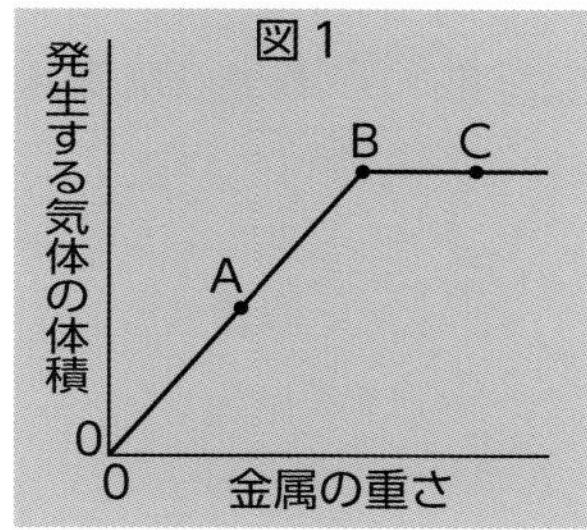

□5　図１で，うすい塩酸が残っているのは(　⑤　)点のときで，金属が残っているのは(　⑥　)点のときです。

□6　右の図２は，一定量の金属にうすい塩酸を加えたときの，うすい塩酸の体積と発生した気体の体積の関係をグラフに表したものです。金属とうすい塩酸が過不足なく反応したのは(　⑦　)点のときです。

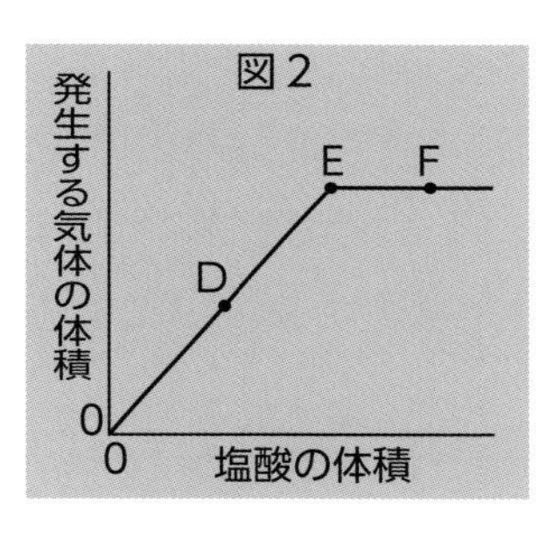

□7　図２で，金属が残っているのは(　⑧　)点のときで，うすい塩酸が残っているのは(　⑨　)点のときです。

□8　水酸化ナトリウム水よう液に鉄，アルミニウム，銅を入れました。金属がとけて気体が発生するのは(　⑩　)を入れたときです。

□9　⑩で発生した気体は，(　⑪　)です。

①
②
③
④
⑤
⑥
⑦
⑧
⑨
⑩
⑪
⑫
⑬
⑭
⑮

類題　40cm³のうすい塩酸にそれぞれ重さのちがうマグネシウムを入れました。右の表は，マグネシウムの重さと発生した水素の体積の関係を表したものです。

マグネシウムの重さ〔g〕	0.1	0.2	0.3	0.4	0.5
水素の体積〔cm³〕	120	240	360	ア	420

□10　過不足なく反応するマグネシウムの重さを□gとすると，0.1：120＝□：(　⑫　)の式が成り立ちます。

□11　10より，□＝(　⑬　)gとなります。

□12　⑬より，マグネシウムが0.4gのとき，反応しないで残るマグネシウムは(　⑭　)gで，表のアの値は(　⑮　)となります。

上の表で，マグネシウムの重さが0.5gのときに発生する水素の体積420cm³は，40cm³の塩酸がマグネシウムと過不足なく反応したときに発生する水素の体積と同じです。

41 中　和

入試必出要点　赤シートでくりかえしチェックしよう！

1 中　和

(1)酸性の水よう液とアルカリ性の水よう液を混ぜ合わせると，**たがいの性質を打ち消し合う**。この反応を**中和**という。

(2)酸性の水よう液とアルカリ性の水よう液が**ちょうど中和**すると，液の性質は**中性**になる。

(3)中和が起こると，**水**と**新しい物質**ができる。この新しい物質を**塩**という。

塩酸と水酸化ナトリウム水よう液の中和では，**水**と**食塩**ができる。

2 塩酸と水酸化ナトリウム水よう液の中和

うすい塩酸20cm³にBTB液を加えた液をつくり，これにうすい水酸化ナトリウム水よう液を少しずつ加えていく。

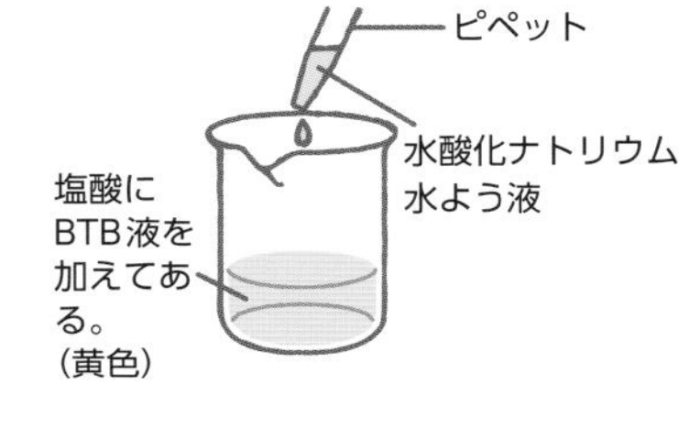

(1)水よう液の性質は，**酸性→中性→アルカリ性と変化**する。

(2)**中性になった**のは，水よう液が**緑色**になったときである。

(3)**酸性から中性の間**は中和の反応が**起こっている**が，**中性からアルカリ性の間**は中和の反応は**起こっていない**。

塩酸の体積〔cm³〕	20	20	20	20	20	20
水酸化ナトリウム水よう液の体積〔cm³〕	0	10	20	30	40	50
水よう液の色	黄色			緑色	青色	
水よう液の性質	酸性			中性	アルカリ性	
水を蒸発させる	何も残らない。	食塩が残る。			食塩と水酸化ナトリウムが残る。	
マグネシウムを加える	水素が発生するが，しだいに発生量が小さくなる。			水素は発生しない。		

(4)水よう液の水を蒸発させたとき，水酸化ナトリウム水よう液を加えて**ちょうど中和するまでは中和によってできた食塩が残る**。それ以後は，**食塩**と加えた**水酸化ナトリウム**が**残る**。

(5)マグネシウムを加えたとき，水素の発生量が**しだいに小さく**なるのは，中和によって**塩酸の性質が弱くなったから**である。
水酸化ナトリウムよう液を加えていくと

(6)濃さが一定のとき，塩酸と水酸化ナトリウム水よう液が**ちょうど中和するときの体積**の間には，**比例関係**がある。(右図)

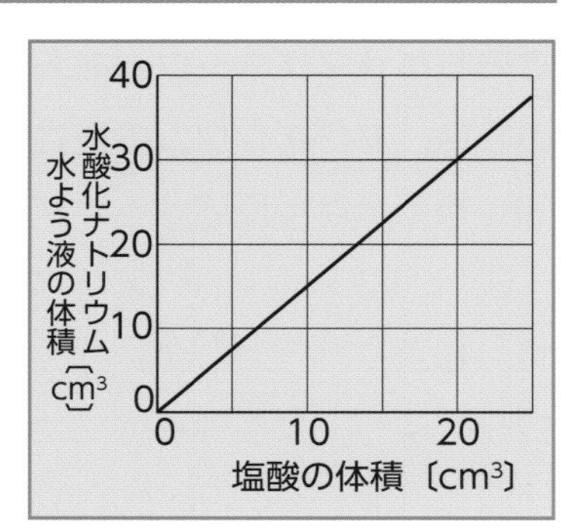

▶解答は８ページ

41 中　和　理解度チェック！

学習日　　月　　日

■次の問いに答えなさい。（　　）にはことばや記号，数値を入れなさい。

□１　酸性の水よう液とアルカリ性の水よう液を混ぜ合わせたときに起こる，たがいの性質を打ち消し合う反応を（　①　）といいます。

□２　ちょうど①の反応が起こると，液の性質は，（　②　）性になります。

□３　①の反応が起こると，液体の（　③　）と新しい物質ができます。

□４　３の新しい物質を（　④　）といいます。

□５　塩酸と水酸化ナトリウム水よう液を混ぜ合わせてちょうど中和した水よう液の水を蒸発させると，白い固体が残りました。この固体の名前は（　⑤　）です。

□６　BTB液を加えた塩酸に水酸化ナトリウム水よう液を少しずつ加えていくと，20cm^{3}加えたところで液の色が緑色になりました。10cm^{3}加えたときの水よう液の色は（　⑥　）色です。

□７　６で，水酸化ナトリウム水よう液を30cm^{3}加えたときの水を蒸発させると，２種類の固体（　⑦　）と（　⑧　）が得られます。

□８　右のグラフは，ちょうど中和するときの体積の関係を表したものです。水酸化ナトリウム水よう液20cm^{3}とちょうど中和する塩酸は（　⑨　）cm^{3}です。

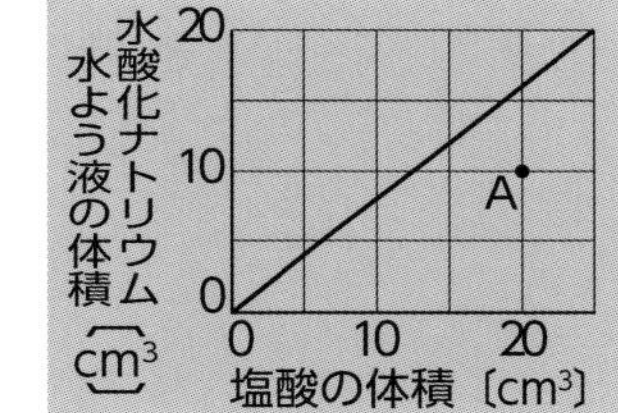

□９　グラフのＡ点での水よう液の性質は（　⑩　）性です。

□10　BTB液を入れたうすい塩酸10cm^{3}に水酸化ナトリウム水よう液を右の表のように混ぜ合わせ，Ａ～Ｅの水よう液をつくりました。その結果は，右の表のようになりました。

水よう液	A	B	C	D	E
塩酸の体積〔cm^3〕	10	10	10	10	10
水酸化ナトリウム水よう液の体積〔cm^3〕	0	5	10	15	20
BTB液の色	黄色	黄色	黄色	緑色	青色

⑴　ちょうど中和しているのは（　⑪　）の水よう液です。

⑵　水を蒸発させたとき，１種類の固体だけが残るものは３つあります。それらをすべて選びなさい。…⑫

⑶　マグネシウムを加えたときに水素が発生する水よう液のうち，水素の発生量が最も少ないのは（　⑬　）の水よう液です。

⑷　この塩酸24cm^{3}をちょうど中和するには，水酸化ナトリウム水よう液を（　⑭　）cm^{3}加えればよいのです。

①
②
③
④
⑤
⑥
⑦
⑧
⑨
⑩
⑪
⑫
⑬
⑭

42 ものの燃え方と空気

入試必出要点　赤シートでくりかえしチェックしよう！

1 ものの燃え方と空気

(1)ものが燃えるとき，ものは**酸素**と**結びつく**。

(2)**ものが燃えるための条件**…右の３つの条件がそろうと，ものは燃える。

燃えるもの	新しい空気（酸素）	発火点以上の温度

↳ものが燃え始めるときの温度。

(3)**火の消し方**…ものが燃えるための３つの条件のうち，**どれか１つをとり除けばよい**。

①**燃えるものをとり除く。**　例　火のついたろうそくのしんをピンセットでつまむ。

②**新しい空気をあたえない。**　例　アルコールランプの火にふたをかぶせる。

③**発火点より低い温度にする。**　例　たき火に水をかける。

↳紙のなべに水を入れて火にかけても燃えない→紙の温度が上しょうしないから。

(4)**ものの燃え方とほのお**…**気体**や，固体や液体が**気体**になって燃えるとき，**ほのおが出る**。

↳固体のまま燃えると，ほのおは出ない。　例　木炭，スチールウール

(5)**空気の流れとものの燃え方**…びんの中でものを燃やし続けるには，**新しい空気が入ってくる**ようにすればよい。

空気の流れは線こうのけむりの動きでわかる。（右の図）

すきまの場所	上と下	上だけ	下だけ	すきまなし
空気の流れとろうそくの火の変化	燃え続ける。	燃え続ける。	やがて火は消える。	すぐに火は消える。

上と下・上だけ：びんの中へ空気が入ってくるので燃え続ける。

下だけ・すきまなし：びんの中へ空気が入ってこないので消える。

＊ページ下の【注意】も読みましょう。

2 空気の成分とものが燃える前後での気体の変化

(1)**空気の成分**…体積の割合で，**ちっ素**が約$\frac{4}{5}$（78％），**酸素**が約$\frac{1}{5}$（21％）ふくまれている。

そのほか，わずかにアルゴン，二酸化炭素などがふくまれる。

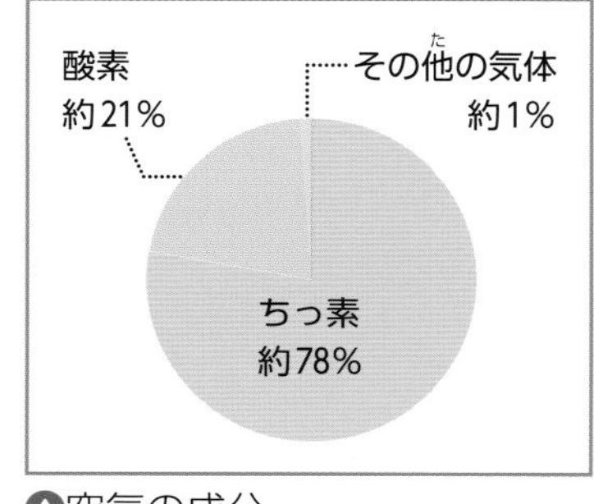

△空気の成分

(2)**ものが燃える前後での気体の変化**

①**ちっ素**はものが燃えることに**関係しない**。

→ものが燃える前後で量は**変化しない**。

②**酸素**には**ものが燃えるのを助けるはたらきがあり**，ものが燃えるときに使われる→ものが燃えると量は**減る**。

(3)**ものが燃えたあとにできるもの**…ものの成分が**酸素**と結びついて，**別の物質**ができる。

①ろうそくなどのように，**炭素**をふくむものが燃えると，酸素と結びついて**二酸化炭素**ができる。**二酸化炭素を石灰水に通す**と，**白くにごる**。

②**水素**をふくむものが燃えると，酸素と結びついて**水（水蒸気）**ができる→**白くくもる**。

↳水てきができるから。

＊【注意】　すきまが上だけの場合，このすきまがせまいと空気がうまく入らないので，やがて火は消えてしまいます。

▶解答は８ページ

42 ものの燃え方と空気　理解度チェック！

学習日　　月　　日

■次の問いに答えなさい。(　　)にはことばを入れ，〔　　〕は正しいものを選びなさい。

□1　ものが燃えるためには，燃えるもの，新しい(　①　)，発火点以上の(　②　)が必要です。

□2　アルコールランプの火を消すときにふたをかぶせるのは，ものが燃えるための条件のうち，(　③　)をとり除くためです。

□3　ろうそくのしんをピンセットでつまんで火を消すのは，ものが燃えるための条件のうち，(　④　)をとり除くためです。

□4　都市ガス，木炭，ろうそくのうち，ほのおを出さないで燃えるのは(　⑤　)です。

□5　右の図で，空気の流れを示す矢印が正しいものは(　⑥　)です。

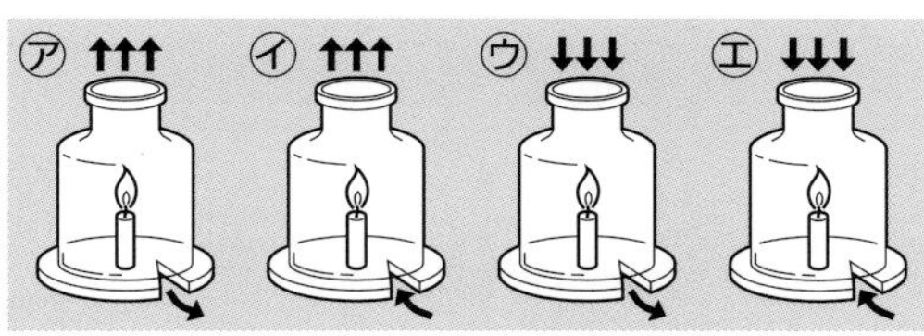

□6　右の図で，びんにふたをすると，ろうそくの火は⑦〔消えます　燃え続けます〕。

□7　空気の成分のうち，体積の割合で78%をしめている気体は(　⑧　)で，21%をしめている気体は(　⑨　)です。

□8　空気の成分のうち，ものが燃えても前後で量が変化しないのは⑩〔酸素　ちっ素〕です。

□9　右の図のようにしてろうそくを燃やしました。

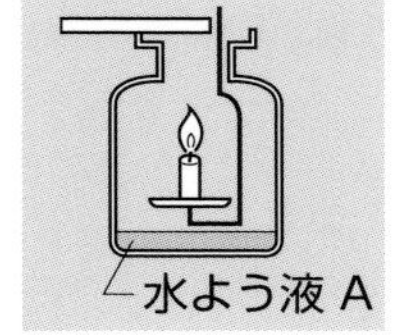

(1)　燃やしたあと，びんの内側が白くくもりました。これは，(　⑪　)ができたからです。

(2)　白いくもりができたことから，ろうそくには(　⑫　)がふくまれていることがわかります。

(3)　火が消えてからろうそくをとり出し，びんをよくふると，水よう液Aが白くにごりました。水よう液Aは(　⑬　)です。

(4)　⑬の水よう液が白くにごったのは，ろうそくが燃えて(　⑭　)ができたからです。

(5)　⑭ができたことから，ろうそくには(　⑮　)がふくまれていることがわかります。

□10 **記述** キャンプファイヤーで木を燃やすとき，木を交ごに重ねてすきまをつくって組みます。このようにするのはなぜですか。…⑯

⑯	

①
②
③
④
⑤
⑥
⑦
⑧
⑨
⑩
⑪
⑫
⑬
⑭
⑮

こんな問題も出る

酸素を入れた集気びんの中に火のついたろうそくを入れると，ろうそくは，空気中より〔明るく　暗く〕燃えます。

(答えは下のらん外)

▶答え…明るく

43 いろいろなものの燃え方

入試必出要点 赤シートでくりかえしチェックしよう！

1 ろうそくの燃え方

(1)**ろうそくが燃えるときの変化**…ろうの**固体がとけて液体**になり，しんをのぼっていって，しんの先で**気体**となって燃える。

(2)**ろうそくのほのお**…外側から順に，**外えん**，**内えん**，**えん心**の３つの部分に分かれている。

外えん	最も外側なので酸素とよくふれ，**完全燃焼**している。最も温度が**高い**。
内えん	酸素とじゅうぶんふれない(不完全燃焼している)ため**すす**ができる。すすが熱せられて最も**明るく**かがやいている。
えん心	ろうの気体があり，まだ完全に燃えていない。

(3)**ろうそくのほのおの調べ方**

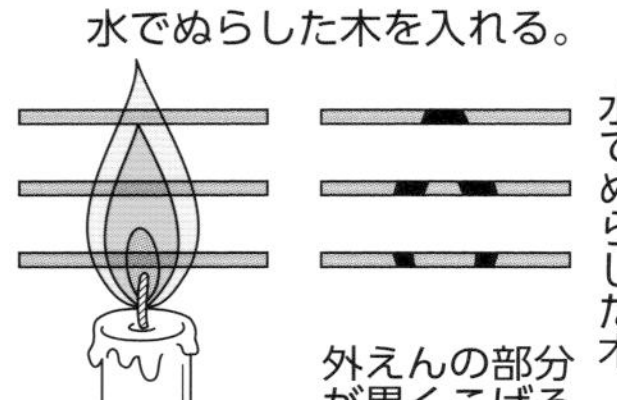

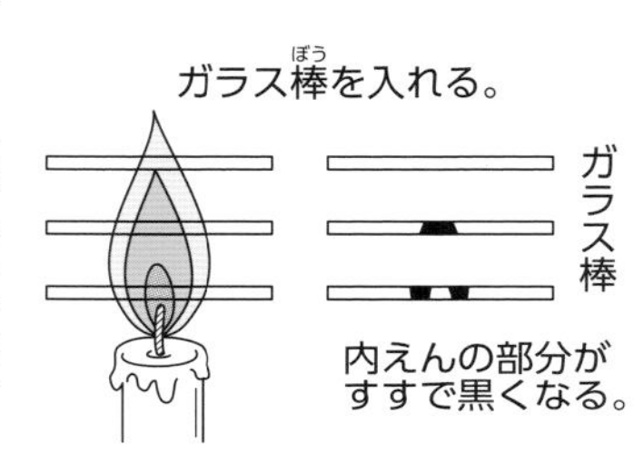

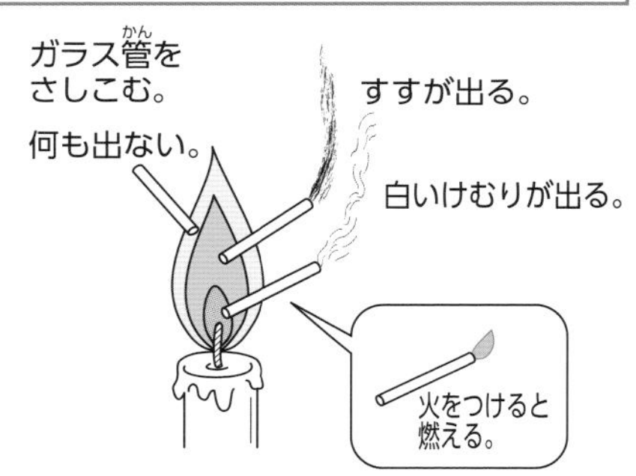

2 木のむし焼き，木炭・金属の燃え方

(1)**木のむし焼き**…木をむし焼きにすると，気体や液体が出て，**木炭（炭）**が残る。
↳酸素をあたえずに強く熱すること。

注意 試験管を加熱するときは，**口を少し下げる**
→加熱してできた液体が加熱部分に流れて**試験管が割れる**のを防ぐため。

①**木ガス** 水素をふくんでいるので**燃える**。
②**木さく液** 黄かっ色で**酸性**を示す液体。
③**木タール** こい茶色のどろどろした液体。

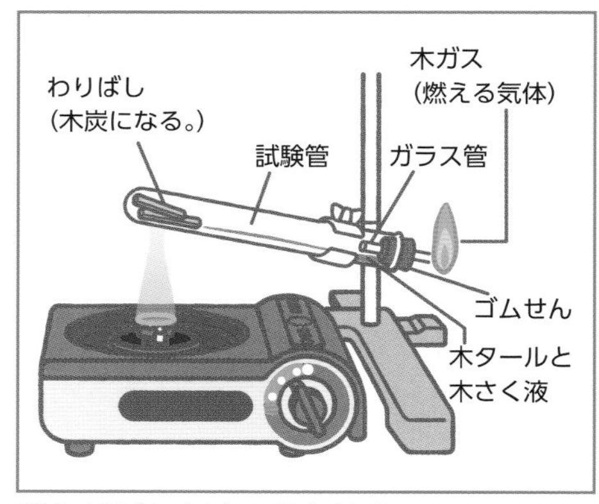

わりばし(木)のむし焼き

(2)**木炭の燃え方**…**ほのおを出さず**，**真っ赤になって燃える**。
↳燃える気体がふくまれていないから。

(3)**金属の燃え方**…マグネシウム，銅，鉄などの金属を加熱すると，**酸素**と結びついて，**別の物質に変わる**。

例 マグネシウム＋酸素→酸化マグネシウム　銅＋酸素→酸化銅

①炭素，水素をふくまないので，**二酸化炭素**，**水**は**できない**。
②燃えたあとにできた物質の重さは，結びついた**酸素の分だけ重く**なる。

▶解答は9ページ

43 いろいろなものの燃え方　理解度チェック!

学習日　　月　　日

■次の問いに答えなさい。(　　)にはことばを入れ，〔　　〕は正しいものを選びなさい。

□1　ろうそくが燃えるとき，固体のろうは最後は①〔固体のまま　液体に変わって　気体に変わって〕燃えます。

□2　ろうそくのほのおは，右の図のように3つの部分からできています。あの部分を(　②　)，いの部分を(　③　)，うの部分を(　④　)といいます。

□3　ろうそくのほのおの中で，最も温度が高い部分を(　⑤　)，最も明るくかがやいている部分を(　⑥　)といいます。

□4　⑥が明るくかがやくのは，⑦〔二酸化炭素　すす　気体のろう　水蒸気〕が熱せられてかがやくからです。

□5　ろうそくのほのおの中から，燃える気体をとり出すには，ガラス管を上の図のあ〜うの(　⑧　)に入れます。

□6　水でしめらせた細い木を，右の図のように，ろうそくのほのおの中に入れました。細い木のこげ方として正しいのは，下の図の(　⑨　)です。

ア　イ　ウ　エ

□7　右上の図の細い木のかわりにガラス棒を同じ位置に入れました。ガラス棒につくすすのつき方として正しいのは，上の図の(　⑩　)です。

□8　わりばしを試験管に入れてむし焼きにしました。

(1)　試験管の口は⑪〔下げて　上げて〕加熱します。

(2)　試験管に残った固体の物質を(　⑫　)といいます。

(3)　発生した気体を(　⑬　)といいます。

(4)　⑬の気体は⑭〔燃えます　燃えません〕。

(5)　発生した黄かっ色の液体を(　⑮　)といいます。

(6)　⑮の液体は⑯〔酸性　中性　アルカリ性〕を示します。

□9　木炭はほのおを⑰〔上げて　上げないで〕燃えます。

□10　金属が燃えたあとにできた物質の重さは，もとの金属の重さと比べて，

⑱〔小さくなっています　変わりません　大きくなっています〕。

□11　記述　⑱のようになる理由を，簡単に説明しなさい。…⑲

⑲

①
②
③
④
⑤
⑥
⑦
⑧
⑨
⑩
⑪
⑫
⑬
⑭
⑮
⑯
⑰
⑱

こんな問題も出る

試験管の口を⑪のようにするのはなぜですか。

(答えは下のらん外)

▲答え…できた液体が加熱部分に流れて，試験管が割れるのを防ぐため。

化学　ものの燃え方

44 酸素と二酸化炭素

赤シートでくりかえしチェックしよう！

1 気体の集め方

●水への**とけやすさ**，**空気と比べた重さ**によって，気体の集め方が決まる。

水にとけにくい気体	水にとけやすく，空気より重い気体	水にとけやすく，空気より軽い気体
水上置換法	下方置換法	上方置換法
気体　気体　集気びんの中にあった水　水　酸素，水素，二酸化炭素	気体　気体　集気びんの中にあった空気　二酸化炭素	気体　気体　集気びんの中にあった空気　アンモニア

2 酸素と二酸化炭素

(1)**酸素のつくり方**…**二酸化マンガン**にうすい**過酸化水素水**(オキシドール)を加える。
└→二酸化マンガン自体は変化しない。

①過酸化水素水をそそぐガラス管は**液体につける**。

②酸素が出ていくガラス管は**液体につけない**。

(2)**酸素の集め方**…**水上置換法**。
└→水にとけにくいから。

注意　はじめのうちは，容器内に入っていた**空気が出てくる**ので，しばらくしてから集める。

(3)**二酸化炭素のつくり方**…**石灰石**や貝がら，卵のからなどに，うすい**塩酸**を加える。
└→おもな成分は炭酸カルシウム。
重そう(炭酸水素ナトリウム)を加熱しても発生する。

(4)**二酸化炭素の集め方**…**下方置換法**。
空気より重いから。

注意　二酸化炭素は水に**少ししかとけない**ので，**水上置換法**でも集めることができる。

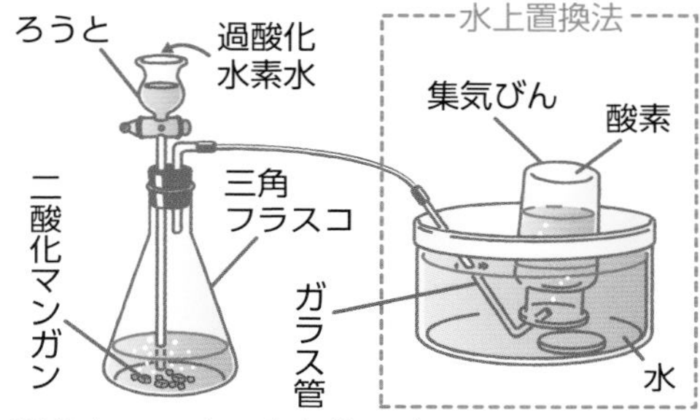

▲酸素のつくり方と集め方

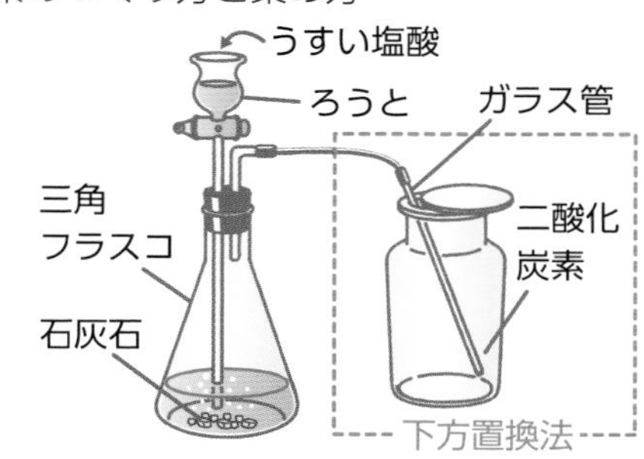

▲二酸化炭素のつくり方と集め方

(5)**酸素・二酸化炭素の性質**

	色	におい	空気と比べた重さ	水へのとけ方	空気中の割合(体積)	特有の性質
酸素	ない	ない	少し重い	とけにくい	約$\frac{1}{5}$(約21%)	ものが燃えるのを助けるはたらきがある。
二酸化炭素	ない	ない	重い	少しとける	約0.04%	・水よう液を炭酸水といい，酸性を示す。 ・石灰水に通すと，石灰水が白くにごる。

▶解答は９ページ

44 酸素と二酸化炭素　理解度チェック！

学習日　月　日

次の問いに答えなさい。(　　)にはことばを入れ，〔　　〕は正しいものを選(えら)びなさい。

□1　右の図の気体の集め方で，㋐を(　①　)，㋑を(　②　)，㋒を(　③　)といいます。

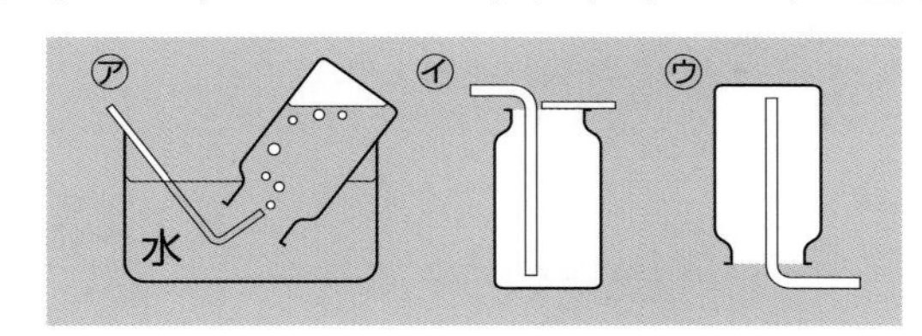

□2　右上の図の㋐は，水に(　④　)気体の集め方です。

□3　右上の図の㋑は，水にとけやすく，空気より(　⑤　)気体の集め方で，㋒は水にとけやすく，空気より(　⑥　)気体の集め方です。

□4　酸素(さんそ)は，二酸化(にさんか)マンガンにうすい(　⑦　)を加(くわ)えると発生します。

□5　酸素は，上の図の(　⑧　)の方法で集めます。

□6　酸素を⑧の方法で集めるのは，酸素が水に(　⑨　)という性質(せいしつ)をもっているからです。

□7　二酸化炭素(にさんかたんそ)は，石灰石(せっかいせき)にうすい(　⑩　)を加えると発生します。

□8　二酸化炭素は，上の図の(　⑪　)，または(　⑫　)の方法で集めることができます。

□9　二酸化炭素の集め方のうち，⑧とはちがう集め方を(　⑬　)といいます。

□10　二酸化炭素の集め方のうちの１つは，酸素と同じ方法です。酸素と同じ方法で二酸化炭素を集めることができるのは，二酸化炭素は水に(　⑭　)という性質をもっているからです。

□11　酸素，二酸化炭素に色は⑮〔あります　ありません〕。

□12　酸素，二酸化炭素ににおいは⑯〔あります　ありません〕。

□13　酸素，二酸化炭素で，重いほうの気体は(　⑰　)です。

□14　酸素は，空気中に体積(たいせき)の割合(わりあい)で約(やく)(　⑱　)をしめています。

□15　酸素，二酸化炭素を集めた試験管(しけんかん)に，火のついた線こうを入れたとき，線こうがほのおを上げて燃(も)えるのは(　⑲　)です。

□16　二酸化炭素がとけた水よう液(えき)を(　⑳　)といいます。

□17　⑳の水よう液は㉑〔酸性　中性　アルカリ性〕を示(しめ)します。

□18　二酸化炭素を石灰水に通すと，石灰水は(　㉒　)ます。

□19　**記述**　上の図の㋐の方法で気体を集めるとき，あわが出始めて，しばらくしてから集めます。その理由を説明(せつめい)しなさい。…㉓

①
②
③
④
⑤
⑥
⑦
⑧
⑨
⑩
⑪
⑫
⑬
⑭
⑮
⑯
⑰
⑱
⑲
⑳
㉑
㉒

㉓

45 いろいろな気体

入試必出要点 赤シートでくりかえしチェックしよう！

1 水素とアンモニア

(1)**水素のつくり方**…鉄，マグネシウム，あえん，アルミニウムなどの**金属**にうすい**塩酸**を加える。ただし，銅にうすい塩酸を加えても，水素は発生しない。
水酸化ナトリウム水よう液にアルミニウムを加えても発生する。

(2)**水素の集め方**…水素は水に**とけにくい**ので，**水上置換法**で集める。

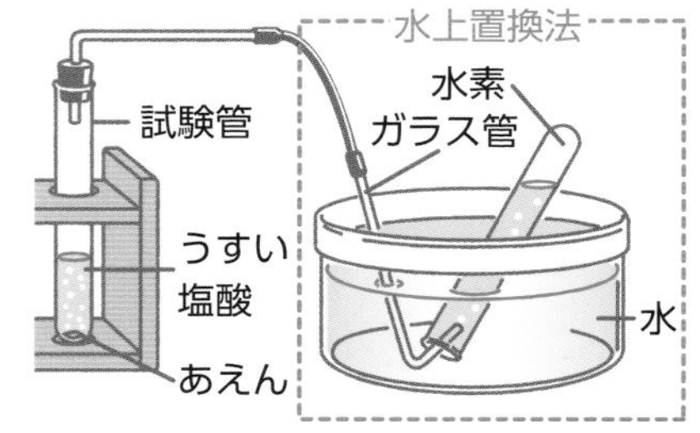

▲水素のつくり方と集め方

(3)**アンモニアのつくり方**…**塩化アンモニウム**と**水酸化カルシウム**を混ぜたものを加熱する。または，**濃いアンモニア水を加熱**する。

注意 下の図で，試験管Aの口は**少し下げておく**→水が発生するので，水が加熱部分に流れて**試験管が割れるのを防ぐため**。

(4)**アンモニアの集め方**…アンモニアは水に非常に**よくとけ**，空気より**軽い**ので，**上方置換法**で集める。

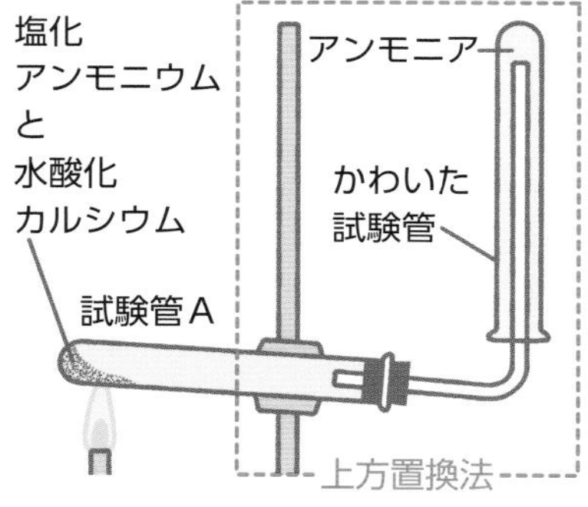

▲アンモニアのつくり方と集め方

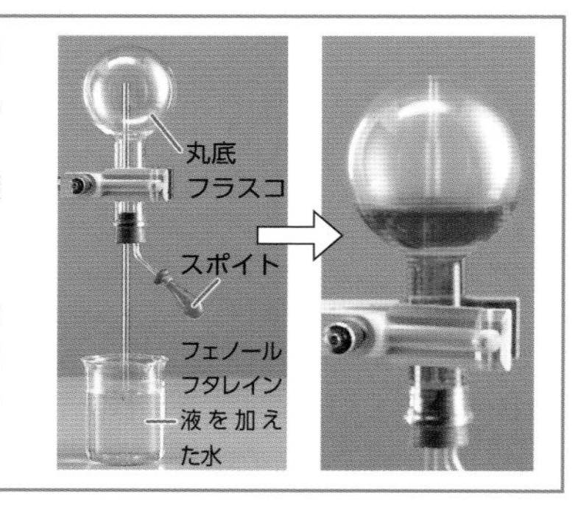

▲アンモニアのふん水

2 いろいろな気体の性質

	色	におい	空気と比べた重さ	水へのとけ方	特有の性質
水素	ない	ない	気体中で最も軽い	とけにくい	・マッチの火を近づけると，ポンと音を出して燃える。
アンモニア	ない	鼻をさすにおい	軽い	非常によくとける	・水よう液はアルカリ性を示す。
ちっ素	ない	ない	わずかに軽い	とけにくい	・体積の割合で，空気の約$\frac{4}{5}$をしめる。
塩化水素	ない	鼻をさすにおい	重い	非常によくとける	・有毒 ・水よう液を塩酸という。 ・水よう液は酸性を示す。

▶解答は９ページ

45 いろいろな気体　理解度チェック！

学習日　　月　　日

■次の問いに答えなさい。(　　)にはことばを入れ，〔　　〕は正しいものを選びなさい。

□1　水素は，マグネシウムなどの金属にうすい(　①　)を加えると発生します。

□2　水素の集め方は，右の図の(　②　)です。

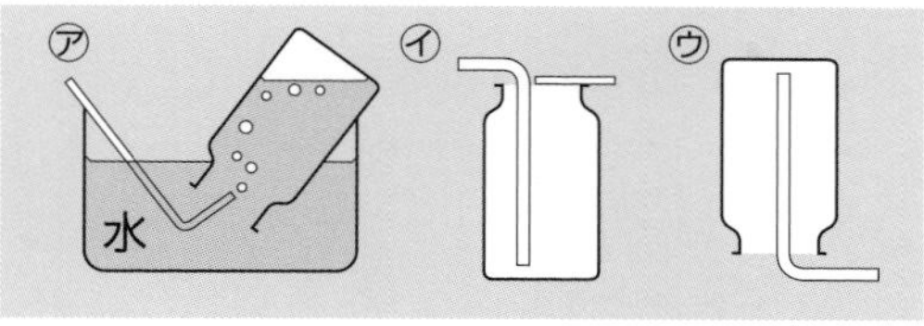

□3　②の気体の集め方を(　③　)といいます。

□4　水素を③の方法で集めるのは，水素が(　④　)という性質をもっているからです。

□5　アンモニアは，水酸化カルシウムと(　⑤　)を混ぜたものを加熱すると発生します。

□6　アンモニアは，濃い(　⑥　)を加熱しても発生します。

□7　アンモニアは，上の図の(　⑦　)の方法で集めます。

□8　アンモニアを⑦の方法で集めるのは，アンモニアが水に(　⑧　)，空気より(　⑨　)という性質をもっているからです。

□9　右の図の，アンモニアを満たした丸底フラスコに，スポイトを使って水を入れました。

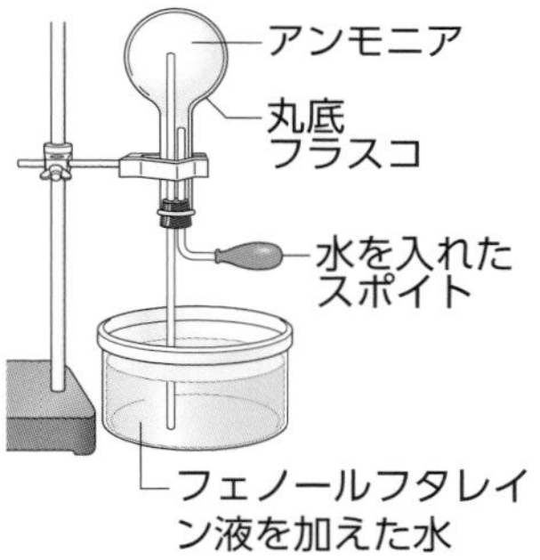

(1)　このとき，フラスコ内のアンモニアが水に⑩〔とけます　とけません〕。

(2)　すると，フラスコ内の圧力が⑪〔上がります　下がります〕。

(3)　その結果，フェノールフタレイン液を加えた水が(　⑫　)色のふん水となってふき出します。

□10　気体中で最も軽いのは(　⑬　)です。

□11　水素，アンモニア，ちっ素，塩化水素のうち，においがあるのは(　⑭　)と(　⑮　)です。

□12　空気中に，ちっ素は，体積の割合で約(　⑯　)ふくまれています。

□13　塩化水素の水よう液を(　⑰　)といい，(　⑱　)性を示します。

□14 記述 試験管に集めた気体が水素であることを確かめる方法と，その結果を説明しなさい。…⑲

①
②
③
④
⑤
⑥
⑦
⑧
⑨
⑩
⑪
⑫
⑬
⑭
⑮
⑯
⑰
⑱

⑲	

46 空気・水・金属と体積変化

入試必出要点 赤シートでくりかえしチェックしよう！

1 空気・水の温度と体積の変化

(1)**温度と体積**…空気や水は，あたためられると**体積は**増え，冷やされると**体積は**減る。

①図1で，空気の入ったフラスコを**湯につける**と，赤インクは右**へ大きく動く**。

②図2で，空気の入ったフラスコを**冷たい水につける**と，赤インクは左**へ大きく動く**。

③図3で，赤インクをとかした水を湯につけると，水面は右**へ動く**。

●体積が変化する割合は，水より**空気のほうがずっと大きい**。

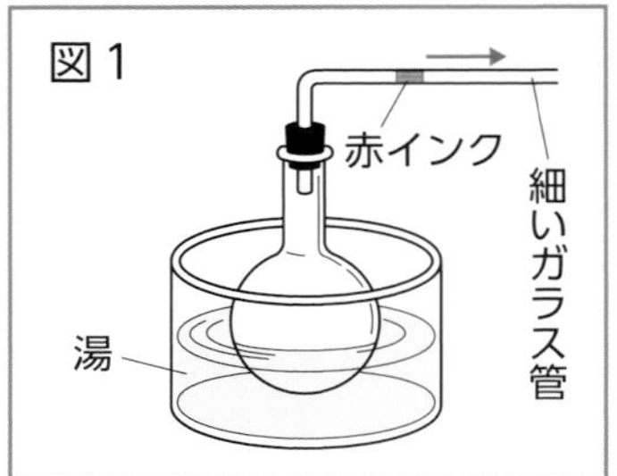

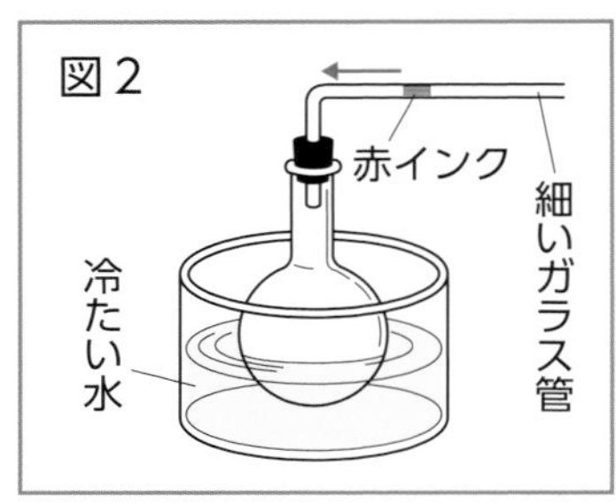

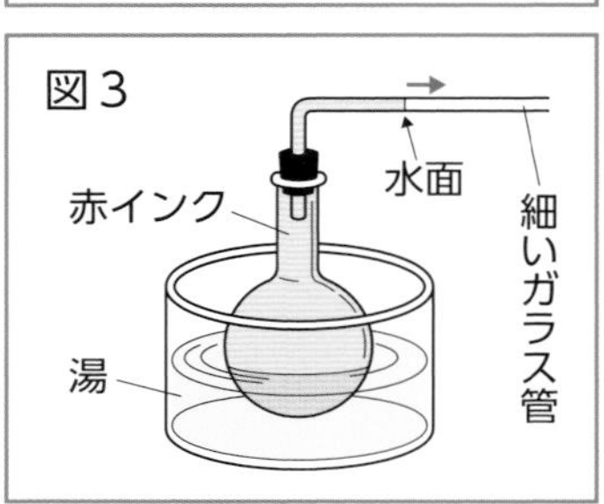

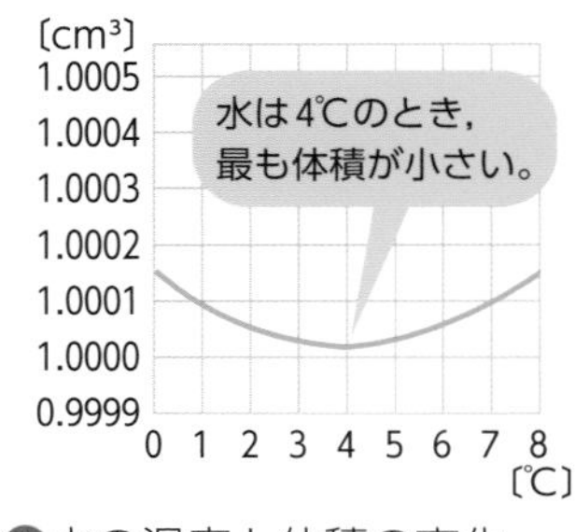

▲水の温度と体積の変化（水1gのとき）

(2)**水の体積**…水の体積は4℃のとき，最も小さくなる。

(3)**力と体積**…図4で，注射器に空気と水を入れておすと，空気は**おし縮められて**元**にもどろうとする**。水はほとんど**おし縮められない**。

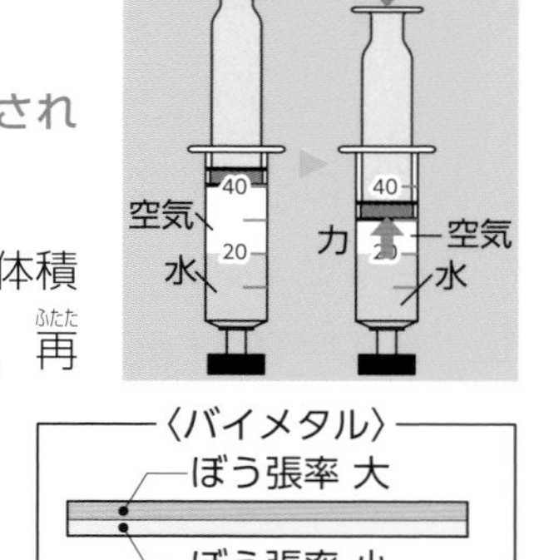

2 金属の温度と体積の変化

(1)**金属の温度と体積**…金属は，あたためられると**体積は**増え，冷やされると**体積は**減る。

①図5で，ぎりぎり輪を通っていた金属球を熱すると，金属球の体積が**大きくなって**輪を通らなく**なる**。熱した金属球を冷やすと，再び輪を通る。

②鉄の輪を熱すると，輪が大きくなって金属球が通りやすくなる。

(2)バイメタル…ぼう張率のちがう2種類の金属を張り合わせたもの。温度により曲がり方がちがう。サーモスタットなどに使われる。

(ぼう張率：温度によるもののぼう張する割合)

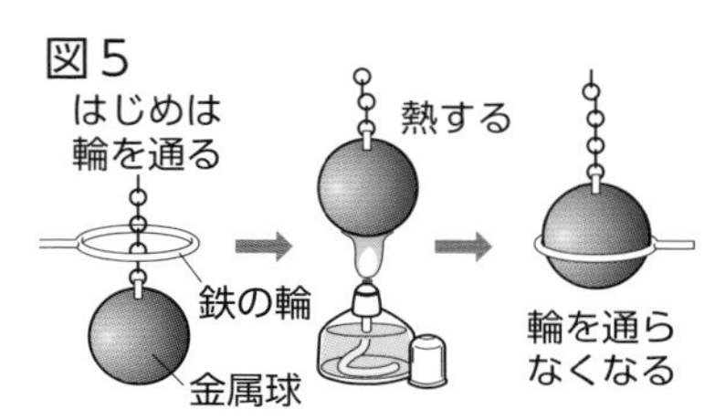

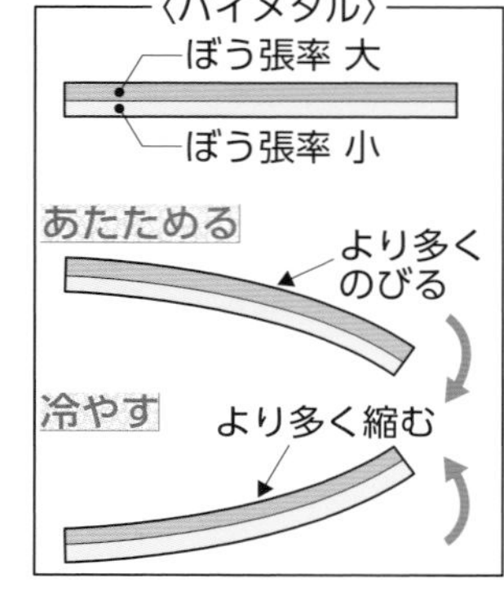

▶解答は９ページ

46 空気・水・金属と体積変化　理解度チェック！

学習日　　月　　日

■次の問いに答えなさい。(　　　)にはことばを入れ，〔　　　〕は正しいものを選びなさい。

□ **1**　空気の体積が増えるのは，空気を①〔あたためたとき　冷やしたとき〕です。

□ **2**　右の図のように，試験管の口にせっけん水のまくをつくり，試験管を湯の中に入れてあたためました。しばらくすると，せっけん水のまくは②〔ふくらみます　へこみます〕。

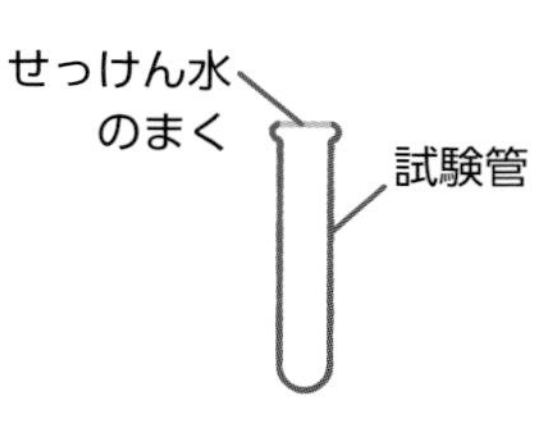

□ **3**　10℃の水を80℃まであたためました。このとき，体積は，③〔大きくなっています　小さくなっています　変わりません〕。

□ **4**　右の図のA，Bで，はじめは赤インクの位置と水面の高さは同じでした。しばらくすると，④〔赤インクの位置　水面〕のほうが高くなっています。

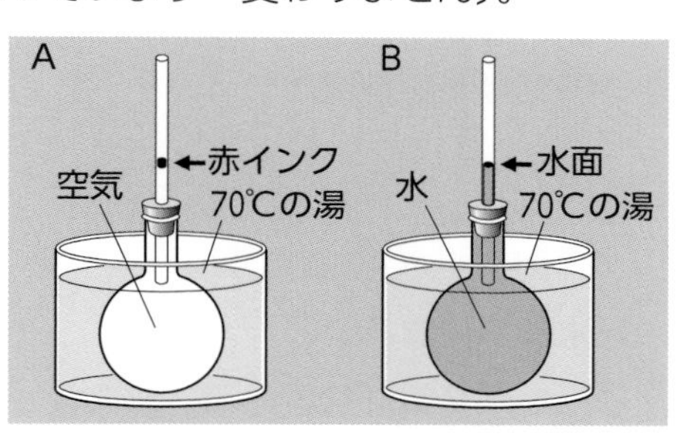

□ **5**　水の体積が最も小さくなるのは，(　⑤　)℃のときです。

□ **6**　金属の体積が増えるのは，金属を⑥〔あたためたとき　冷やしたとき〕です。

□ **7**　右の図のように，同じ金属でできている輪と球があり，球が輪をぎりぎり通るようになっています。球が輪を通らないようにします。それには，

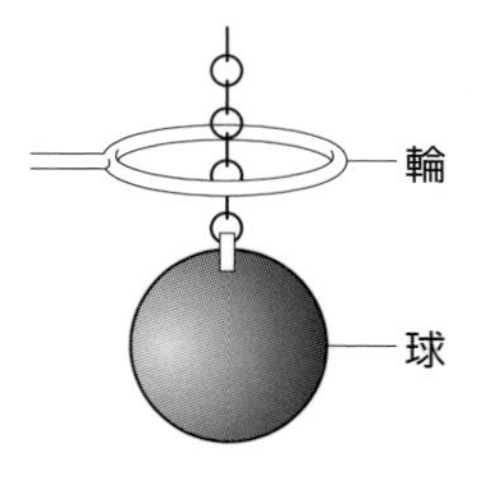

(1)　輪だけを⑦〔あたためれば　冷やせば〕よいのです。

(2)　球だけを⑧〔あたためれば　冷やせば〕よいのです。

□ **8**　右の図のように，２枚の金属板A，Bを張り合わせました。２枚の金属板を一様にあたためると，⑨〔上　下〕に曲がります。ただし，ぼう張率は，A＜Bとします。

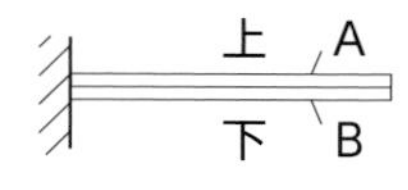

□ **9**　**記述**　ジャムの入ったびんの金属のふたがきつくなっていました。びんのふたを開けるにはどのようにすればよいですか。金属の性質をもとに説明しなさい。…⑩

⑩	

①

②

③

④

⑤

⑥

⑦

⑧

⑨

こんな問題も出る

へこんだピンポン玉を(　　　)の中に入れると，ピンポン玉の中の空気がふくらんで，ピンポン玉は元の形にもどります。

(答えは下のらん外)

▶答え…湯

47 水のすがたの変化

赤シートでくりかえしチェックしよう！

1 状態変化

(1)**状態変化**…物質が温度によって，**固体⇆液体⇆気体と状態を変える**こと。

①状態変化すると，**体積は変化する**が，**重さは変化しない**。

②ふつう，物質の体積は，**固体**<**液体**<**気体**となる。

●水は例外で，**液体→固体**になると**体積は約1.1倍になる**。（→4℃のとき体積最小）

③**二酸化炭素**は，**固体（ドライアイス）**から**直接気体**になる。

(2)**状態変化と温度**…固体が液体に変化するときの温度を**ゆう点**，液体が気体に変化するときの温度を**ふっ点**という。

気体
冷やす　あたためる　あたためる　冷やす
固体　あたためる　冷やす　液体

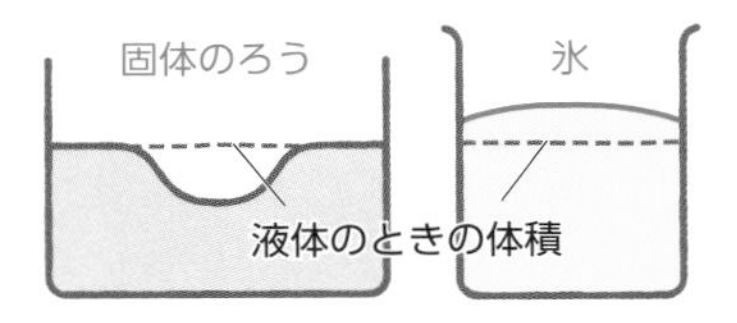

液体から固体になると，ろうは体積が減るが，水は体積が増える。

2 水の状態変化

(1)**水の状態変化**…**氷**（固体）⇆**水**（液体）⇆**水蒸気**（気体）に変化する。

①**蒸発**…**水面だけ**から水が**水蒸気になる**こと。

②**ふっとう**…**水の内部**から水が**水蒸気になる**こと。水の中で水蒸気が発生するため，**あわ**が出る。

●**ふっとう石**…急にふっとうするのを防ぐために入れる。

●加熱して初めに出る小さいあわは，水にとけていた空気。

③**水蒸気と湯気**…**湯気は水蒸気が冷えて水**のつぶになったもので，**白いけむり**のように見える。水蒸気は**目に見えない**。

④水が**水蒸気になると体積**は約**1700**倍になる。

湯気（水のつぶ）見える
水蒸気 見えない
あわ（水蒸気）（気体）
水（液体）
ふっとう石

△水がふっとうしたときのようす

(2)**氷を熱したときの温度変化**

①水の**ゆう点**である**0**℃で**とけ始める**。

②氷がとけ終わるまで温度は，**0**℃**のまま変わらない**。

③水の**ふっ点**である**100**℃**になるとふっとうし始める**。（→ふっ点は気圧で変わる。下参照。）

④水がふっとうしているとき，温度は**100**℃**のまま変わらない**。

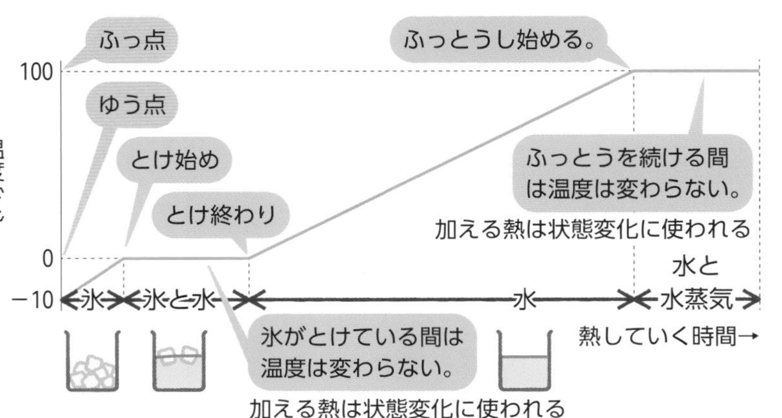

＊気圧が低くなると，水がふっとうするときの温度は下がる。

▶解答は９ページ

47 水のすがたの変化　理解度チェック！

学習日　　月　　日

■次の問いに答えなさい。(　　)にはことばを入れ，〔　　〕は正しいものを選びなさい。

□1　物質が温度によって，固体⇆液体⇆気体と状態を変えることを(　①　)といいます。

□2　二酸化炭素の固体を(　②　)といいます。

□3　②は，液体の状態をへずに，直接(　③　)になります。

□4　①の変化のとき，重さは④〔変わります　変わりません〕が，体積は⑤〔変わります　変わりません〕。

□5　右の図１で，氷がとけると水はビーカーから⑥〔こぼれます　こぼれません〕。

図１

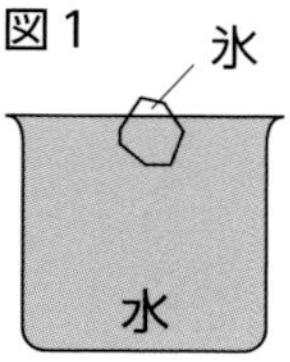

□6　水が液体から固体になると，体積は約(　⑦　)倍になります。

□7　固体が液体に変化するときの温度を(　⑧　)といい，液体が気体に変化するときの温度を(　⑨　)といいます。

□8　水が気体の状態になったものを(　⑩　)といいます。

□9　水は100℃以下でも水面から気体に変わります。この変化を(　⑪　)といいます。

□10　水の内部から水が水蒸気になる変化を(　⑫　)といいます。

□11　図２のようにして水を熱しました。目に見えるＡを(　⑬　)といい，目に見えないＢの部分は(　⑭　)です。

図２

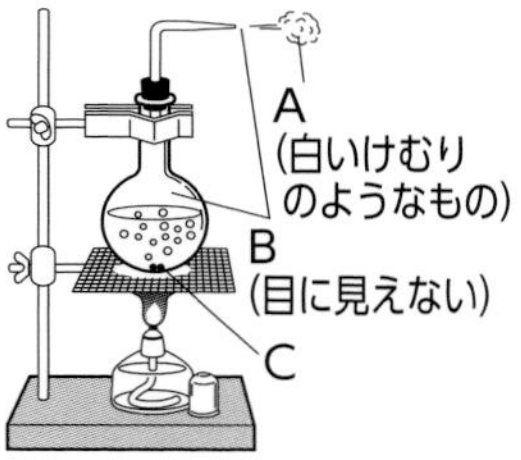

□12　図２の水に入れるＣを(　⑮　)といいます。

□13　図３は，ビーカーに氷を入れて加熱したときの温度変化のようすを表したグラフです。Ｄの温度は(　⑯　)℃，Ｅの温度は(　⑰　)℃です。

図３

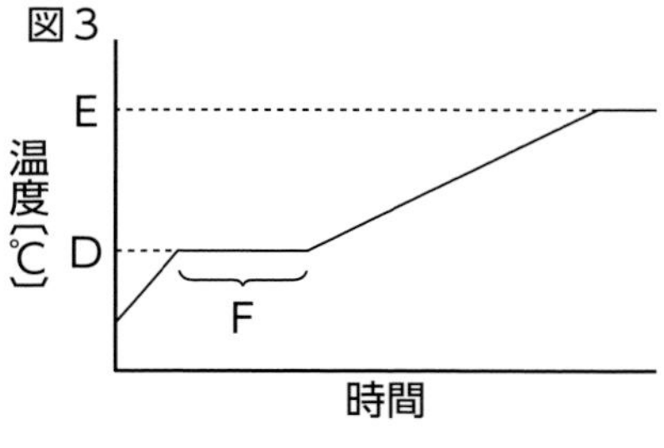

□14　図３のＦのとき，水は，⑱〔固体だけ　液体だけ　気体だけ　固体と液体が混ざった状態　液体と気体が混ざった状態〕です。

□15　記述　液体を加熱するとき，図２のＣを入れる理由を簡単に説明しなさい。…⑲

⑲

①
②
③
④
⑤
⑥
⑦
⑧
⑨
⑩
⑪
⑫
⑬
⑭
⑮
⑯
⑰
⑱

こんな問題も出る

水を加熱したとき，はじめに出てくる小さいあわは，水にとけていた(　　)です。

(答えは下のらん外)

▶答え…空気

48 熱の伝わり方

入試必出要点 赤シートでくりかえしチェックしよう！

1 伝導

(1)伝導…熱がものを伝わって移動していく伝わり方。

例 湯のみ茶わんに熱湯を注ぐと，外側が熱くなる。

(2)熱の伝わり方…熱せられたところから同心円状に伝わる。

(3)熱の伝わりやすさ…ものによってちがう。

①金属は熱が伝わりやすい。

●銅→アルミニウム→鉄の順に伝わりやすい。

②木やプラスチック，ガラス，空気などは熱が伝わりにくい。

→フライパンやなべの取っ手には木やプラスチックが使われる。

同心円状にとける　熱は順々に伝わる

ろう　銅板　熱

△ろうをぬった銅板のはしを加熱

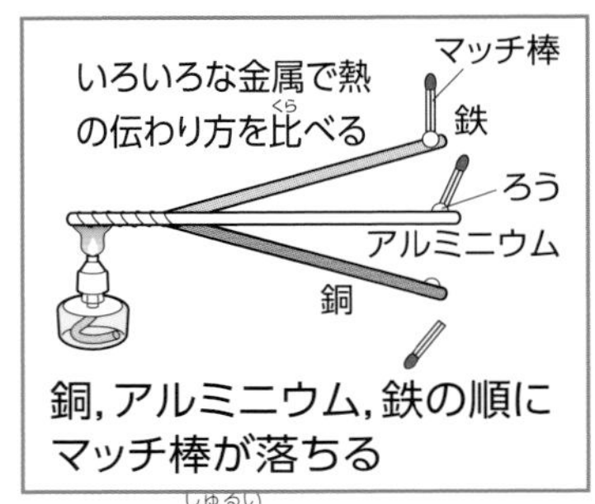

△ものの種類と熱の伝わり方

2 対流

(1)対流…水や空気が動くことによって熱が全体に伝わる伝わり方。

例 熱いみそしるの中で，みそのつぶが下から上に次々と上がる。

(2)熱の伝わり方…水や空気は，あたためられるとぼう張し，密度(体積あたりの重さ)が小さくなるので上しょうする。冷やされると収縮し，密度が大きくなるので下降する。この動きによって水や空気が全体を回り，熱が伝わる。

└→体積が大きくなる。
└→体積が小さくなる。

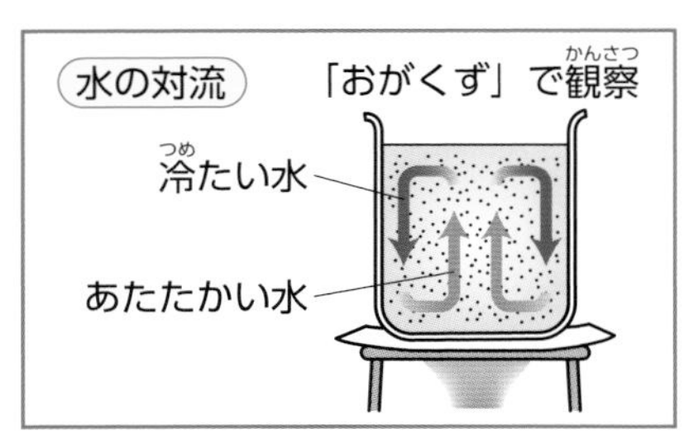

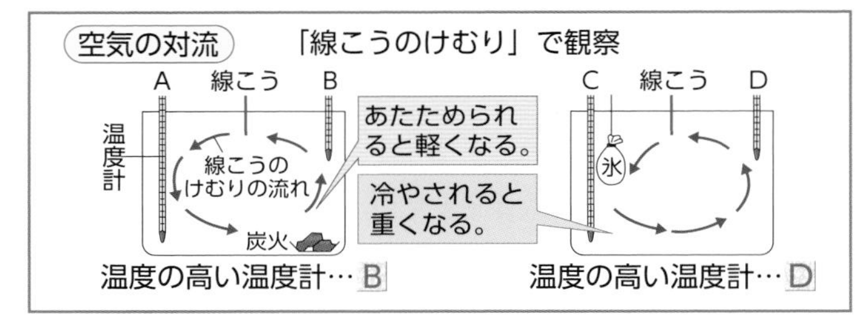

3 放射

(1)放射…熱が空間を通って，はなれたものを直接あたためる熱の伝わり方。太陽からの熱のように，真空中でも伝わる。

例 ストーブに手をかざすとあたたかくなる。

よく晴れた夏の日のアスファルトが熱くなる。

(2)色とあたたまり方…放射では，白っぽいほど熱を反射しやすく，黒っぽいほど熱を吸収しやすくなる。→黒っぽいほど温度が上がる。

▶解答は９ページ

48 熱の伝わり方　理解度チェック！

学習日　　月　　日

■次の問いに答えなさい。(　　　)にはことばを入れ，〔　　　〕は正しいものを選びなさい。

□**1**　金属をあたためたときのように，熱がものを移動して伝わる伝わり方を(　①　)といいます。

□**2**　フライパンの取っ手に木やプラスチックが使われるのは，木やプラスチックが熱を伝え(　②　)からです。

□**3**　図１のように，マッチ棒をガラス，銅，鉄の棒にろうで立て，はしを熱しました。マッチ棒がたおれる順は③(　→　→　)となります。

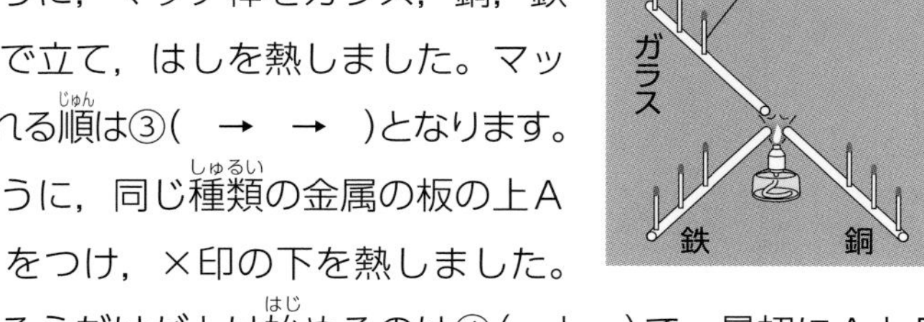

□**4**　図２のように，同じ種類の金属の板の上Ａ～Ｃにろうをつけ，×印の下を熱しました。最初にＢのろうだけがとけ始めるのは④(　と　)で，最初にＡとＢのろうだけがほぼ同時にとけ始めるのは(　⑤　)です。

図２ ㋐ ㋑ ㋒ ㋓

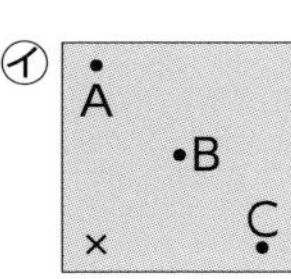

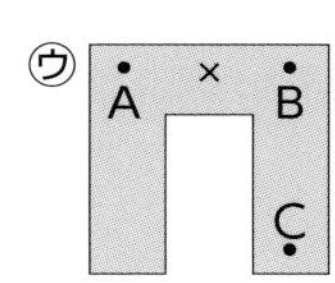

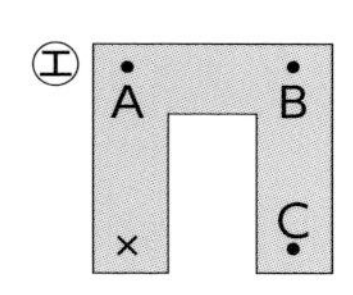

□**5**　水や空気が動くことによって，熱が全体に伝わっていく伝わり方を(　⑥　)といいます。

□**6**　図３のように，水を入れたビーカーの真ん中を熱しました。水の動きを正しく表している矢印は(　⑦　)です。

図３ ㋐ ㋑ ㋒ ㋓

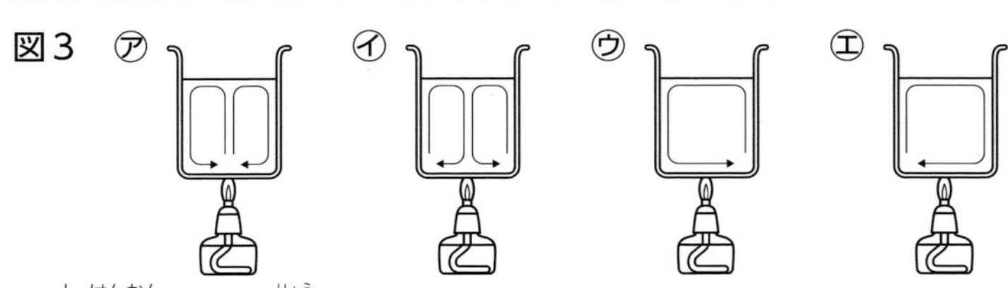

□**7**　試験管に同じ量の水を入れ，図４のように熱しました。水全体がはやくあたたまるのは⑧〔㋐　㋑〕です。

図４ ㋐ ㋑

□**8**　はなれたものを直接あたためる熱の伝わり方を(　⑨　)といいます。

□**9**　**記述** 夏に白っぽい色のシャツを着ることが多いのはなぜですか。「白っぽい色は」に続けて説明しなさい。…⑩

①
②
③　→　→
④　と
⑤
⑥
⑦
⑧
⑨

⑩	白っぽい色は

こんな問題も出る

暖ぼう装置は，風向きを①〔上向き　下向き〕に設定し，冷ぼう装置は，風向きを②〔上向き　下向き〕に設定すると，効率よく使うことができます。　(答えは下のらん外)

◀答え…①下向き　②上向き

49 熱の移動と温度の変化

入試必出要点 赤シートでくりかえしチェックしよう！

1 熱の移動

(1)**水と湯の温度変化**…水を入れた大きな容器に，湯を入れたビーカーを入れてしばらくすると，温度の低い**水の温度は上がり**，温度の高い**湯の温度は下がって**，やがて**同じ温度になる**。

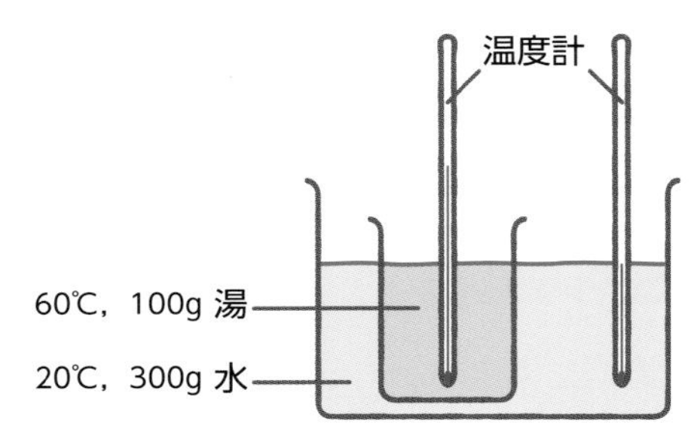

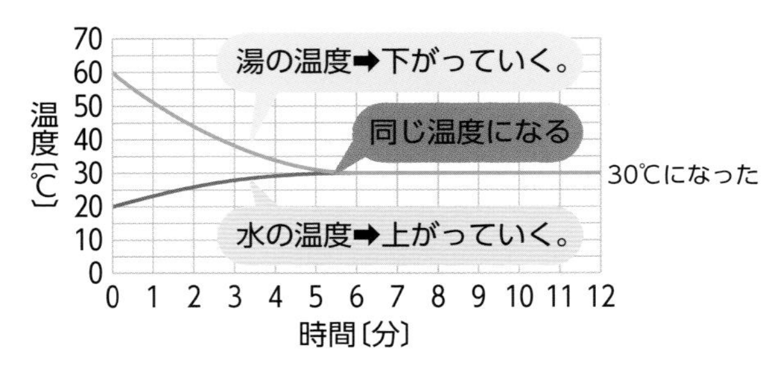

(2)**熱の移動**…熱は，**温度の高いものから低いものへ移動する**。

2 熱量と温度変化

(1)**熱量**…熱を数量の大きさで表したものである。単位にはカロリー(cal)などが用いられる。

1カロリー〔cal〕…水1gの温度を1℃上げるのに必要な熱量。

(2)**熱量の計算**

①**水と湯を混ぜ合わせたときの熱量**…水が受けとった熱量と湯が失った熱量は**等しい**。

受けとった(失った)熱量〔cal〕＝水の重さ〔g〕×変化した温度〔℃〕

例　上の図で，水が受けとった熱量は，300×(30－20)＝3000〔cal〕
湯が失った熱量は，100×(60－30)＝3000〔cal〕
（等しい）

②**水と湯を混ぜ合わせたときの温度の変化**…変化する温度の比は，**重さの逆比**になる。

水と湯の重さの比をA：Bとすると，変化した温度の比はB：A　となる。

例　30℃の水200gと60℃の湯100gを混ぜ合わせる。
水と湯の重さの比は，200：100＝2：1
変化した温度の比は，水：湯＝1：2
温度の差，60－30＝30〔℃〕を1：2に分けると，
30×1÷(1＋2)＝10，30－10＝20
水は10℃上がり，湯は20℃下がる。
よって，全体の温度は40℃となる。

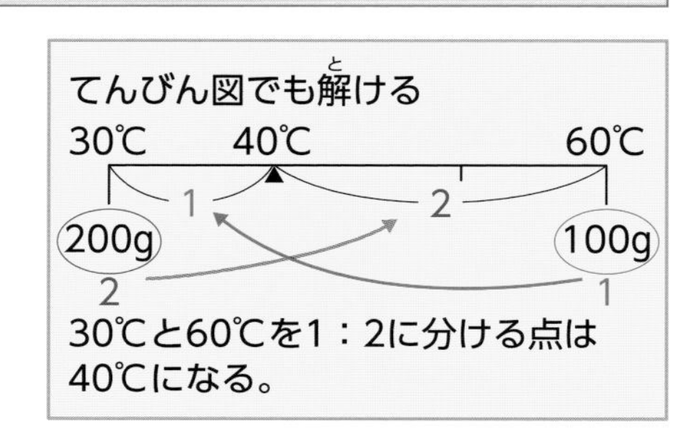

▶解答は10ページ

49 熱の移動と温度の変化　理解度チェック!

学習日　　月　　日

次の問いに答えなさい。(　　)にはことばを入れ，〔　　〕は正しいものを選びなさい。

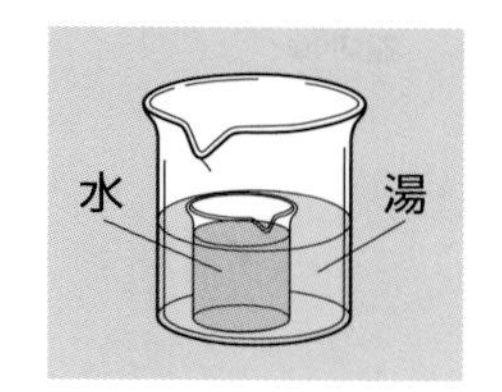

□1　右の図のように，湯の入ったビーカーに水の入ったビーカーを入れました。しばらくすると，水の温度は①〔上がり　下がり〕，湯の温度は②〔上がり　下がり〕ます。

□2　1で，やがて，水と湯の温度は(　③　)になります。

□3　1，2から，熱は温度の④〔高い　低い〕ものから，温度の⑤〔高い　低い〕ものに移動することがわかります。

□4　熱を数量の大きさで表したものを(　⑥　)といいます。

□5　⑥の単位には，(　⑦　)などが使われます。

□6　20℃の水150gが入ったビーカーを加熱したところ，水の温度が40℃になりました。このとき，水が得た熱量は(　⑧　)カロリーです。

□7　70℃の湯200gが入ったビーカーを空気中に放置しておいたところ，25℃になりました。このとき，湯が失った熱量は(　⑨　)カロリーです。

□8　30℃の水100gと，70℃の湯300gを混ぜ合わせました。

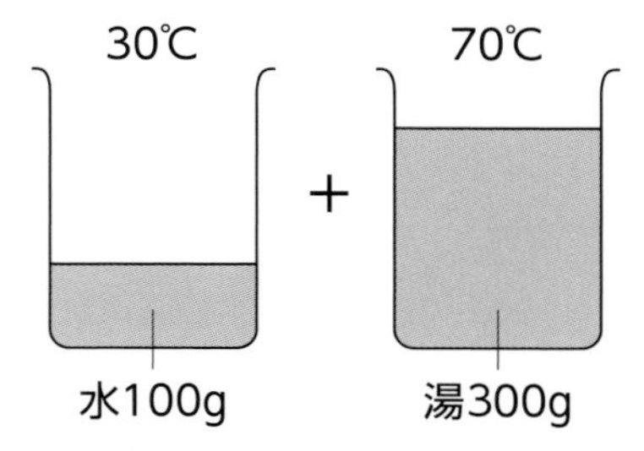

(1)　水と湯の重さの比は，水：湯＝(　⑩　)です。

(2)　変化する温度の比は，重さの比の(　⑪　)になります。

(3)　⑪より，変化する温度の比は，水：湯＝(　⑫　)になります。

(4)　はじめの水と湯の温度の差は，(　⑬　)℃です。

(5)　⑫，⑬より，水の温度は(　⑭　)℃上がります。

(6)　⑫，⑬より，湯の温度は(　⑮　)℃下がります。

(7)　全体の温度は，(　⑯　)℃になります。

□9　記述　水と湯を混ぜ合わせると，やがて同じ温度になります。同じ温度になるのはなぜですか。「熱」，「移動」ということばを使って説明しなさい。…⑰

〈8のヒント〉

てんびん図で表すと，下のようになります。

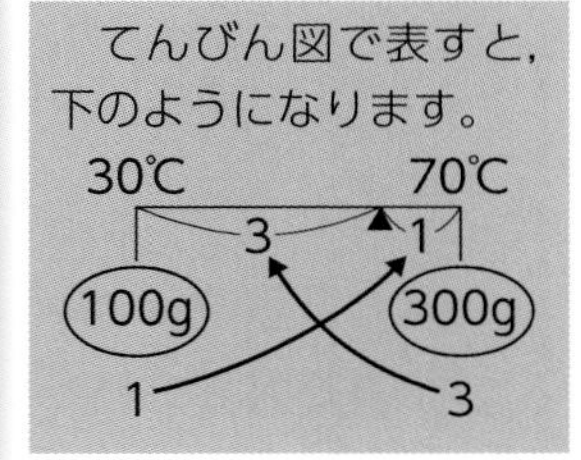

⑰	

50 メスシリンダー，ろ過，ガスバーナー

入試必出要点　赤シートでくりかえしチェックしよう！

1 メスシリンダーの使い方

(1)メスシリンダーを**水平**な台の上に置く。

(2)目もりを読むときは，目の位置を**液面**と同じ高さにする。

(3)液面の下の**平らな**ところの目もりを，**真横**から読む。

(4)最小目もりの**10**分の１まで，**目分量**で読む。

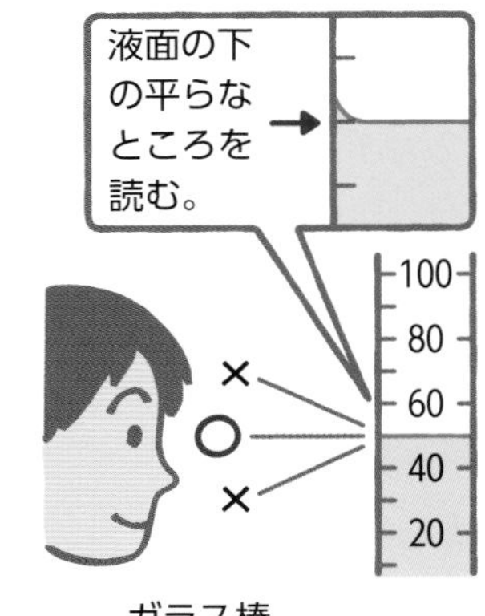

2 ろ過

(1)**ろ過**…ろ紙などを使い，水に**とけ残ったもの（固体）をとり除く**方法。

(2)**ろ過のしかた**

①ろ紙をろうとにはめたあと，水でぬらしてろうとにしっかりつける。

②ろうとの先の**長い**ほう（とがったほう）を，ビーカーの**内側**につける。

③ガラス棒は，ろ紙の**重なっている**部分にななめにしてあてる。

④液体は，**ガラス棒**を伝わらせて静かに入れる。

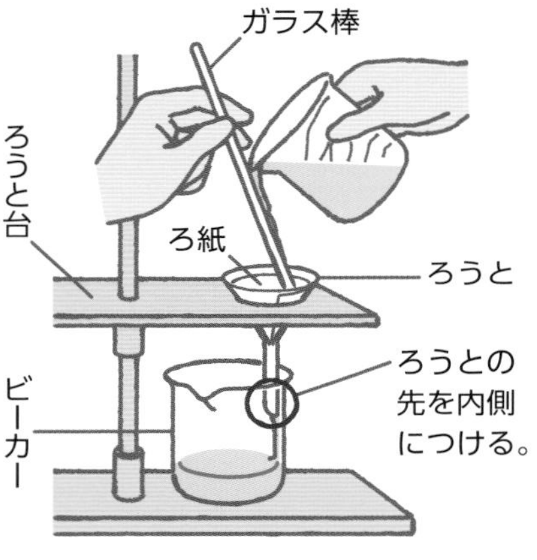

3 ガスバーナーの使い方

(1)上のねじが**空気**調節ねじ，下のねじが**ガス**調節ねじである。

(2)ねじは，**時計回り**に回すと**閉まる**。**反時計回り**に回すと**開く**。

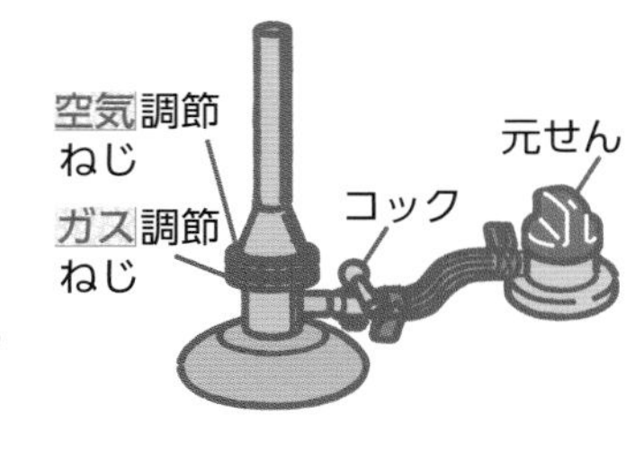

(3)**火のつけ方**

①ガス調節ねじ，空気調節ねじが**閉まっている**ことを確かめる。

②元せん→コックの順に開く。
ガスバーナーによってはコックのないものもある。

③マッチの火を近づけ，**ガス**調節ねじを**開いて火をつける。**

④**ガス**調節ねじを回して，**ほのお**の大きさを調節する。

⑤**ガス**調節ねじを**おさえ**，**空気**調節ねじを開いて，**青**色のほのおにする。
ほのおの色がオレンジ色のときは，空気が不足している。

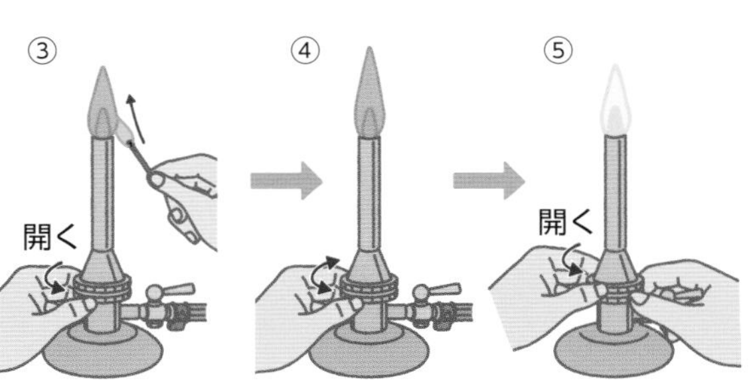

(4)**火の消し方**…空気調節ねじ→ガス調節ねじ→コック，元せんの順に閉める。

▶解答は10ページ

50 メスシリンダー，ろ過，ガスバーナー　理解度チェック！

学習日　月　日

次の問いに答えなさい。（　　）にはことばを入れ，〔　　〕は正しいものを選びなさい。

□ **1**　メスシリンダーは，（　①　）な台の上に置いて使います。

□ **2**　下の図１で，メスシリンダーの目もりを読むとき，目の位置で正しいのは（　②　）です。

図１　㋐　㋑　㋒

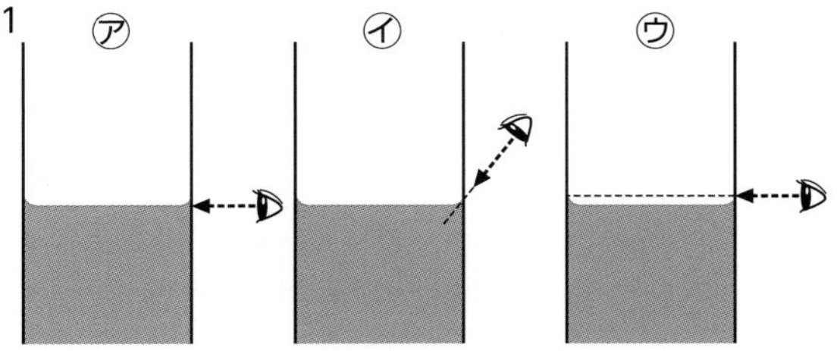

図２

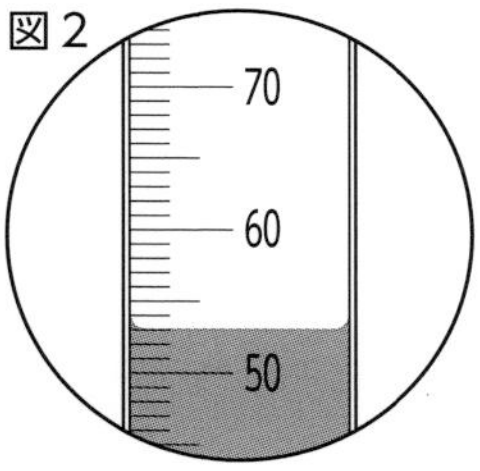

□ **3**　上の図２で，水の体積は（　③　）mLと読みます。

□ **4**　下の図で，ろ過のしかたとして正しいのは（　④　）です。

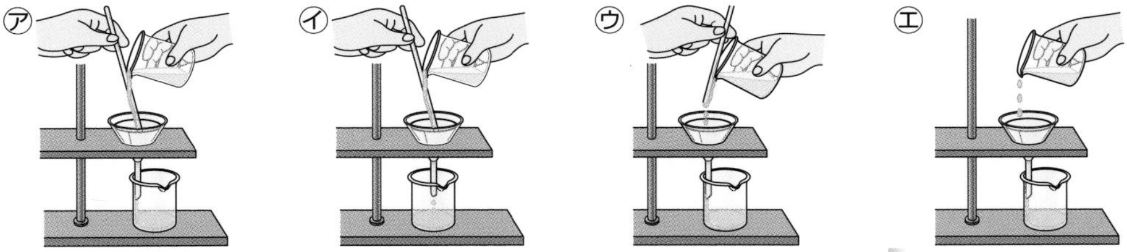

㋐　㋑　㋒　㋓

□ **5**　下の図は，ガスバーナーの火のつけ方を表しています。

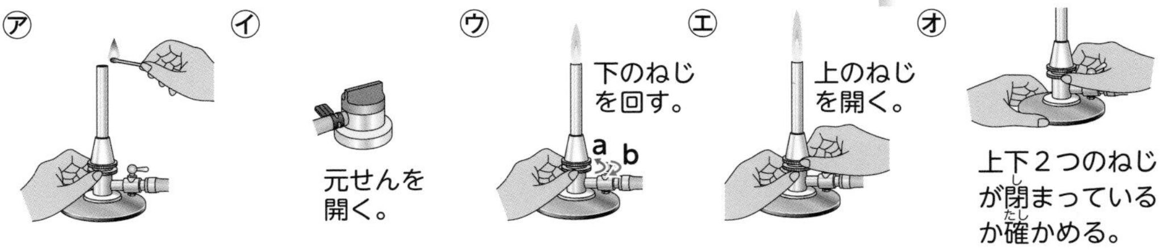

㋐　㋑　㋒　㋓　㋔

(1)　上のねじは（　⑤　）調節ねじです。

(2)　下のねじは（　⑥　）調節ねじです。

(3)　㋒でねじを開くには，ねじを⑦〔a　b〕の向きに回します。

(4)　火のつけ方の正しい順に並べると，（　⑧　）になります。

(5)　㋓では，ほのおの色が（　⑨　）色になるようにします。

□ **6** **記述** でんぷんを水に入れてろ過すると，ろ紙の上にでんぷんのつぶが残りました。このことから，ろ紙の目（あな）の大きさとでんぷんのつぶの大きさについてわかることを説明しなさい。…⑩

①

②

③

④

⑤

⑥

⑦

⑧　→　→　→　→

⑨

⑩

51 力とばね

入試必出要点 赤シートでくりかえしチェックしよう！

1 ばねののび

(1)**おもりの重さとばねののび**…おもりの**重さ**が**2**倍，**3**倍，…になると，ばねの**のび**も2倍，3倍，…になる。

→ばねの**のびはおもりの重さに比例**(ひれい)する。

おもりの重さ〔g〕	0	10	20	30	40	50
ばねの長さ〔cm〕	10	12	14	16	18	20
ばねののび〔cm〕	0	2	4	6	8	10

もとの長さ　2倍　3倍　4倍　5倍

(2)**ばね全体の長さ＝ばねのもとの長さ＋ばねののび**

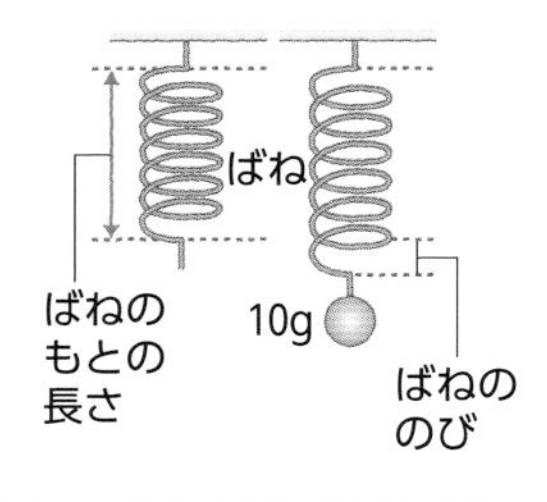

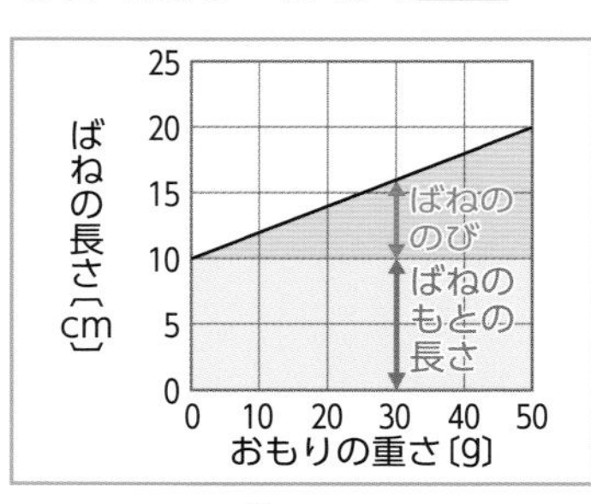

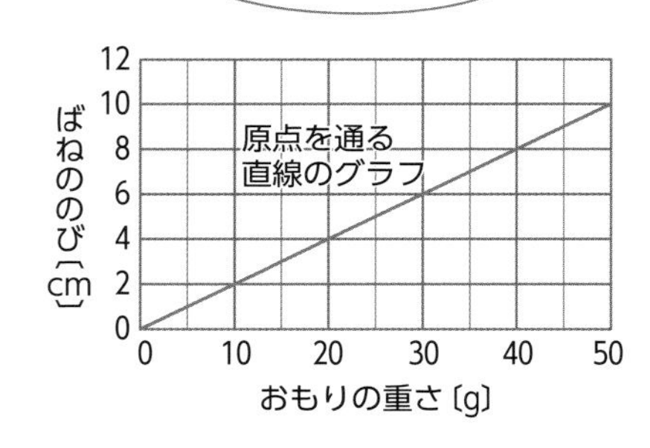

(3)**のび方がちがうばね**

①おもりの重さが変(か)わっても**のびの比**(ひ)**は等しい**。

→右の図で，ばねAののび：ばねBののび＝8：4＝2：1
おもりの重さが100gのとき

→右の図で，ばねAののび：ばねBののび＝16：8＝2：1
おもりの重さが200gのとき

②**のびが同じときのおもりの重さの比**は，**のびの逆比**(ぎゃくひ)になる。

→右の図で，ばねAのおもりの重さ：ばねBのおもりの重さ
ばねののびが6cmのとき
＝75：150＝1：2

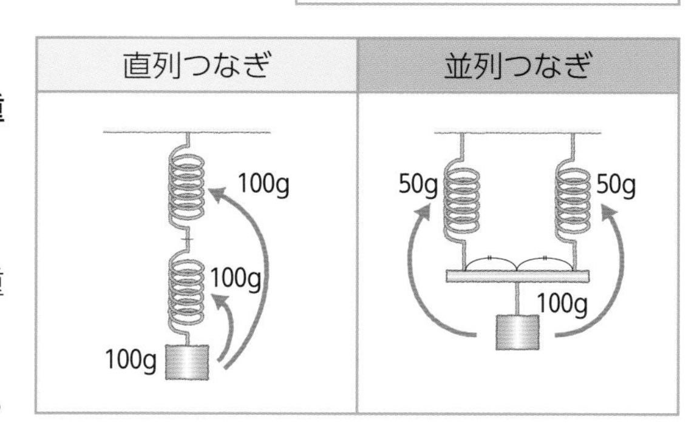

(4)**ばねのつなぎ方とばねののび**
└→同じばねを使った場合

①**直列つなぎ**…それぞれのばねに**おもりの重さ**がかかる。

→ばねののびは，1本のときと同じ。

②**並列**(へいれつ)**つなぎ**…それぞれのばねにおもりの重さの半分ずつがかかる。

→ばねののびは，1本のときの半分になる。

直列つなぎ	並列つなぎ
100g　100g　100g	50g　50g　100g

2 ばねと力のつり合い

●右の図で，どのばねにも**同じ大きさの力**がはたらき，**ばねののびは同じ**になる。

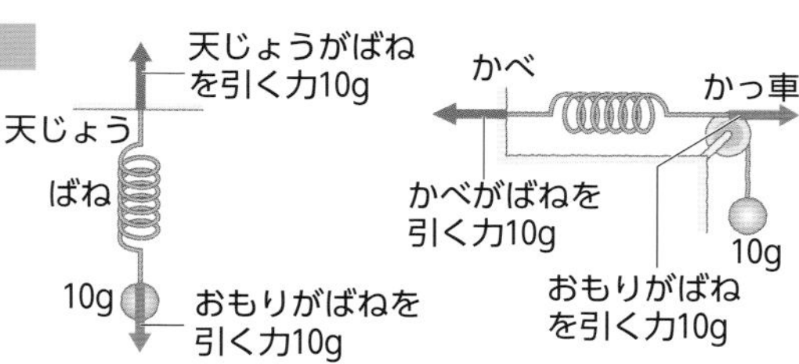

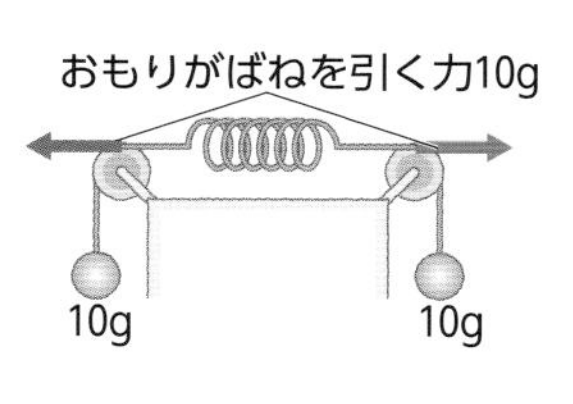

▶解答は10ページ

51 力とばね 理解度チェック！

学習日　　月　　日

■次の(　　)にあてはまる数値を答えなさい。

□**1**　図1は，あるばねにおもりをつるしたときの，おもりの重さとばねの長さの関係を表しています。

(1)　このばねのもとの長さは(　①　)cmです。

(2)　このばねを1cmのばすのに必要なおもりの重さは(　②　)gです。

(3)　下の図で，Aは(　③　)cm，Bは(　④　)cm，Cは(　⑤　)cm，Dは(　⑥　)cmです。(A，B，Cは2本のばねの長さの和)

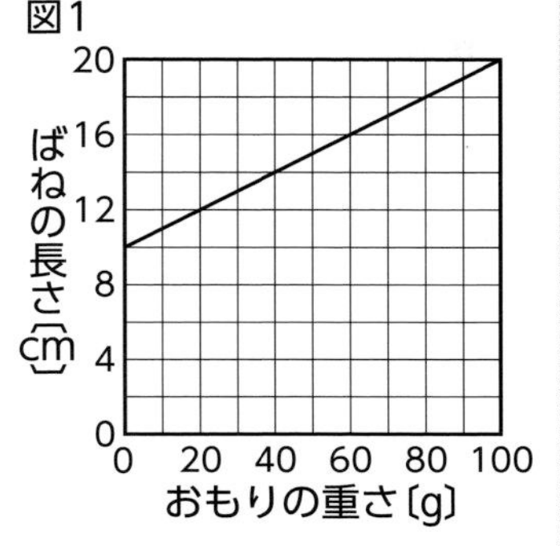

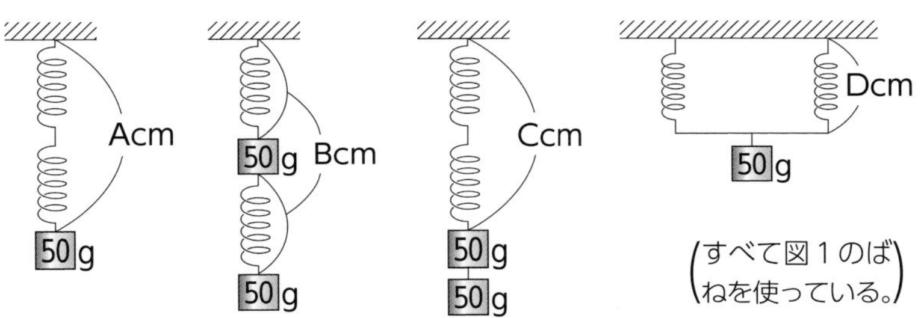

□**2**　図2は，ばねA，Bにおもりをつるしたときの，おもりの重さとばねののびの関係を表しています。

(1)　おもりの重さが同じときののびの比は，A：B＝⑦(　：　)です。

(2)　のびが同じときのおもりの重さの比は，A：B＝⑧(　：　)です。

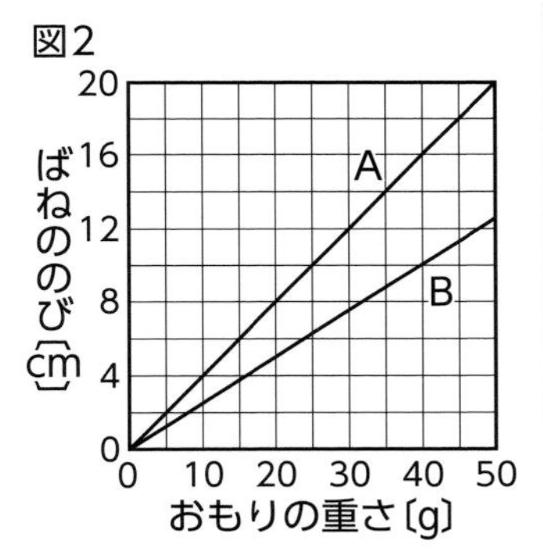

□**3**　全体の長さが，40gのおもりをつり下げると17cmに，60gのおもりをつり下げると18cmになるばねがあります。

(1)　このばねを1cmのばすのに必要なおもりの重さは(　⑨　)gです。

(2)　このばねのもとの長さは(　⑩　)cmです。

(3)　下の図で，Aは(　⑪　)cm，Bは(　⑫　)cm，Cは(　⑬　)cmです。

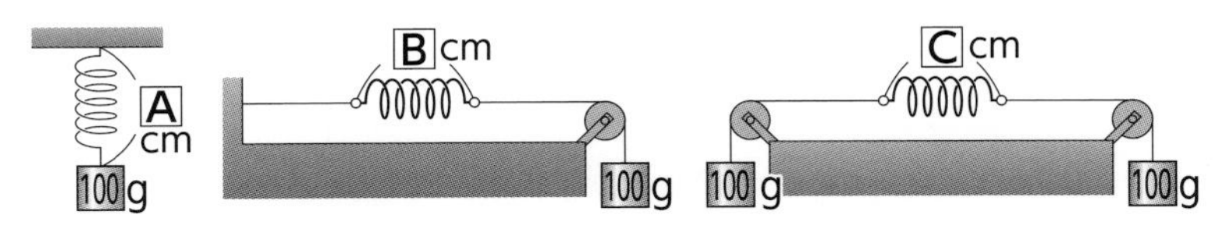

①

②

③

④

⑤

⑥

⑦

⑧

⑨

⑩

⑪

⑫

⑬

〈⑫⑬のヒント〉

まん中の図では，かべがばねを100gの力で引いています。これは，左はしに100gのおもりをつり下げたときと同じと考えられます。

52 もののうきしずみ

入試必出要点　赤シートでくりかえしチェックしよう！

1 浮力

(1)物体を水中に入れると，物体は**水から上向きの力**を受ける。この力を浮力という。

浮力＝空気中での重さ－水中での重さ

図１で，浮力＝**50－40＝**10〔g〕

(2)浮力の大きさは，物体がおしのけた水の重さ**に等しい**。水 **1 cm³＝ 1 g**だから，

浮力＝物体がおしのけた水の体積の値

図１で，水中部分の体積10cm³→浮力＝10g

(3)物体が水にういているとき，浮力は物体の重さ**に等しい**。

浮力＝物体の重さ＝水中部分の体積の値

図２で，浮力＝物体の重さ＝60g　水中部分の体積＝浮力の値＝60cm³

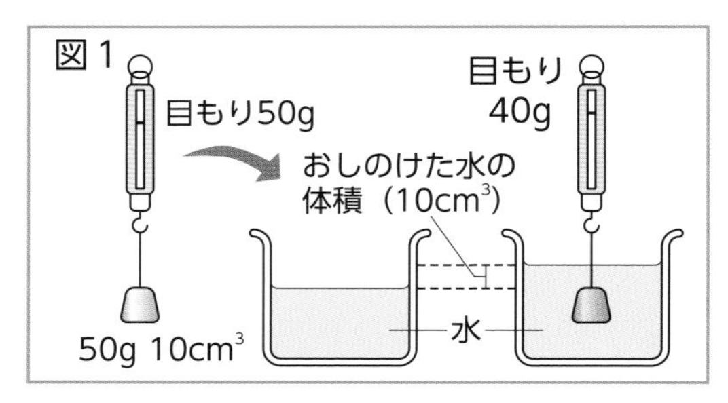

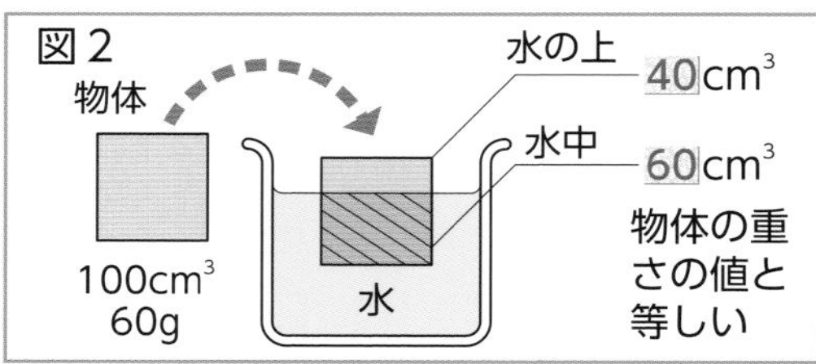

2 台ばかりの値の変化

●物体にはたらいた浮力**と同じ大きさの力**が**液体の底**（台ばかり）にかかる。

①台ばかりの値は，**浮力の分だけ**大きく**なる**。

②ばねばかりの値は，**浮力の分だけ**小さく**なる**。

③ばねばかりと台ばかりの値の和**は等しい**。

右の図３，図４で，150＋500＝50＋600＝650

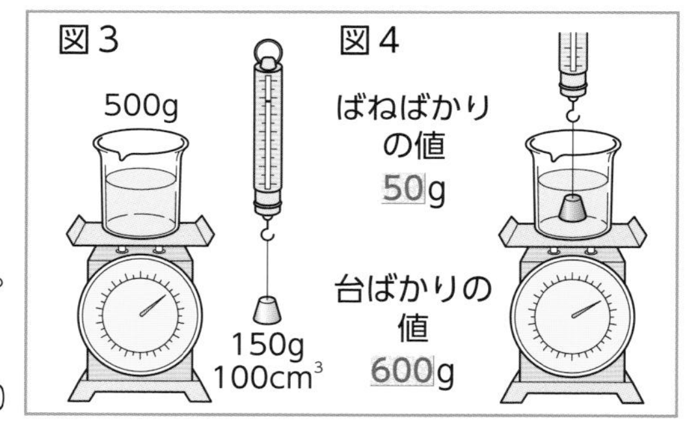

例題　浮力の大きさ

(1)　図１で，物体にはたらく浮力は何gか。

(2)　図１で，物体の体積は何cm³か。

(3)　図２で，物体にはたらく浮力は何gか。

(4)　図２で，水面上の部分の体積は何cm³か。

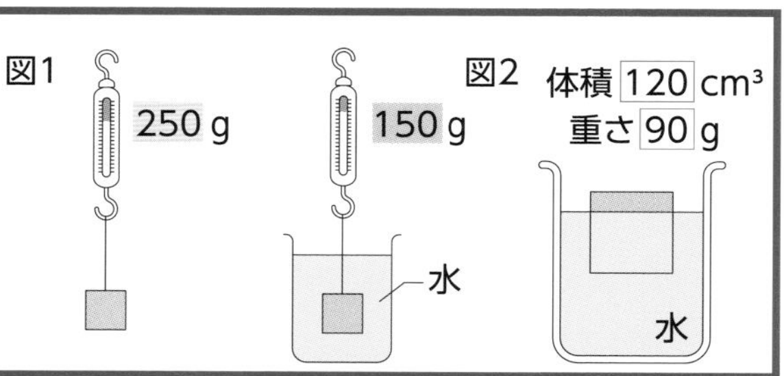

解き方

(1)　浮力＝空気中での重さ－水中での重さだから，250－150＝100〔g〕

(2)　浮力＝物体がおしのけた水の体積の値だから，100g→100cm³

(3)　水にういているから，浮力＝物体の重さ　重さが90gだから，浮力は90g

(4)　水面下の体積が90cm³だから，水面上の体積は，120－90＝30〔cm³〕

└→水面下の物体の体積の値＝浮力の値

▶解答は10ページ

52 もののうきしずみ 理解度チェック！

学習日　　月　　日

■次の(　　　)にあてはまる数値を答えなさい。

□**1**　図１のようにして，物体の重さを空気中と水中ではかりました。

(1)　物体を水中に入れたとき，物体にはたらく浮力は(　①　)gです。

(2)　物体の体積は(　②　)cm^3です。

図１

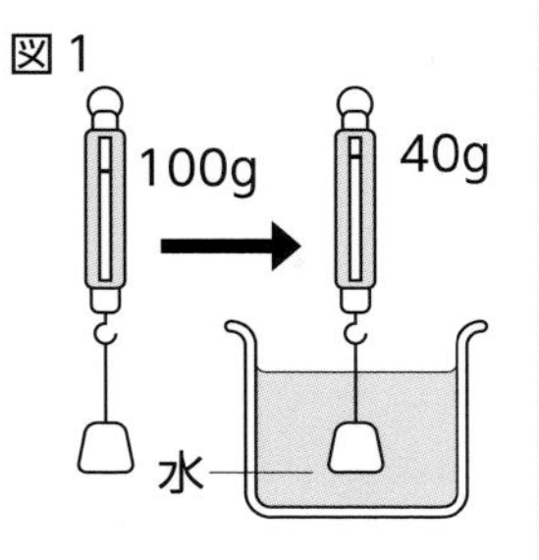

□**2**　図２のように，重さ60gの物体が水にういています。

(1)　物体にはたらく浮力は(　③　)gです。

(2)　水面から出ている物体の体積は(　④　)cm^3です。

(3)　物体の上面と水面がいっちするように，物体の上におもりをのせます。このときのせるおもりの重さは(　⑤　)gです。

図２

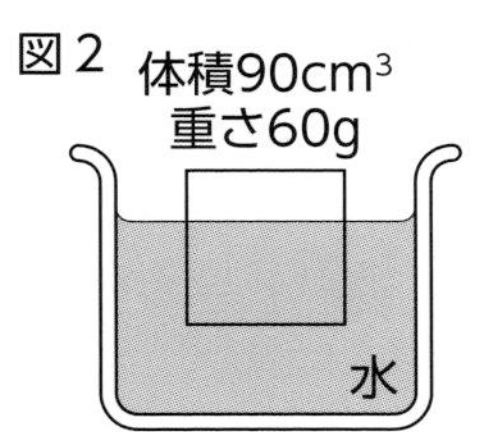

□**3**　図３のように，重さが200gで体積が80cm^3のおもりＡと，重さが120gで体積がわからないおもりＢがあります。

図３

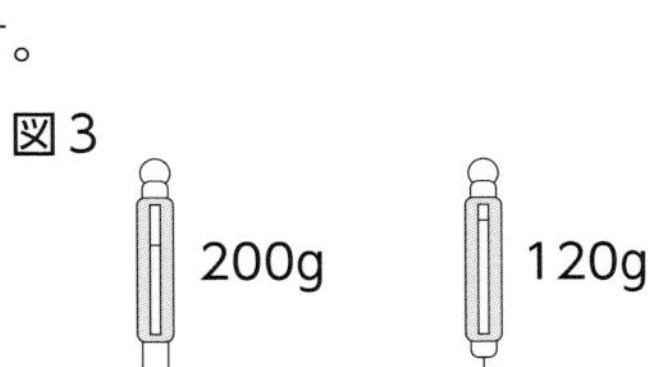

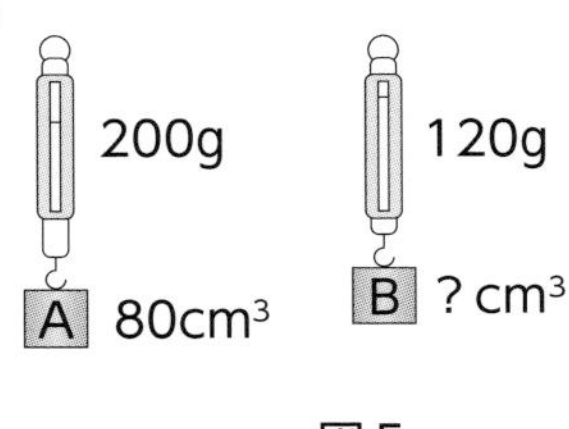

(1)　図４のように，全体の重さが500gの水が入ったビーカーにおもりＡを入れました。

・ばねばかりは(　⑥　)gを示します。

・台ばかりは(　⑦　)gを示します。

図４　図５

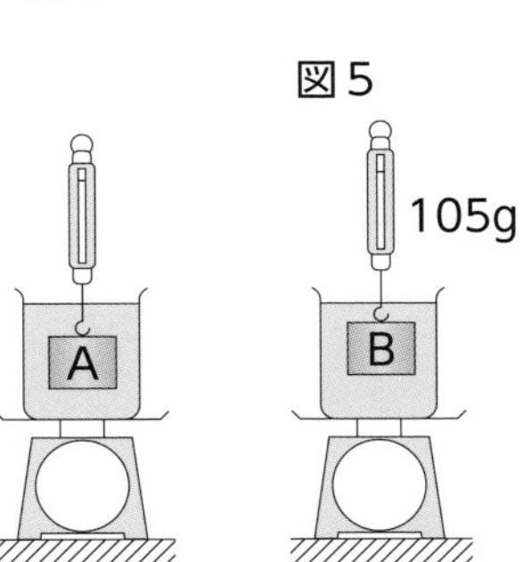

(2)　図５のように，おもりＢを，図４の水の入ったビーカーに入れると，ばねばかりは105gを示しました。

・おもりＢにはたらいている浮力は(　⑧　)gです。

・おもりＢの体積は(　⑨　)cm^3です。

・図５で，台ばかりは(　⑩　)gを示します。

①

②

③

④

⑤

⑥

⑦

⑧

⑨

⑩

〈⑥⑦のヒント〉

ばねばかりの値は浮力の分だけ小さくなり，台ばかりの値は浮力の分だけ大きくなります。物体が水中にあるとき，浮力の大きさは物体の体積の値と等しくなります。

53 上皿てんびん

入試必出要点　赤シートでくりかえしチェックしよう！

1 使う前の準備

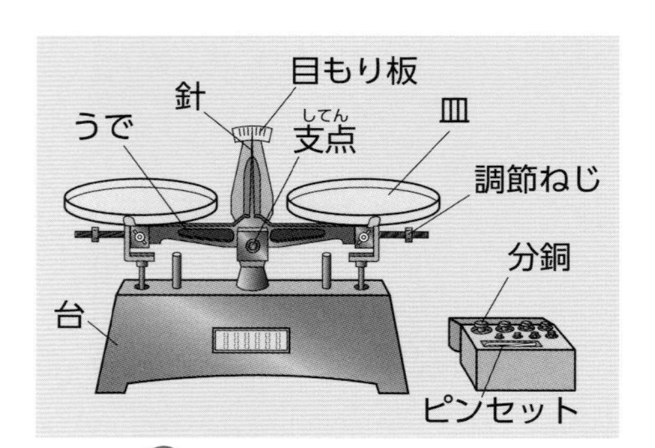

①上皿てんびんを**水平**な**台**の上に置く。

②左右の皿をうでの**番号**に合わせてのせる。

③針が，目もり板の**中央から左右に同じはばでふれる**ことで，つり合っていることを確かめる。**針が止まるまで待つ必要はない**。

△つり合っているときの針のふれ

④つり合っていないときは，**調節ねじ**を回して調節する。→ 針が右にふれているときは，右のうでの調節ねじを左に動かすか，左のうでの調節ねじを左に動かす。

2 重さのはかり方

(1)分銅は**ピンセット**を使ってのせる。
└→手でさわると分銅がよごれて重さが変わる。

(2)**ものの重さをはかるとき**（右利きの人の場合）

①**はかるものを左**の皿にのせ，**分銅を右**の皿にのせる。
（右側のほうがのせやすい。）

②分銅は**重い**ものから**順に**のせていく。
└→分銅の上げおろしを少なくするため。

③分銅が重かった場合は，**のせた分銅の次に重い分銅**にかえる。

④つり合ったら，分銅の重さを合計する。

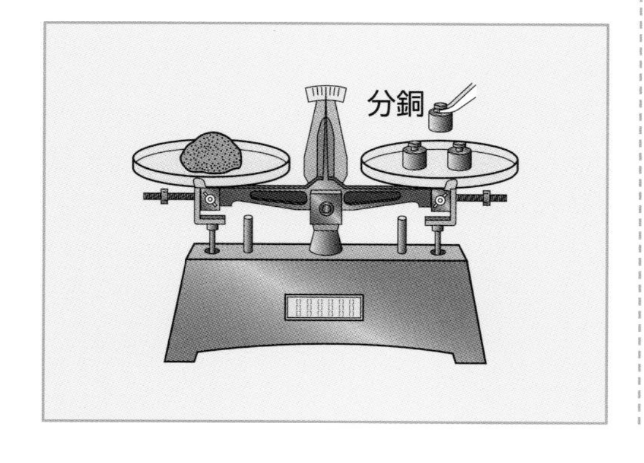

(3)**薬品の重さをはかりとるとき**

（右利きの人の場合）

①左右**両方**の皿に**薬包紙**をのせる。
└→バランスを保たせるため。

②**はかりとりたい重さの分銅**を，**左**の皿にのせる。

③**右**の皿に薬品を少しずつ加えていき，左右のうでをつり合わせる。
└→右側のほうがあつかいやすい。

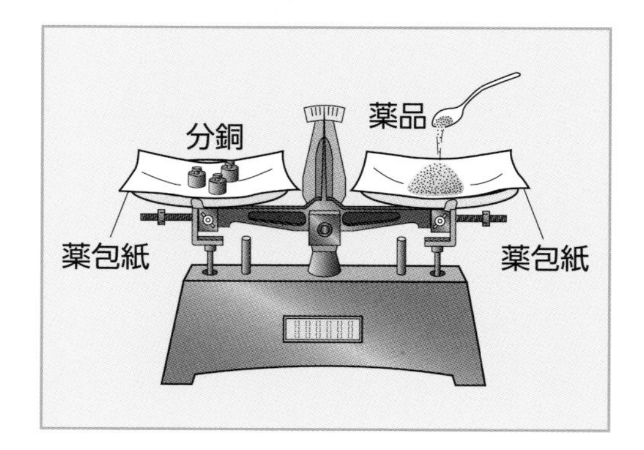

3 持ち運びやしまい方

(1)**持ち運ぶとき**…台を両手で持って運ぶ。

(2)**上皿てんびんのしまい方**…２つの皿を一方に**重ねて**おく。

→うでが動かないようにするため。→うでが動くと支点がいたむ。

▶解答は10ページ

53 上皿てんびん　理解度チェック！

学習日　　月　　日

■次の問いに答えなさい。(　　)にはことばを入れ，〔　　〕は正しいものを選びなさい。

□1　上皿てんびんは(　①　)な台の上に置いて使います。

□2　上皿てんびんがつり合っているかどうかは，次のどちらの方法で確かめますか。…②

〔㋐　針が目もり板の中央で止まる。
　㋑　針が目もり板の中央から左右に同じはばでふれる。〕

□3　分銅は(　③　)を使ってのせます。

□4　ものの重さをはかるとき，右利きの人ははかるものを④〔右　左〕の皿にのせます。

□5　上皿てんびんに何ものせないとき，左の皿が下がっていました。このとき，上皿てんびんをつり合わせるためには，左のうでの調節ねじを⑤〔右　左〕に動かすか，右のうでの調節ねじを⑥〔右　左〕に動かします。

□6　右の図のように，あるものの重さをはかりました。

50g　10g

50g→1	20g→1
10g→2	5g→1
2g→2	1g→1
0.5g→1	
0.2g→2	
0.1g→1	

(1)　正しい操作を行ったとき，先にのせたのは，⑦〔50g，10g〕の分銅です。

(2)　次の文は，図の状態のとき，次に行う操作を述べたものです。

図の(　⑧　)gの分銅を皿からおろし，(　⑨　)gの分銅をのせます。

(3)　図中の「50g→1」は，50gの分銅が1個あることを示しています。図中の分銅を使うと，0.1gきざみで最大(　⑩　)gまでのものの重さをはかることができます。

□7　上皿てんびんで，ある重さの薬品をはかりとります。

(1)　まず，両方の皿に(　⑪　)をのせます。

(2)　右利きの人の場合，⑫〔右　左〕の皿にはかりとりたい重さの分銅をのせます。

□8　**記述**　上皿てんびんをかたづけるとき，2つの皿を一方に重ねておくのはなぜですか。その理由を説明しなさい。…⑬

①
②
③
④
⑤
⑥
⑦
⑧
⑨
⑩
⑪
⑫

⑬	

こんな問題も出る

地球上でばねばかりにつるすと60gを示すおもりを，月の上でばねばかりにつるすと6分の1の10gを示します。地球上で上皿てんびんではかると60gを示すおもりを，月の上で上皿てんびんを使ってはかると，何gになりますか。

(答えは下のらん外)

▶答え…60g

54 てこのつり合い(1)

入試必出要点　赤シートでくりかえしチェックしよう！

1 てこのしくみ

(1)**て　こ**…棒(ぼう)などを使い，**小さい力で重いものを動かす**しくみ。

(2)**てこの３点**

①てこを**支(ささ)えているところを** 支点(してん)という。

②てこに**力を加(くわ)えるところを** 力点という。

③ものに**力がはたらくところを** 作用点という。

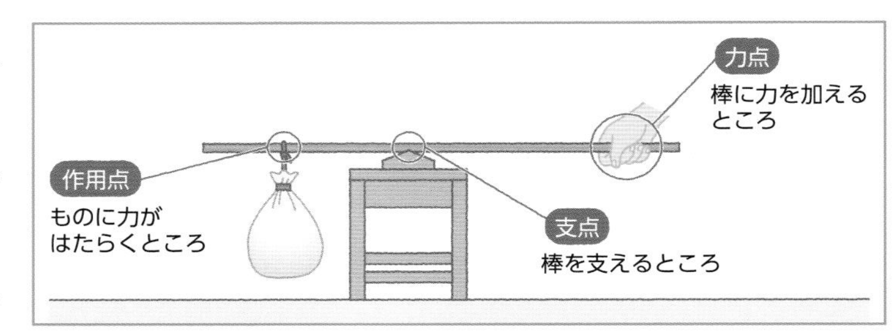

▲てこの３点

(3)**てこの３点の位置(いち)と力の大きさ**

①**力点と支点のきょりを**大きくするほど→
②**作用点と支点のきょりを**小さくするほど→

重いものを小さな力で持ち上げることができる。

2 てこを利用(りよう)した道具

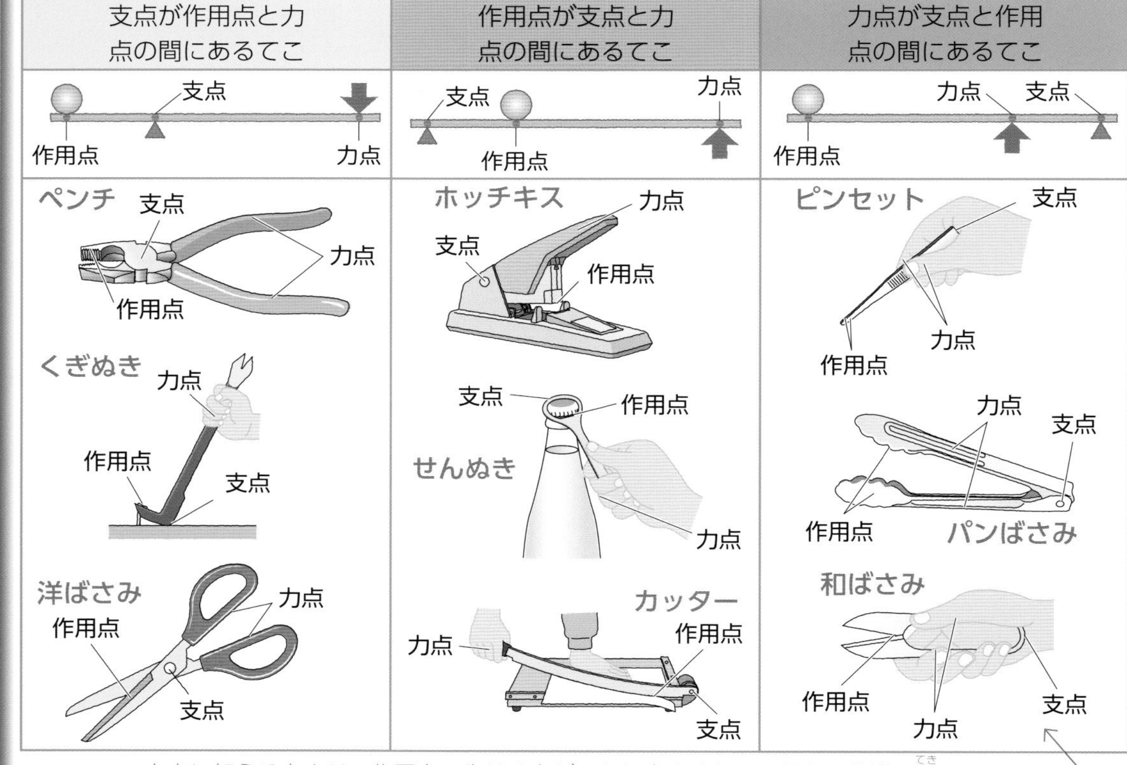

力点に加える力より，作用点で生じる力がつねに小さくなる➔細かい作業に適(てき)している。

▶解答は10ページ

54 てこのつり合い(1) 理解度チェック！

学習日　　月　　日

次の問いに答えなさい。(　　)にはことばを入れ，〔　　〕は正しいものを選(えら)びなさい。

□ **1**　右の図は，てこのしくみを示(しめ)したものです。Aの点を(　①　)，Bの点を(　②　)，Cの点を(　③　)といいます。

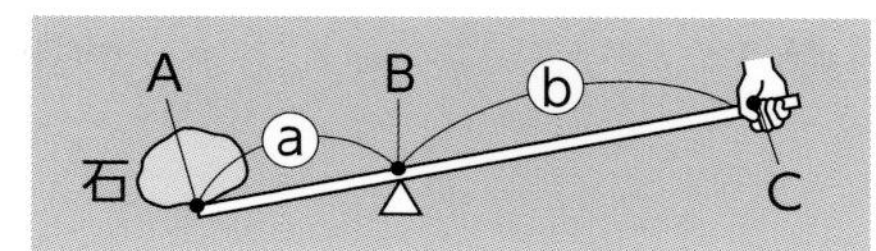

□ **2**　上の図で，ⓐの長さを④〔長く　短く〕すると，石を楽に持ち上げることができます。

□ **3**　上の図で，ⓑの長さを⑤〔長く　短く〕すると，石を楽に持ち上げることができます。

□ **4**　てこには，次の図1のA～Cの3種類(しゅるい)があります。

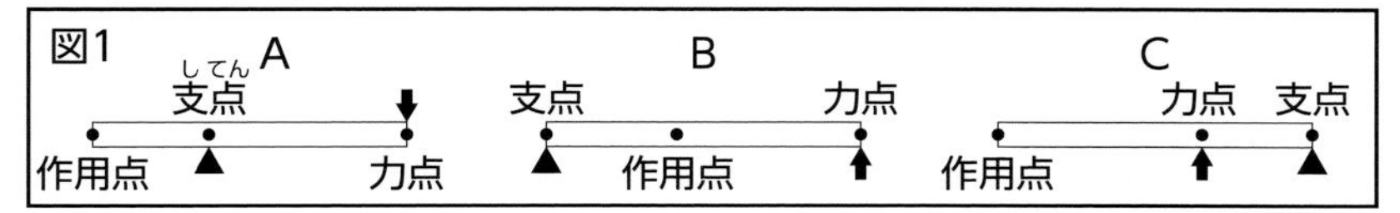

(1)　力点に加(くわ)えた力の向きと，作用点ではたらく力の向きがちがうてこは(　⑥　)です。

(2)　力点で加えた力が，作用点で必(かなら)ず小さくなってはたらくてこは(　⑦　)です。

□ **5**　下の図2は，いずれもてこのしくみを利用(りよう)した道具です。

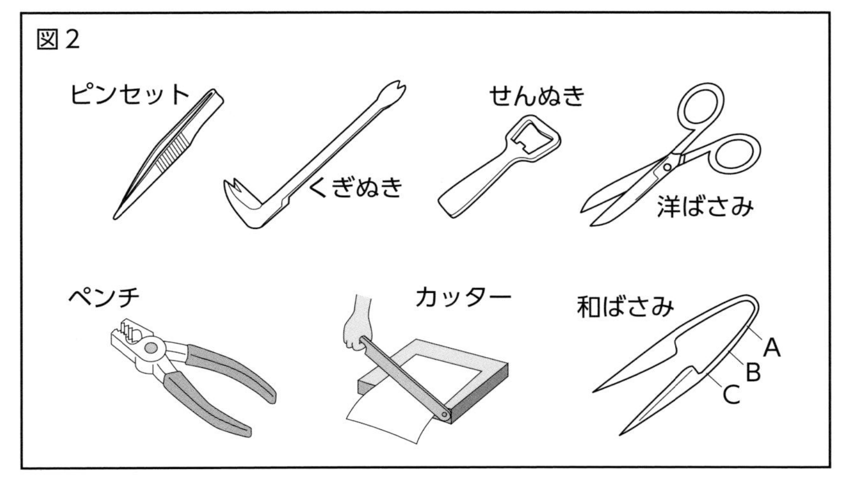

(1)　図1のAにあてはまるてこをすべて選びなさい。…⑧

(2)　図1のBにあてはまるてこをすべて選びなさい。…⑨

(3)　図1のCにあてはまるてこをすべて選びなさい。…⑩

(4)　和ばさみのA～Cのどこを持つと，小さい力でものを切ることができますか。…⑪

①

②

③

④

⑤

⑥

⑦

⑧

⑨

⑩

⑪

こんな問題も出る

空きかんつぶし器は，図1の〔A　B　C〕にあてはまるてこです。

空きかんつぶし器

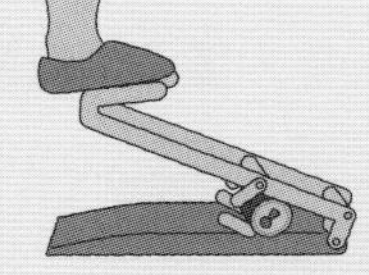

(答えは下のらん外)

▶答え…B

55 てこのつり合い(2)

入試必出要点 赤シートでくりかえしチェックしよう！

1 てこのつり合い

(1)**てこをかたむけるはたらきの大きさ**…**おもりの重さ**×**支点**（してん）**からのきょり**で表される。

(2)**てこのつり合い**…てこがつり合っているとき，**てこを左にかたむけるはたらき**と，**てこを右にかたむけるはたらき**は等しい。

〈左のうで〉おもりの重さ×支点からのきょり ＝ 〈右のうで〉おもりの重さ×支点からのきょり

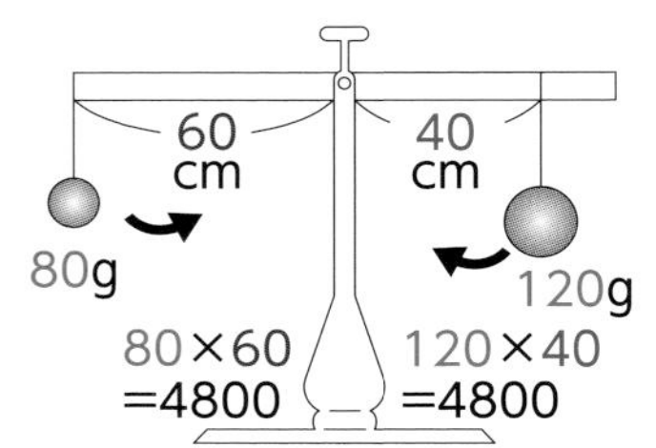

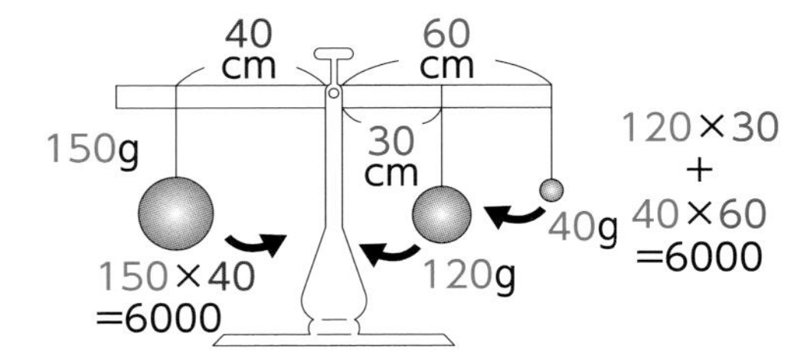

(3)**支点にかかる力**…おもりの**重さの和に等しい**。

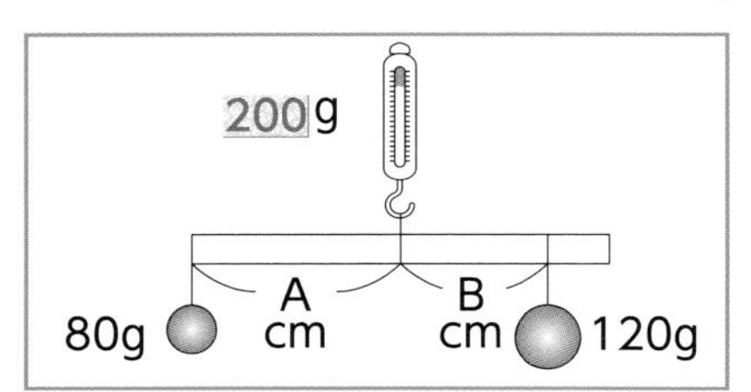

支点からのきょりの比（ひ）

支点からの**きょりの比**は，**重さの比の逆**（ぎゃく）になる。
左の図で，**重さの比**＝80：120＝**2：3**　だから，
きょりの比は，A：B＝3：2　になる。

(4)**支点がはしにあるてこ**

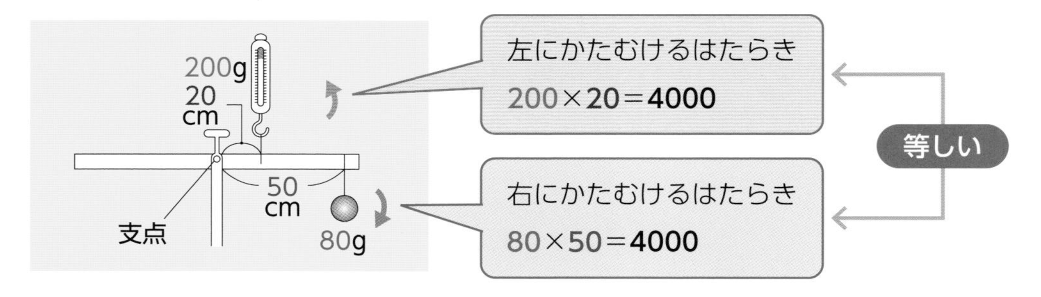

2 棒（ぼう）の重さを考えるてこ

(1)棒と同じ重さのおもりを重心につり下げていると考える。

(2)太さが一様なてこでは，重心は棒の左右中心にある。右の図で，

①棒の**重心の位置**（いち）＝(60＋40)÷2＝50〔cm〕

②重心の**支点からのきょり**＝60－50＝10〔cm〕

③棒を左にかたむけるはたらき＝20×60＋40×10＝1600

④棒を右にかたむけるはたらき＝40×40＝1600

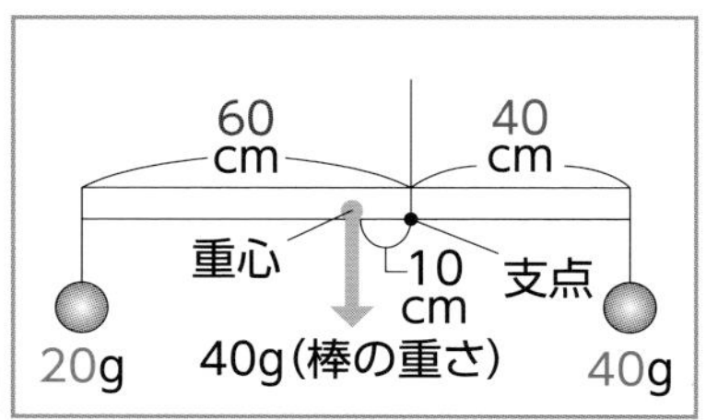

支点にかかる重さ＝20＋40＋40＝100〔g〕

▶解答は11ページ

55 てこのつり合い(2) 理解度チェック!

学習日　　月　　日

■次のてこはすべてつり合っています。(　　)にあてはまる数値を入れなさい。ただし，図6以外では，棒の重さは考えません。

□**1** 図1で,

(1) てこを右にかたむけるはたらきA(おもりの重さ×支点からのきょり)は(①)です。

(2) ㋐は(②)です。

図1

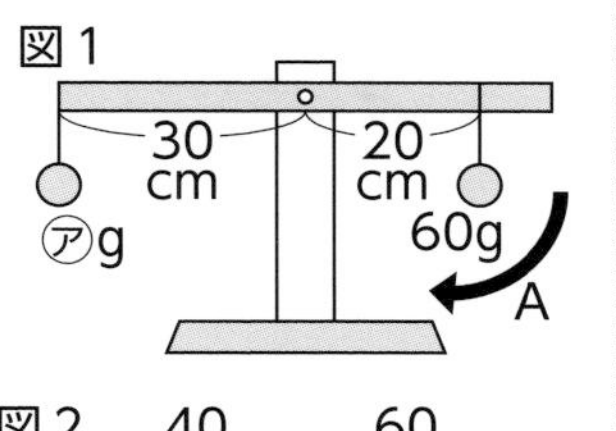

□**2** 図2で,

(1) てこを右にかたむけるはたらきの合計は(③)です。

(2) ㋑は(④)です。

図2

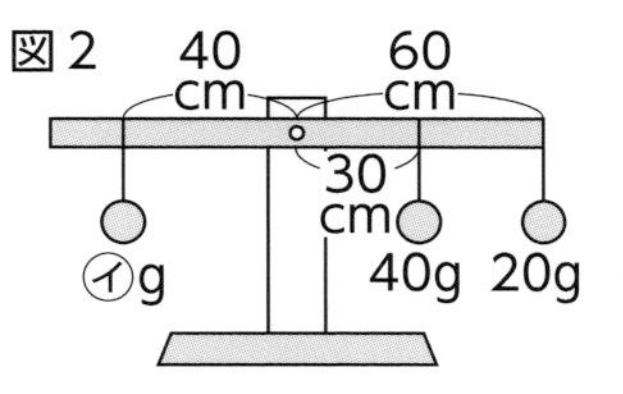

□**3** 図3で,

(1) ばねばかりがてこを左にかたむけるはたらきは(⑤)です。

(2) ㋒は(⑥)です。

図3

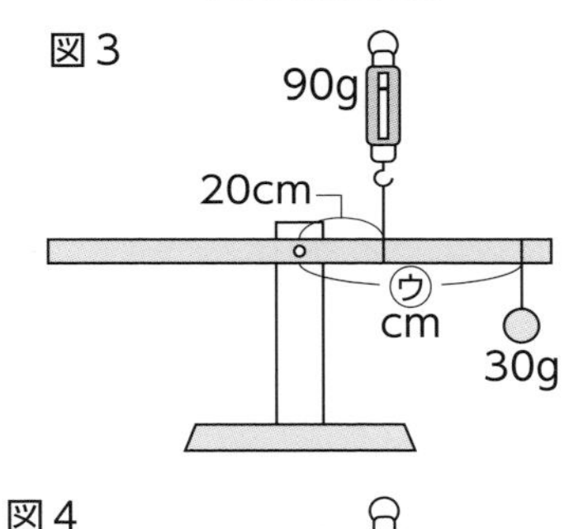

□**4** 図4で,

(1) ばねばかりがてこを左にかたむけるはたらきは(⑦)です。

(2) ㋓は(⑧)です。

図4

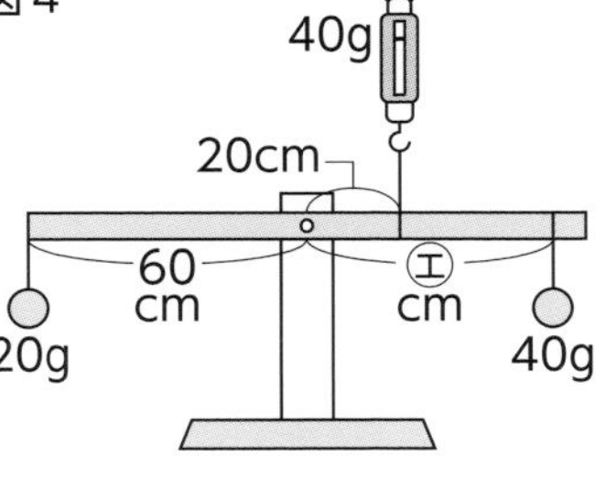

□**5** 図5で,

(1) ㋔は(⑨)です。

(2) ばねばかりAとBが引く力の大きさの比は，A：B＝⑩(　:　)です。

(3) 支点から，棒の左はしまでのきょりと棒の右はしまでのきょりの比は，⑪(　:　)です。

(4) ㋕は(⑫)です。

図5

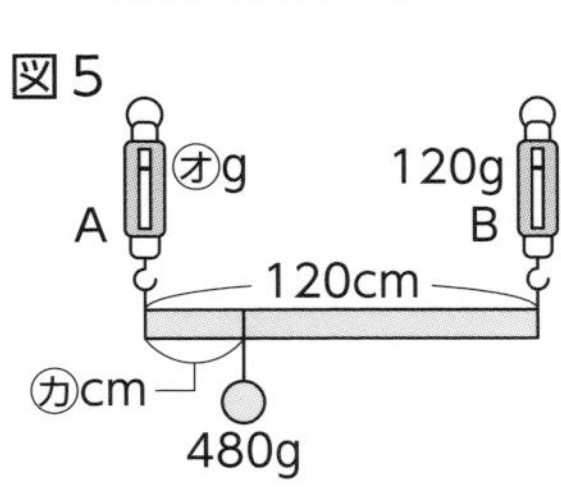

□**6** 図6で,

(1) 棒の重さは，ばねばかりをつり下げた位置から右に(⑬)cmのところにかかります。

(2) ㋖は(⑭)です。

(3) ㋗は(⑮)です。

図6

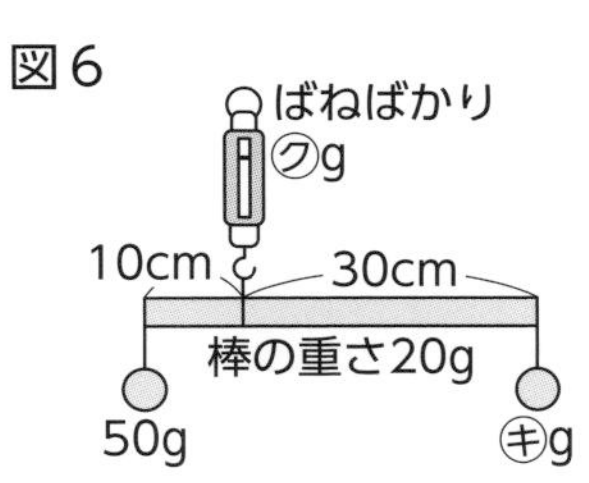

①

②

③

④

⑤

⑥

⑦

⑧

⑨

⑩　　:

⑪　　:

⑫

⑬

⑭

⑮

〈⑮のヒント〉

ばねばかりが示す重さは，２つのおもりの重さと棒の重さの和になります。

56 かっ車

入試必出要点　赤シートでくりかえしチェックしよう！

1 かっ車

(1)**定かっ車**…位置が天じょうなどに固定されているかっ車。
↳かっ車の中心を支点，支点から同じきょりに力点と作用点があるてこと同じ。

①力の**向きを変えることができる**。

②**ひもを引く力**は**おもりの重さと同じ**である。

③**ひもを引く長さは，おもりが持ち上がる高さと同じ**になる。

④**天じょうにかかる力**は，**おもりの重さと加える力の大きさの和**になる。

天じょうには
100＋100＝200〔g〕
の力がかかる。
※かっ車の重さは考えない。
定かっ車
作用点
支点
力点
100g
100g
どの向きに引いても，同じ大きさの力がはたらく。
100g
50cm
100g
50cm持ち上げるには，ひもを50cm引く。
作用点
支点
力点

(2)**動かっ車**…位置が移動するかっ車。
↳棒のはしに支点があるてこと同じ。

①力の向きを**変えることはできない**。

②かっ車とおもりは，天じょうと手の２か所で（かっ車の重さを考えないとき）支えられているので，**ひもを引く力はおもりの重さの$\frac{1}{2}$**になる。

③**ひもを引く長さ**は，**おもりを持ち上げる高さの２倍**になる。

④**天じょうにかかる力**は，**ひもを引く力の大きさと同じ**。

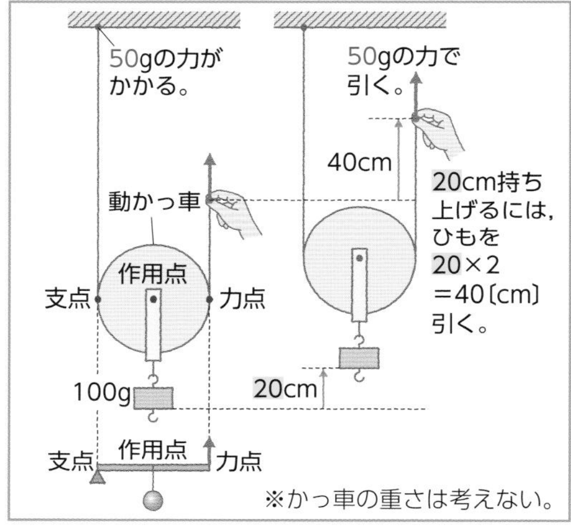

(3)**動かっ車の重さを考えるとき**

ひもを引く力の大きさ＝(おもりの重さ＋動かっ車の重さ)÷２

2 組み合わせかっ車（かっ車の重さを考えないとき）

(1)**１本のひもを使った組み合わせ**…動かっ車に見かけ上**n本**のひもがかかっているとき，
引く力＝おもりの重さ÷n

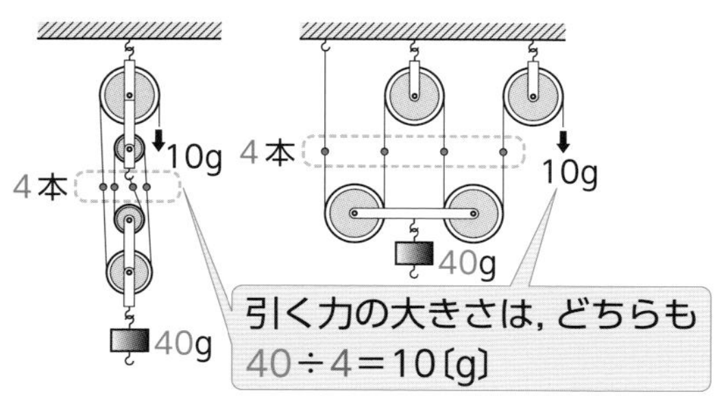

(2)**２本以上のひもを使った組み合わせ**…n本のひもを使ったとき，**引く力は，おもりの重さに$\frac{1}{2}$をn回かける**。

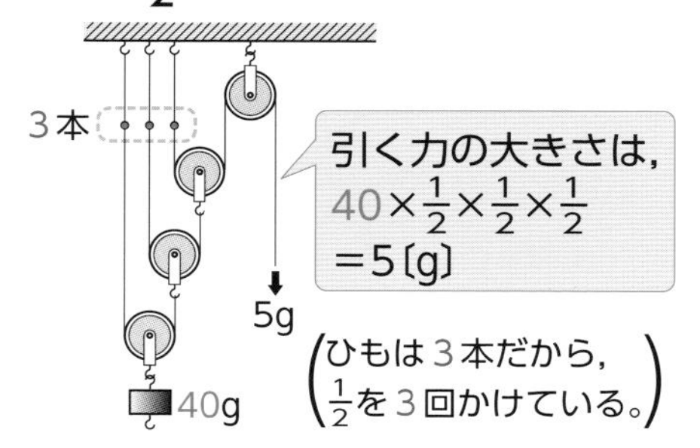

▶解答は11ページ

56 かっ車　理解度チェック！

学習日　　月　　日

■次の(　　)にあてはまる数値を答えなさい。ただし，かっ車の重さが示されていない場合は，かっ車やひもの重さは考えません。

□**1**　図1で，ひもを引く力は(　①　)gで，天じょうにかかる力は(　②　)gです。

□**2**　図2で，ひもを引く力は(　③　)gで，天じょうにかかる力は(　④　)gです。

□**3**　図3で，ひもを引く長さは(　⑤　)cmです。

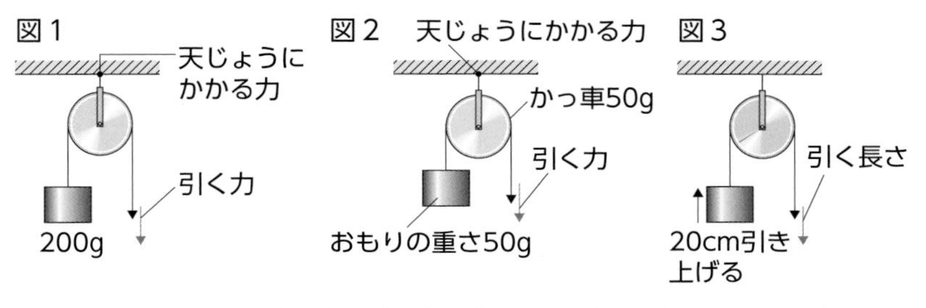

□**4**　図4で，ひもを引く力は(　⑥　)gで，天じょうにかかる力は(　⑦　)gです。

□**5**　図5で，ひもを引く力は(　⑧　)gで，天じょうにかかる力は(　⑨　)gです。

□**6**　図6で，ひもを引く長さは(　⑩　)cmです。

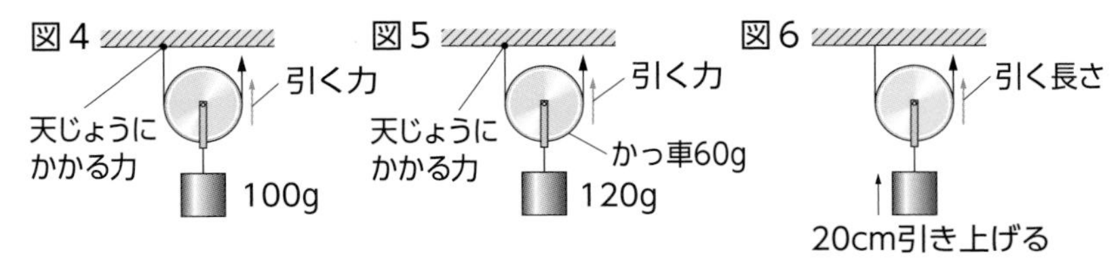

□**7**　図7～図9で，おもりを10cm引き上げます。

(1)　ひもを引く力は，図7では(　⑪　)g，図8では(　⑫　)g，図9では(　⑬　)gです。

(2)　ひもを引く長さは，図7では(　⑭　)cm，図8では(　⑮　)cm，図9では(　⑯　)cmです。

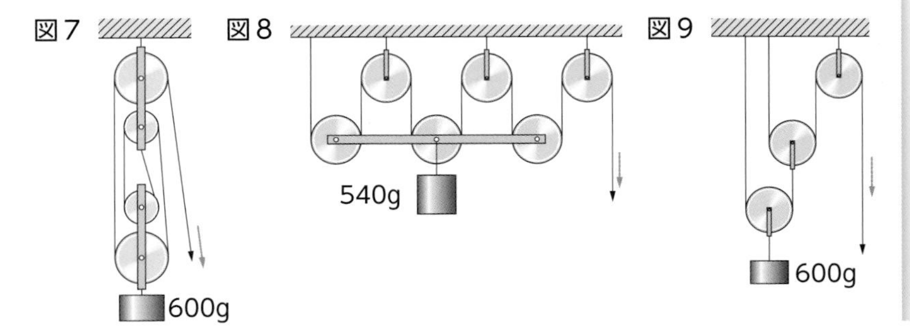

①
②
③
④
⑤
⑥
⑦
⑧
⑨
⑩
⑪
⑫
⑬
⑭
⑮
⑯

〈⑭～⑯のヒント〉

組み合わせかっ車で，ひもを引く力がおもりの重さの$\frac{1}{n}$になると，ひもを引く長さは，おもりを引き上げる高さのn倍になります。

57 輪じく

入試必出要点　赤シートでくりかえしチェックしよう！

1 輪じくのつり合い

(1)**輪じく**…半径の**小さいじく**に，半径の**大きい輪**を組み合わせて，力の大きさや向きを変えることのできるしくみ。
└→小さい力で重いものを動かすことができる。

(2)**輪じくとてこ**…輪じくは，**支点が真ん中にあるてこ**と考えることができる。

(3)**輪じくのつり合い**…輪じくがつり合っているとき，

> **輪にかかる力×輪の半径＝じくにかかる力×じくの半径**

(右の図１で)
輪を左に回すはたらきは，60×15＝900
じくを右に回すはたらきは，90×10＝900
→ 等しい

図１
輪　半径の比　じく
③ 15cm　② 10cm
60g ❷　重さの比　❸ 90g
15cm　10cm
てこ
支点
60g　90g

(4)**半径の比とおもりの重さの比の関係**…逆比になる。図１で，
半径の比＝15：10＝３：２
おもりの重さの比＝60：90＝２：３
→ 逆比

2 ひもを引く長さ

●ひもを引く長さは，次の式で求められる。

> **輪のひもの動き：じくのひもの動き＝輪の半径：じくの半径**

図２で，ひもを10cm引いたときのおもりが上がる長さを□cmとすると，**20：8＝10：□**　より，□＝**4**〔cm〕
(半径の比)　(ひもの動きの比)

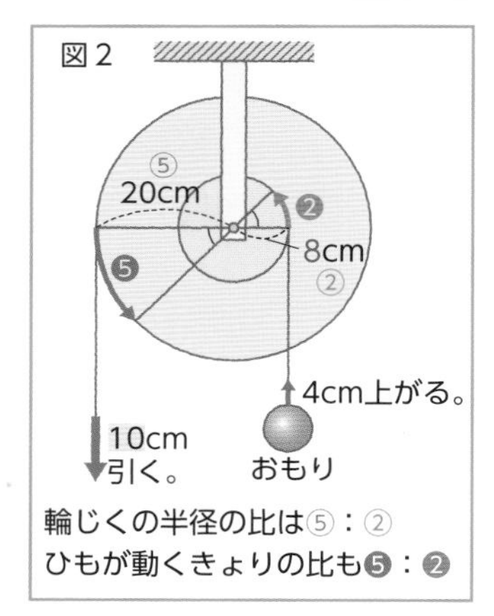

輪じくの半径の比は⑤：②
ひもが動くきょりの比も❺：❷

輪とじくで回転する角度は同じなので，おうぎ形の弧の長さの比は半径の比と等しくなる。

3 輪じくの利用

下の図は，輪じくを利用し，大きな輪に加えた小さな力が，小さいじくで大きな力となってはたらくようにした道具の例である。

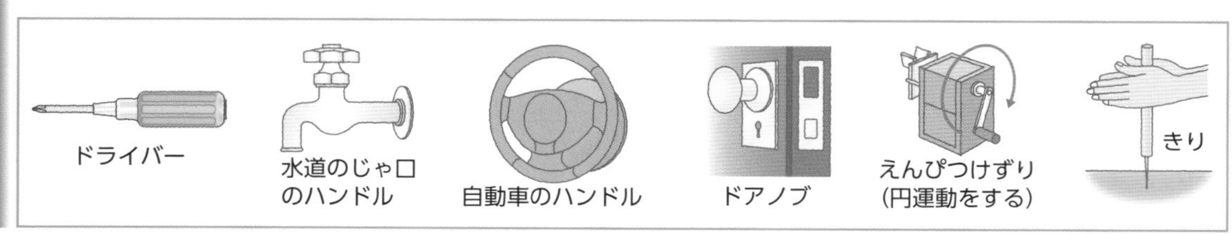

▶解答は11ページ

57 輪じく　理解度チェック！

学習日　　月　　日

■次の問いの(　　　)にあてはまる数値(すうち)やことばを答えなさい。

□**1**　図１のように，輪(りん)じくを使っておもりをつり合わせました。

(1)　おもりAは(　①　)gです。

(2)　輪じくの重さを考えないとき，B点にかかる力は(　②　)gです。

(3)　160gのおもりを５cm上げるには，おもりAを(　③　)cm引きます。

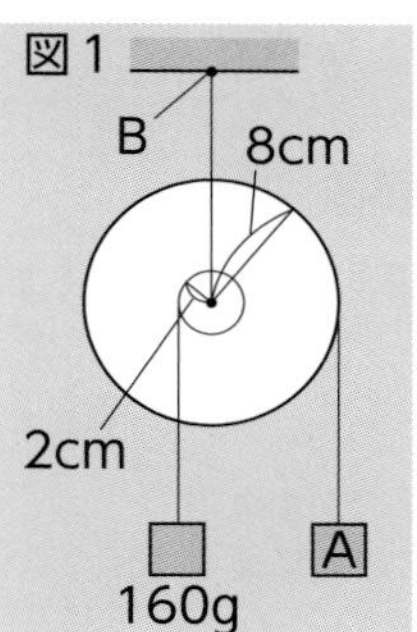

□**2**　図２のように，輪じくとばねばかりを使っておもりをつり合わせました。

(1)　ばねばかりは(　④　)gを示(しめ)しています。

(2)　90gのおもりを５cm上げるには，ばねばかりを(　⑤　)cm引き上げます。

(3)　輪じくの重さを30gとすると，C点には(　⑥　)gの力がかかっています。

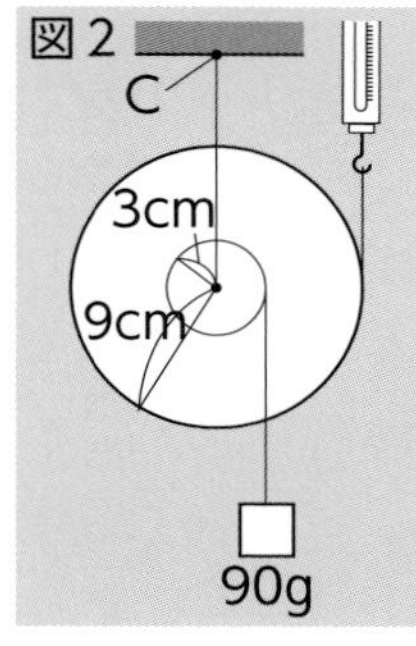

□**3**　図３で，つり合っている輪じくは(　⑦　)です。

図３

㋐　20cm　10cm　15kg　30.5 kg

㋑　20cm　10cm　15kg　7.5 kg

㋒　20cm　15cm　15kg　21 kg

㋓　20cm　15cm　15kg　10 kg

□**4**　図４，図５のようにして，おもりをつり合わせました。

図4

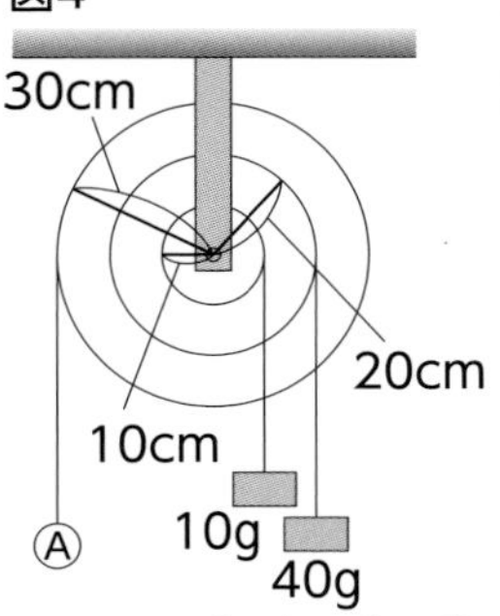

図5

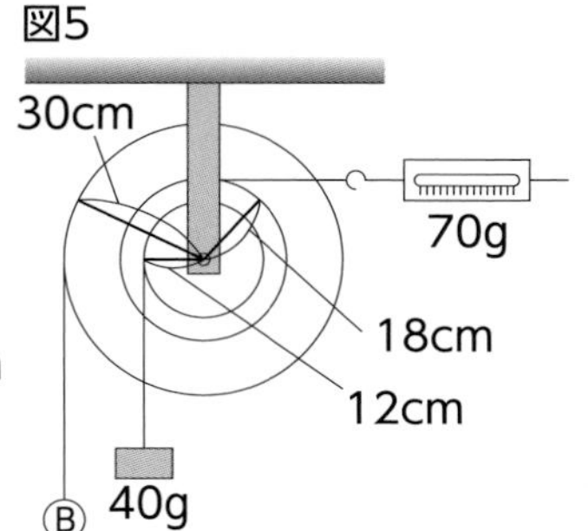

(1)　図４で，10gと40gのおもりが右に回そうとするはたらきの合計は(　⑧　)です。

(2)　図４で，おもりAは(　⑨　)gです。

(3)　図５で，40gのおもりが左に回そうとするはたらきは(　⑩　)で，ばねばかりが右に回そうとするはたらきは(　⑪　)です。

(4)　図５で，おもりBは(　⑫　)gです。

①

②

③

④

⑤

⑥

⑦

⑧

⑨

⑩

⑪

⑫

こんな問題も出る

図4で，おもりⒶを30cm引き下げると，10gのおもりは(　①　)cm，40gのおもりは(　②　)cm引き上げられます。

(答えは下のらん外)

▶答え…①10　②20

58 ふりこ

入試必出要点　赤シートでくりかえしチェックしよう！

1 ふりこが１往復する時間

(1)**ふりこが１往復する時間**…ふりこの**ふれはば**やおもりの**重さ**に**関係しない**。ふりこの**長さ**が**長い**ほど**長く**なる。
誤差を小さくするため，10往復する時間をはかって平均の時間を求める。
支点からおもりの中心までの長さ

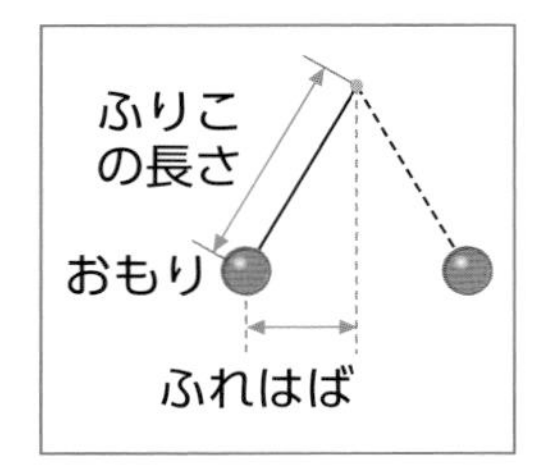

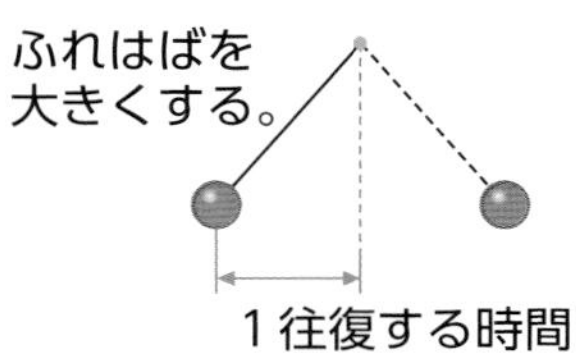

１往復する時間は変わらない。

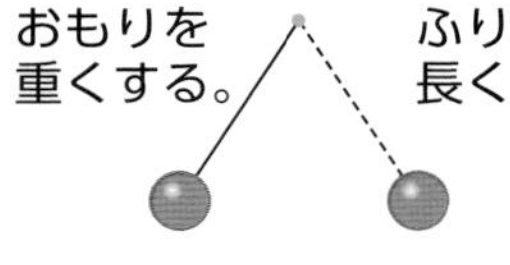

１往復する時間は変わらない。

ふりこの長さを長くする。
１往復する時間が長くなる。

(2)**ふりこの長さと１往復の時間**…ふりこの長さを**4**倍，**9**倍，…にすると，ふりこの１往復の時間は**2**倍，**3**倍，…になる。
（2×2）（3×3）

ふりこの長さ〔cm〕	25	50	75	100	125	150	175	200	225	300	400
1往復する時間〔秒〕	1.0	1.4	1.7	2.0	2.2	2.4	2.6	2.8	3.0	3.5	4.0

（長さ：25→100 4倍，25→225 9倍，25→400 16倍／時間：1.0→2.0 2倍，1.0→3.0 3倍，1.0→4.0 4倍）

(3)**ふりこの長さが変わるふりこの１往復の時間**(右の図)

①AB間は，長さが**100**cmのふりこ

②BC間は，長さが**50**cmのふりこ

③長さ**100**cmのふりこが１往復する時間は，**2.0**秒（上の表より）

④長さ**50**cmのふりこが１往復する時間は，**1.4**秒（上の表より）

⑤ふりこが１往復する時間は，(**2.0**＋**1.4**)÷**2**＝**1.7**〔秒〕

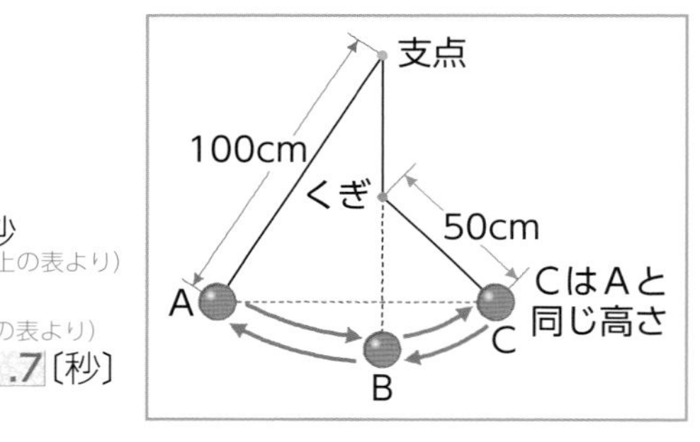

2 ふりこの速さ

(1)**おもりの位置と速さ**

①**両はし**…速さは**0**，いっしゅん**止まる**。

②**下がっていくとき**…だんだん**速く**なる。

③**いちばん下**…**最も速い**。
支点の真下

④**上がっていくとき**…だんだん**おそく**なる。

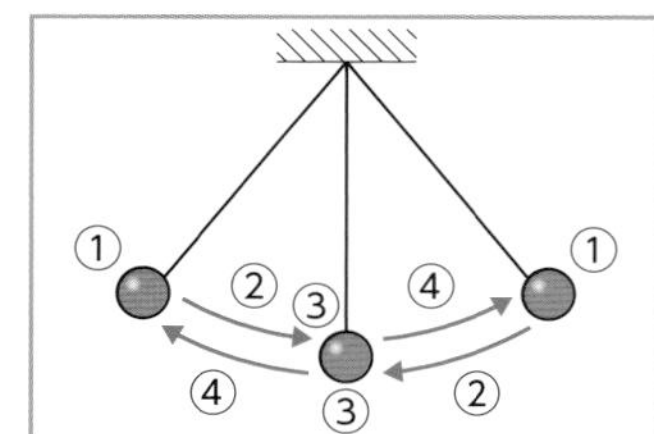

(2)**おもりの重さと速さ**…おもりの重さを変えても，ふりこの速さは**変わらない**。
はじめの高さが同じとき。

(3)**おもりの高さと速さ**…おもりのふれはじめの位置が**高い**ほど支点の真下を通るときの速さは**速く**なる。
ふれはばが大きい。

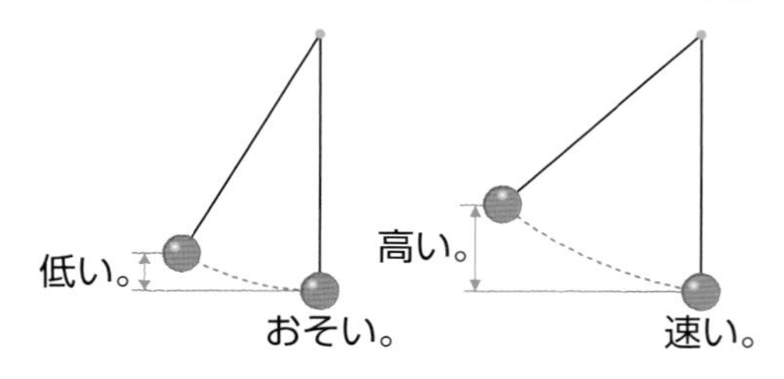

▶解答は11ページ

58 ふりこ　理解度チェック!

学習日　　月　　日

次の問いに答えなさい。(　　)にはことばを入れ,〔　　〕は正しいものを選びなさい。

□ **1**　下の図のA～Eのふりこが1往復する時間を調べました。

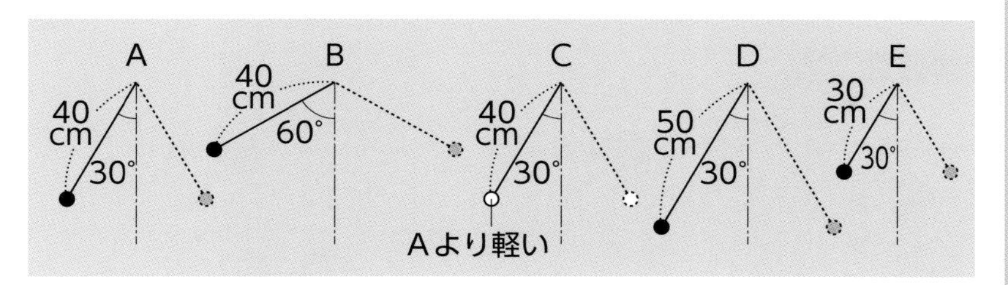

(1)　1往復する時間がAと同じものをすべて選びなさい。…①

(2)　1往復する時間が,Aより短いのは(　②　)で,Aより長いのは(　③　)です。

□ **2**　ふりこの長さを変えて,ふりこが1往復する時間をはかったところ,次の表のようになりました。

ふりこの長さ〔cm〕	25	50	100	150	200	225	a
1往復する時間〔秒〕	1.0	b	2.0	2.4	2.8	3.0	4.0

(1)　ふりこの長さが4倍になると,ふりこが1往復する時間は,(　④　)倍になり,ふりこが1往復する時間を3倍にするには,ふりこの長さを(　⑤　)倍にすればよいことがわかります。

(2)　表のaに入る数値は(　⑥　)で,bに入る数値は(　⑦　)です。

(3)　右の図のように,長さ200cmのふりこの支点の真下100cmの位置にくぎを打ち,Aの位置からおもりを静かにはなしました。

支点　200cm　くぎ　100cm　A　B　C　CはAと同じ高さ

①　ふりこがAからBまでふれるのにかかる時間は(　⑧　)秒です。

②　BからCまでふれるのにかかる時間は(　⑨　)秒です。

③　このふりこが1往復する時間は(　⑩　)秒です。

□ **3**　同じ長さのふりこを,ふれはじめの位置を変えてふらせました。

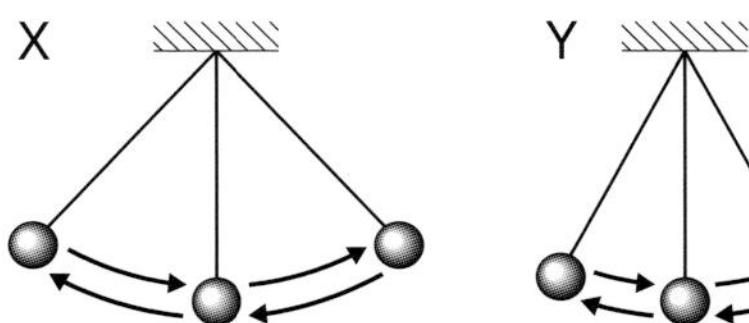

(1)　支点の真下を通るときの速さが速いのは(　⑪　)です。

(2)　Xで,重いおもりに変えると,支点の真下を通るときの速さは⑫〔速くなります　おそくなります　変わりません〕。

①

②

③

④

⑤

⑥

⑦

⑧

⑨

⑩

⑪

⑫

こんな問題も出る

ふりこの性質を利用したものにメトロノームがあります。往復する時間を長くするには,おもりを〔上げます　下げます〕。

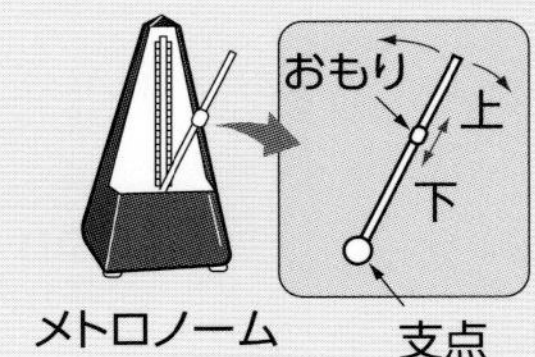

(答えは下のらん外)

▲答え…上げます

物理　おもりのはたらき

59 動くおもりのはたらき

入試必出要点　赤シートでくりかえしチェックしよう！

1 しゃ面を転がるおもりの速さ

(1)**おもりの高さと速さ**…高い位置から転がすほど，しゃ面の下での**おもりの速さは速く**なる。

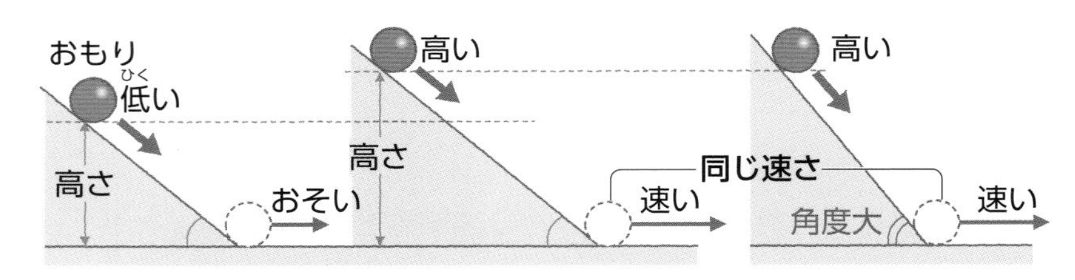

➔はじめの**高さが同じなら**，しゃ面の下での**おもりの速さは同じ**である。

(2)**おもりの重さと速さ**…はじめの**高さが同じなら**，おもりの重さがちがっても，しゃ面の下での**おもりの速さは同じ**である。
↳おもりの重さは速さに関係しない。

2 おもりのはたらき

(1)**しゃ面を転がるおもりのはたらき**

①**おもりの速さ・高さとはたらき**…おもりの速さが速いほど，**物体を動かすはたらきが大きくなる。**
(おもりの重さは同じ)

➔おもりを転がす位置が高いほど，**物体を動かすはたらきが大きくなる。**

②**おもりの重さとはたらき**…おもりが重いほど，**物体を動かすはたらきが大きくなる。**
(おもりの高さは同じ)

おもり
軽いおもり（同じ重さ）
動いたきょりが大きい
物体
高い
速い
水平面
動いたきょりが小さい
低い
おそい
水平面
重いおもり
動いたきょりが大きい
低い
水平面

(2)**ふりこのおもりのはたらき**

①**おもりの高さとはたらき**…はじめの**高さが高いほど，物体を動かすはたらきが大きくなる。**
(ふりこの長さ，おもりの重さは同じ)

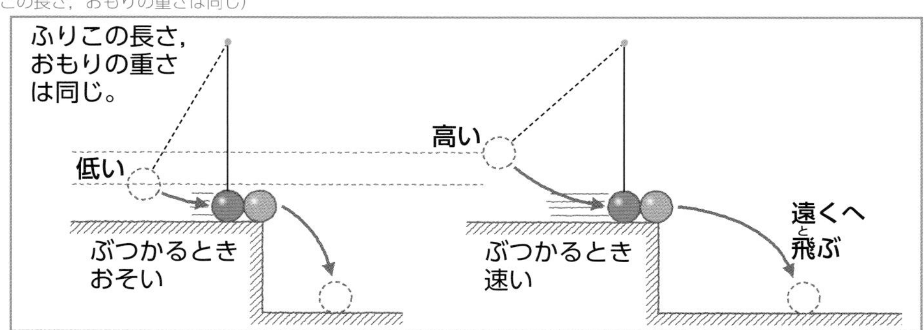

②**おもりの重さとはたらき**…おもりの**重さが重いほど，物体を動かすはたらきが大きくなる。**
(ふりこの長さ，おもりの高さは同じ)

▶解答は11ページ

59 動くおもりのはたらき　理解度チェック！

学習日　　月　　日

次の問いに答えなさい。(　　　)にはことばを入れ，〔　　　〕は正しいものを選びなさい。

□**1**　下の図のようにして，おもりをしゃ面上の各点から転がし，しゃ面の下での速さを調べました。

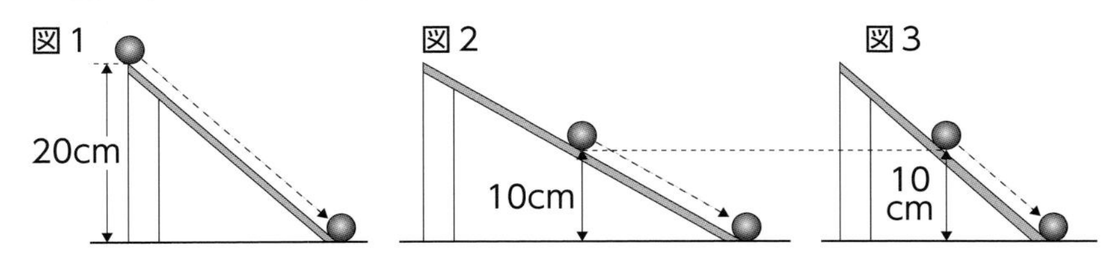

(1)　図1と図2で，しゃ面の下での速さが速いのは(　①　)です。

(2)　図2のおもりの高さを変えないで，しゃ面の角度を図3のように大きくしました。しゃ面の下での速さは②〔速くなります　おそくなります　変わりません〕。

(3)　図1で，おもりを重いものに変えたとき，しゃ面の下での速さは③〔速くなります　おそくなります　変わりません〕。

□**2**　右の図のようにしておもりをしゃ面上の各点から転がし，おもりを木ぎれにぶつけました。

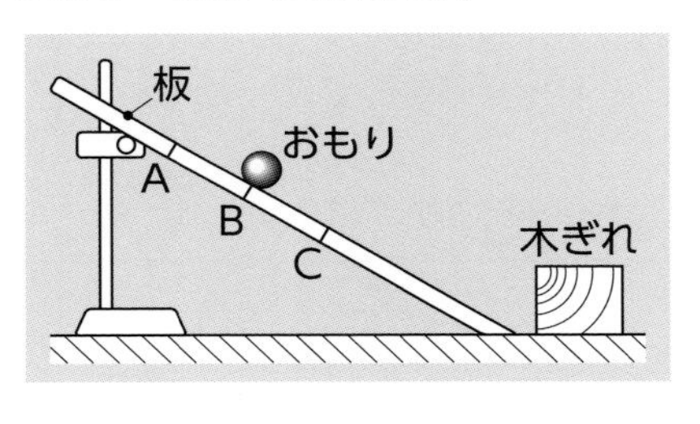

(1)　木ぎれが最も遠くまで動くのは，おもりを(　④　)の位置に置いたときです。

(2)　おもりを重いものに変え，Aの位置に置いて木ぎれにぶつけると，木ぎれが動くきょりは⑤〔大きくなります　小さくなります　変わりません〕。

□**3**　右の図のようにしてふりこをふらせ，おもりを球にぶつけると，球は40cm飛びました。

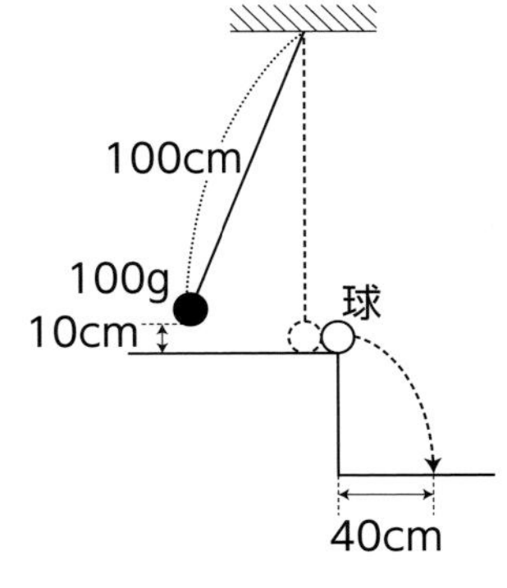

(1)　おもりをはなす高さを20cmにすると，おもりが球にぶつかるときの速さは(　⑥　)なり，球が飛ぶきょりは40cmより(　⑦　)なります。

(2)　おもりをはなす高さは10cmのままで，おもりの重さを200gに変えて球にぶつけると，おもりが球にぶつかるときの速さは，⑧〔速くなり　おそくなり　変わらないで〕，球が飛ぶきょりは40cmより(　⑨　)なります。

①

②

③

④

⑤

⑥

⑦

⑧

⑨

こんな問題も出る

図1で，しゃ面の下に達したおもりが，しゃ面に続く水平面上を転がり続けるものとします。このとき，水平面上のおもりの速さは〔だんだん速くなります　だんだんおそくなります　変わりません〕。ただし，まさつや空気のていこうは考えないものとします。

(答えは下のらん外)

▶答え…変わりません

60 回路と電流

入試必出要点　赤シートでくりかえしチェックしよう！

1 豆電球のつなぎ方と電流

(1)**回路**…電流が流れる道すじ。

(2)**電流が流れる向き**…電池の＋極から出て導線や豆電球を通り，電池の－極に流れこむ。

(3)**豆電球の直列つなぎ**…電流の流れる道すじは1本である。

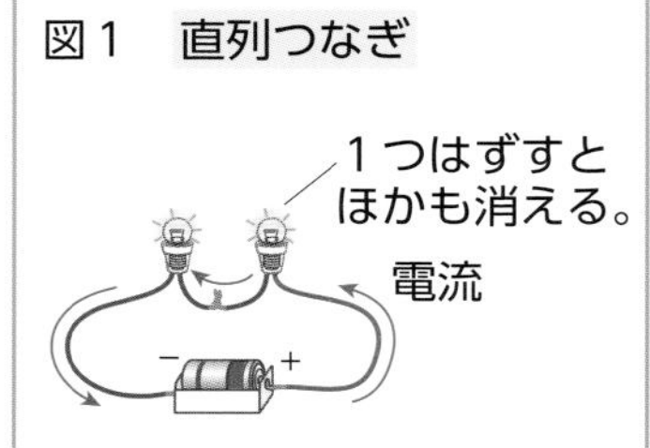

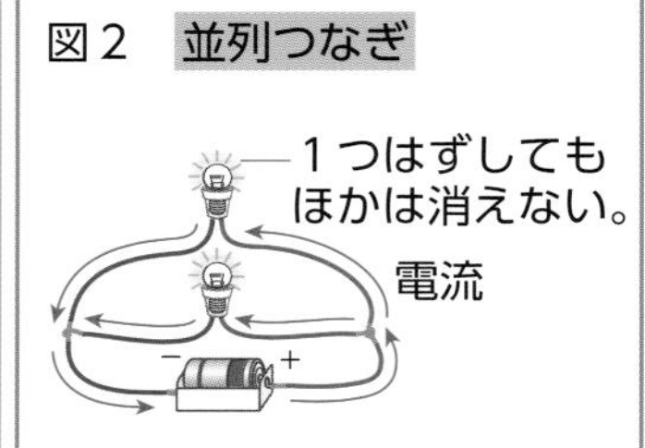

(4)**豆電球の並列つなぎ**…電流の流れる道すじは，とちゅうで枝分かれする。

(5)**回路図**…**電気用図記号**を使って，回路を図で表したもの。
上の図１，図２を回路図で表すと次のようになる。

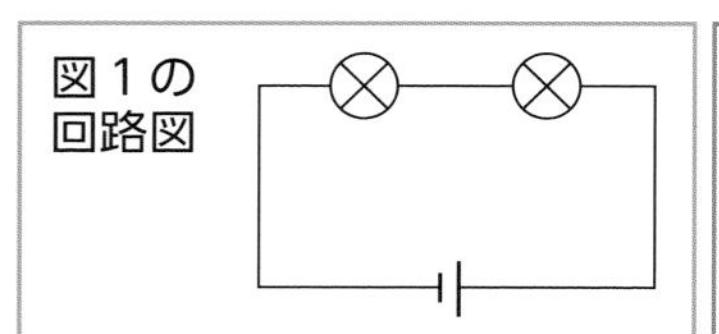

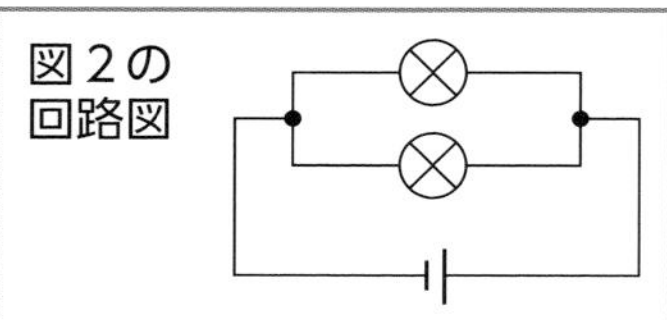

電気器具	電気用図記号	
電池	長いほうが＋	
電球	⊗	
発光ダイオード	電流の向き→ 発光する	電流の向き← 発光しない

△電気用図記号

(6)**電流計の使い方**

①電流計ははかりたい部分に直列につなぐ。

②－端子は，はじめは最大(５A)の端子につなぐ。針のふれが小さいときは，順に小さな端子につなぎ変える。
→大きな電流が流れて電流計がこわれるのを防ぐため。

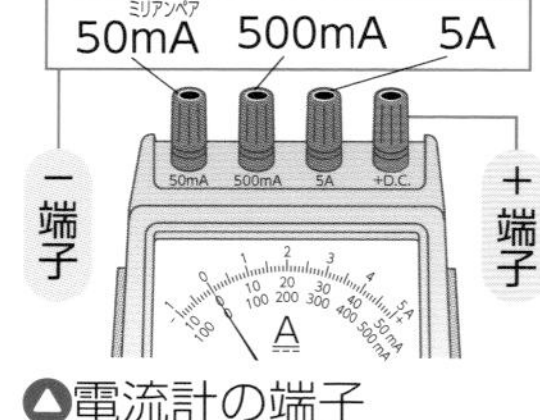

△電流計の端子

2 ショートと発光ダイオード

(1)下の図３のように，電池の＋極と－極が導線で**直接つながれている回路を**ショート(**短絡**)という。回路に**大きな電流が流れ，導線や電池が**発熱して危険である。図４では，電流は青色の太線の部分を流れ，これもショートしている。

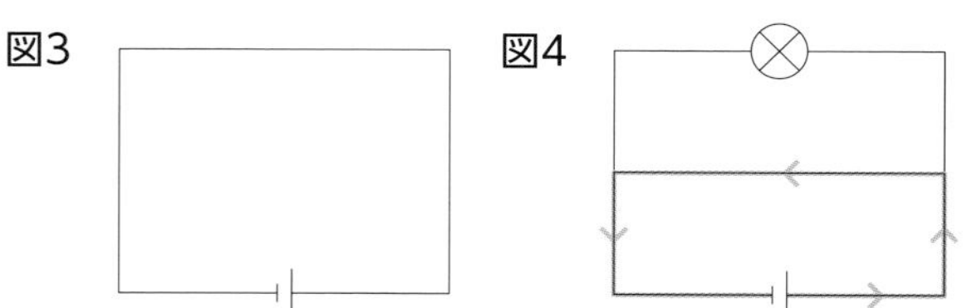

(2)**発光ダイオード(LED)**…発光ダイオードは，電流があしの**長いほうの端子(＋極)から短いほうの端子(－極)に流れたときだけ**発光する。

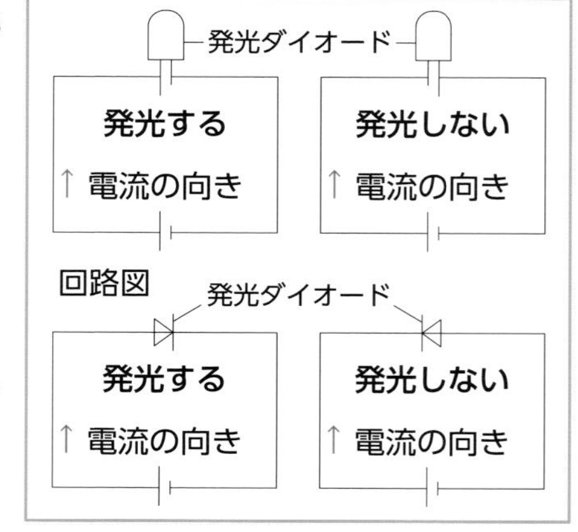

▶解答は11ページ

60 回路と電流　理解度チェック！

学習日　　月　　日

■次の問いに答えなさい。（　　）にはことばを入れ，〔　　〕は正しいものを選(えら)びなさい。

図1　図2　図3　図4

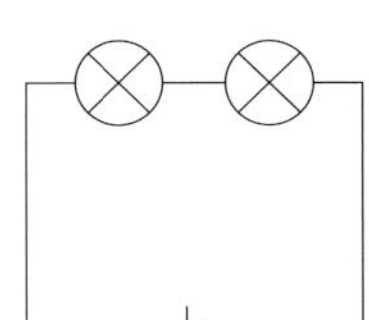

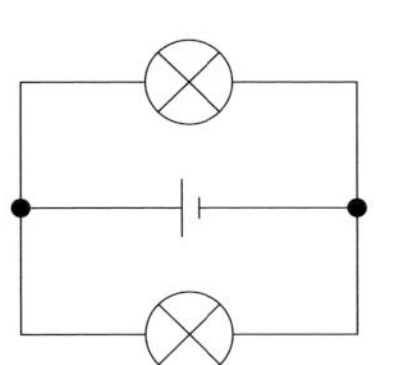

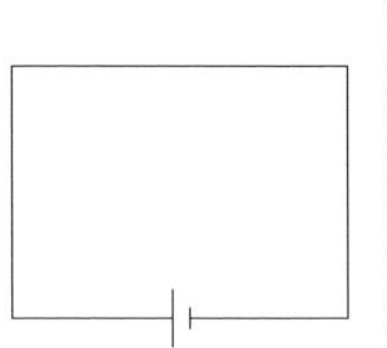

図5　図6　図7　図8

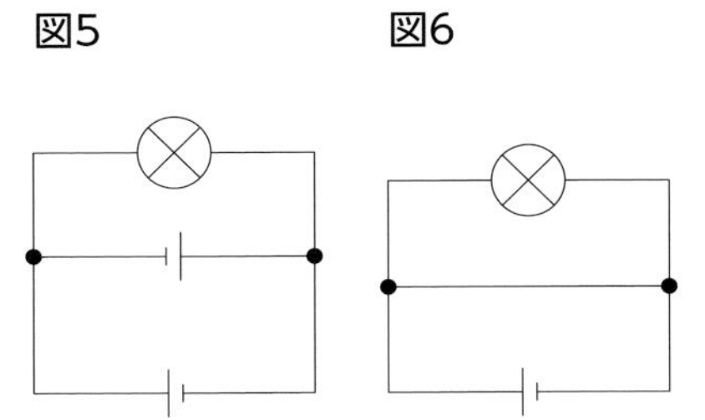

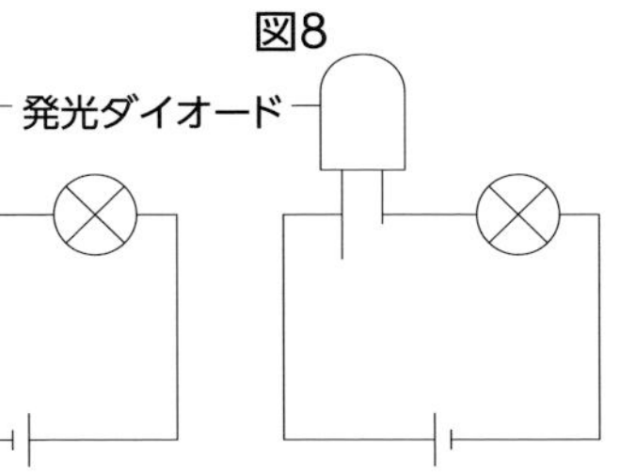

□1　図1のような，電流が流れる道すじを（　①　）といいます。

□2　図1で，電流が流れる向きは，②〔㋐　㋑〕です。

□3　図2のような豆電球のつなぎ方を（　③　）つなぎといいます。

□4　図3のような豆電球のつなぎ方を（　④　）つなぎといいます。

□5　図2と図3で，一方の豆電球をはずすと，もう一方の豆電球が消えるのは⑤〔図2　図3〕で，もう一方の豆電球がついたままなのは⑥〔図2　図3〕です。

□6　図1～図6で，ショートしているものが3つあります。それらをすべて選びなさい。…⑦

□7　図7と図8で，発光ダイオードが発光するのは（　⑧　）です。

□8　図9の発光ダイオード㋐～㋒のうち，発光するのは（　⑨　）です。

図9

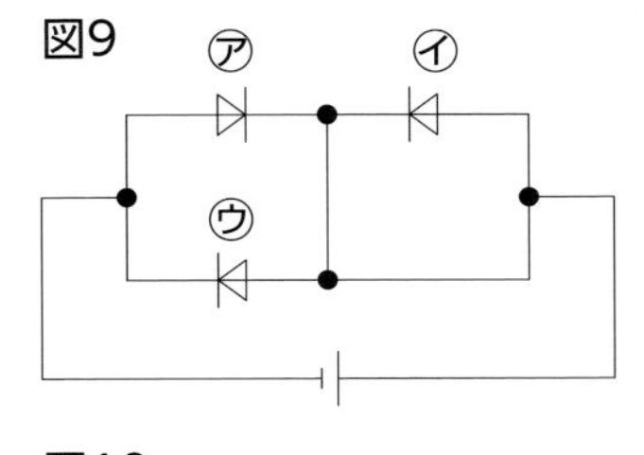

□9　500mA(ミリアンペア)の－(マイナス)端子(たんし)につないだとき，電流計の針(はり)が図10のようにふれました。このときの電流の大きさは，（　⑩　）mAです。

図10

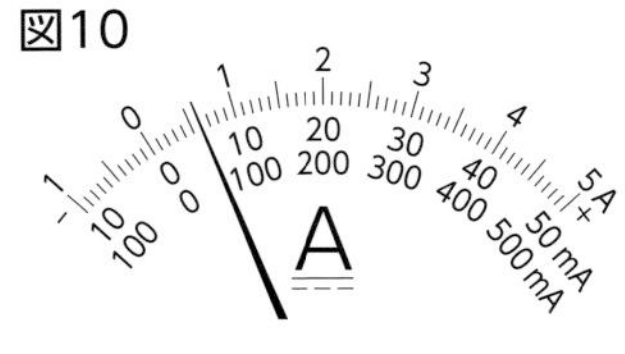

□10 **記述** 電流計の－端子は，はじめは最大(さいだい)の端子につなぎます。その理由を簡単(かんたん)に説明(せつめい)しなさい。…⑪

①
②
③
④
⑤
⑥
⑦
⑧
⑨
⑩

図7，図8を回路図で示すと，次のようになります。

図7の回路図

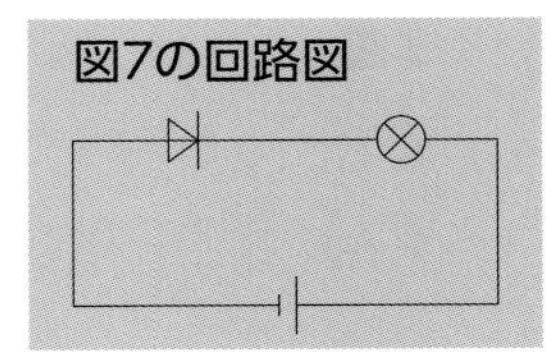

図8の回路図

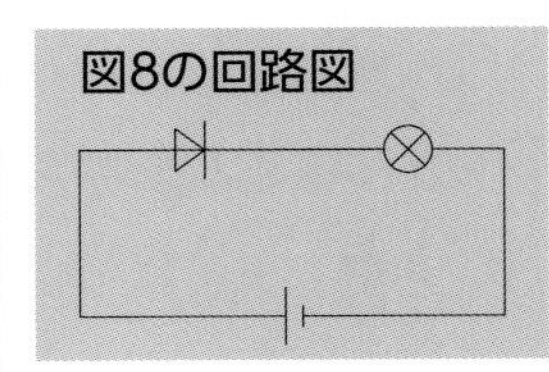

⑪

61 回路を流れる電流の大きさ

入試必出要点 赤シートでくりかえしチェックしよう！

1 豆電球のつなぎ方と電流

(＊豆電球1個，かん電池1個のときの電流の大きさを1とする。以下同じ。)

(1)**豆電球の直列つなぎと電流**…豆電球を2個，3個，…と直列につないでいくと，電流は$\frac{1}{2}$，$\frac{1}{3}$，…と減っていく(豆電球の個数に反比例する)ので，豆電球は1個のときより暗くなる。

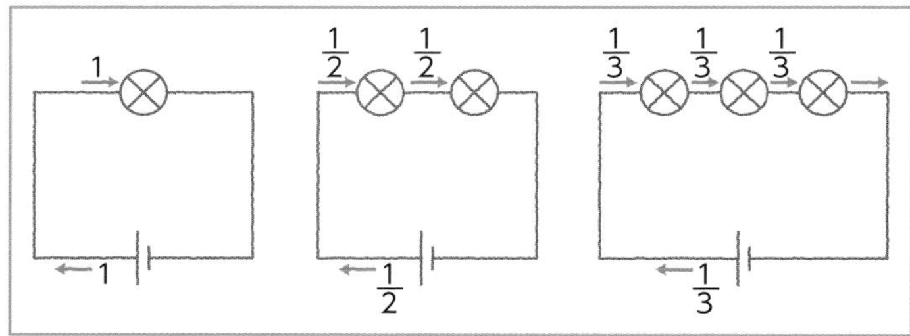

●電池から流れる電流が減るので，電池の**もちは**長い。

(2)**豆電球の並列つなぎと電流**…豆電球を2個，3個，…と並列につないでも，豆電球1個に流れる電流の大きさは変わらないので，豆電球の明るさは1個のときと同じ。

●電池から流れる電流が増えるので，電池の**もちは**短い。

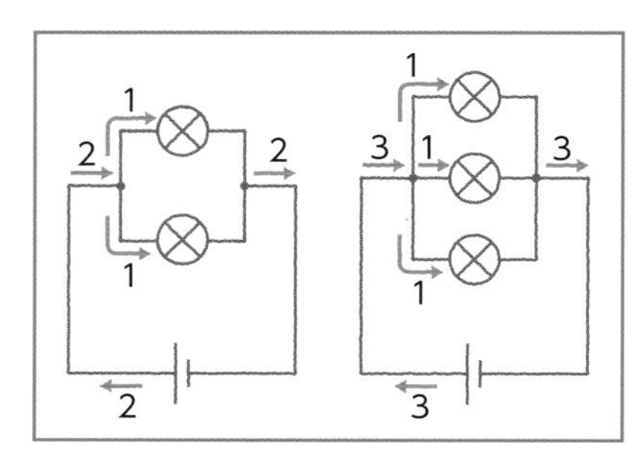

2 かん電池のつなぎ方と電流

(1)**かん電池の直列つなぎと電流**…かん電池を2個，3個，…と直列につないでいくと，電流は2倍，3倍，…と増えていく(かん電池の個数に比例する)ので，豆電球は1個のときより明るくなる。

●電池から流れる電流が増えるので，電池の**もちは**短い。

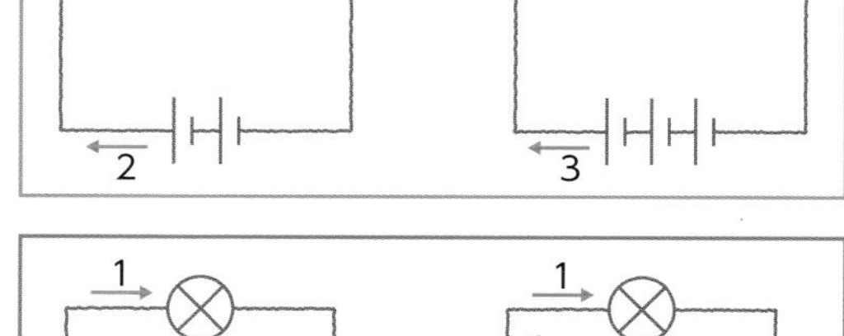

(2)**かん電池の並列つなぎと電流**…かん電池を2個，3個，…と並列につないでも，豆電球1個に流れる電流の大きさは変わらないので，豆電球の明るさは1個のときと同じ。

●かん電池から流れる電流が減るので，電池の**もちは**長い。

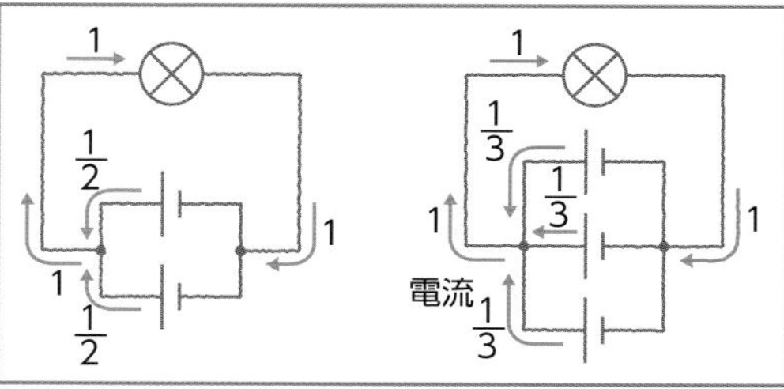

右の図で，[点線の枠]で囲んだ並列部分は，豆電球$\frac{1}{2}$個分となるから，回路全体では豆電球は，$1+\frac{1}{2}=\frac{3}{2}$(個)分になる。よって，流れる電流は，豆電球Aは$\frac{2}{3}$，豆電球B，Cは$\frac{1}{3}$になる。

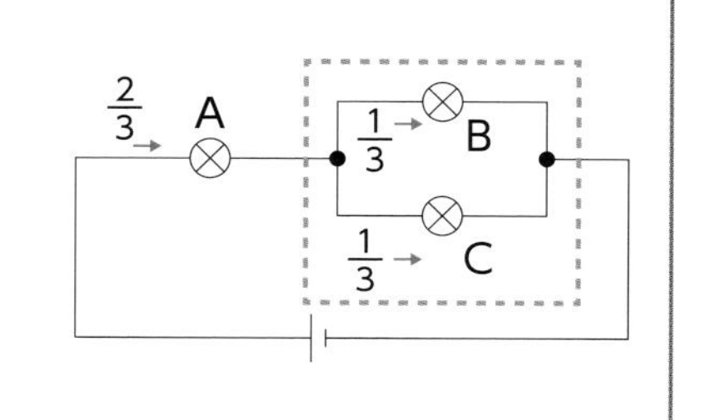

＊右のページのもっとくわしくを参照。

▶解答は12ページ

61 回路を流れる電流の大きさ　理解度チェック！

学習日　　月　　日

■豆電球1個，かん電池1個のときの電流の大きさを1として（　　）にことばを入れなさい。ただし，豆電球，かん電池はすべて同じものとします。

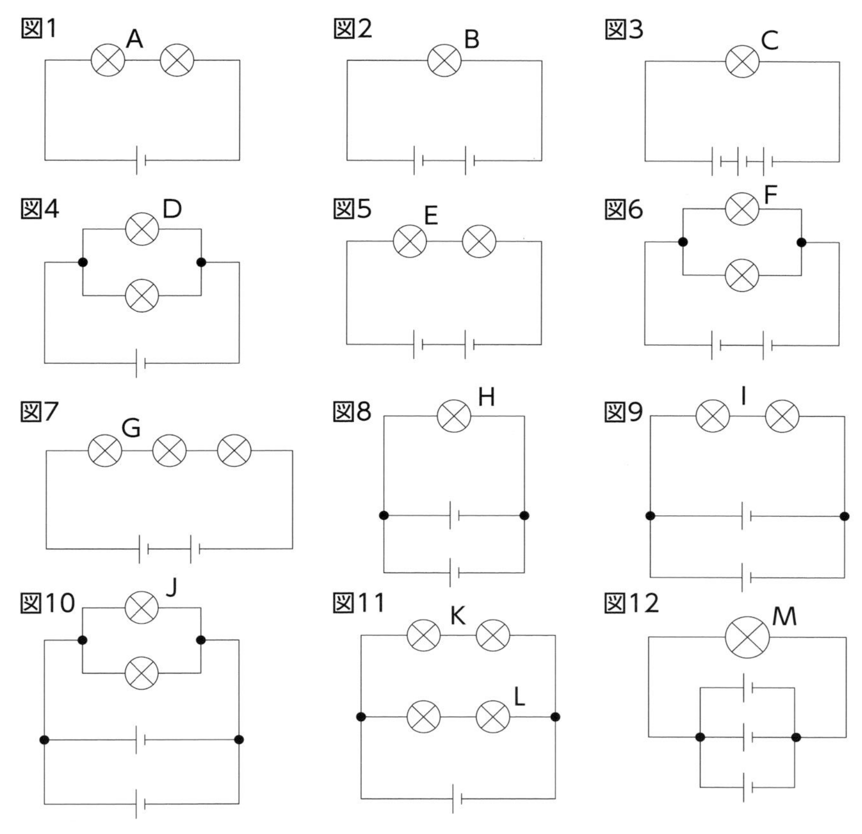

①

②

③

④

⑤

⑥

⑦

⑧

⑨

⑩

⑪

⑫

□1　豆電球Aに流れる電流の大きさは（　①　）です。

□2　豆電球Aと同じ明るさの豆電球をすべて選びなさい。…②

□3　豆電球Bに流れる電流の大きさは（　③　）です。

□4　豆電球Bと同じ明るさの豆電球は（　④　）です。

□5　豆電球Dに流れる電流の大きさは（　⑤　）です。

□6　豆電球Dと同じ明るさの豆電球をすべて選びなさい。…⑥

□7　最も明るい豆電球は（　⑦　）です。

□8　かん電池のもちが図1と同じなのは，図（　⑧　）のかん電池です。

□9　かん電池のもちが最もよいのは，図（　⑨　）のかん電池で，最も悪いのは図（　⑩　）のかん電池です。

□10　右の図で，豆電球aに流れる電流の大きさは（　⑪　）で，豆電球bに流れる電流の大きさは（　⑫　）です。

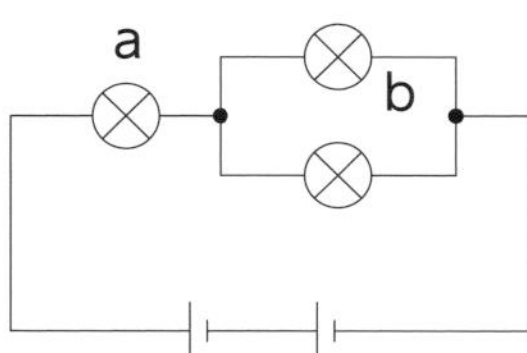

もっとくわしく

豆電球を2個，3個，…と直列につないでいくと，流れる電流は，$\frac{1}{2}$，$\frac{1}{3}$，…になります。$\frac{1}{2}$，$\frac{1}{3}$，…は，豆電球の個数の逆数です。

2個の豆電球を並列つなぎにすると，回路全体を流れる電流は2なので，その逆数は$\frac{1}{2}$，つまり，並列部分は豆電球$\frac{1}{2}$個分と考えることができます。

回路全体の豆電球の個数と（かん電池を）流れる電流の大きさは「逆数」の関係にあることをおさえておきましょう。

62 流れる電流と方位磁針

入試必出要点 赤シートでくりかえしチェックしよう！

1 導線のまわりの磁界

(1)電流と磁界

①**磁　界**…**磁石の力（磁力）がはたらく空間。**

②**磁界の向き**…方位磁針の**N極がさす向き。**

③**磁力線**…**磁界の向きに沿ってかいた線。**

└→磁界が強いほど磁力線は密になる。

④**電流のまわりの磁界**…導線に電流を流すと，**電流の向きに対して，右回りの磁界**ができる。

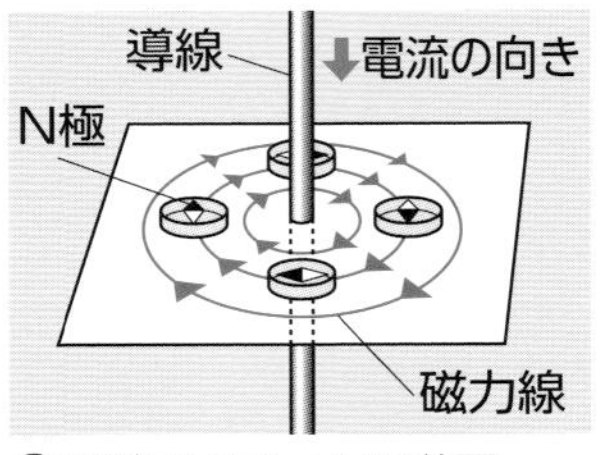

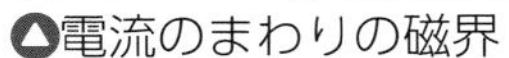
△電流のまわりの磁界

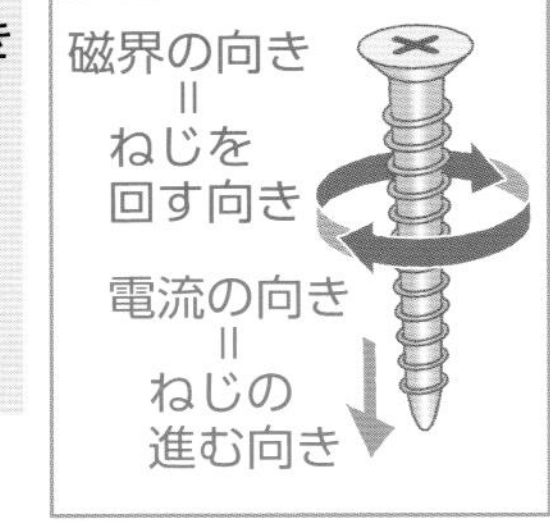

△右ねじの法則

⑤**右ねじの法則**…電流の流れる向きに右ねじの進む向きを合わせると，右ねじを**回す向き**が**磁界の向き**になる。

(2)**導線の上下に置いた方位磁針のふれ**…**右手のひらと方位磁針で導線をはさみ，電流の向きに指先を合わせたとき，N極は親指の向き**にふれる。

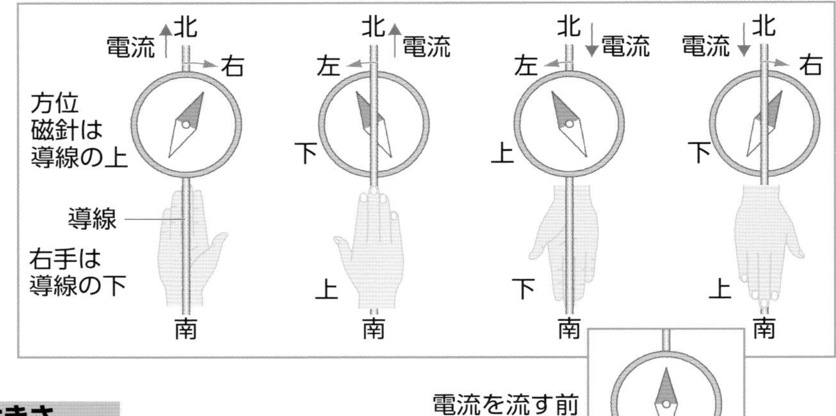

2 方位磁針のふれの大きさ

(1)導線（電流）に**近いほど，磁界は強く**なる。
→方位磁針のふれは**大きく**なる。

(2)導線を流れる**電流が大きいほど，磁界は強く**なる。
（電流を大きくするには，かん電池を**直列**につなぐ。）
→方位磁針のふれは**大きく**なる。

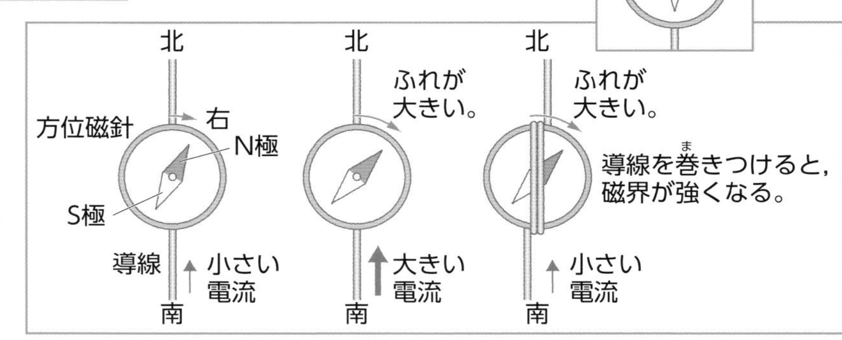

(3)同じはたらきをする導線が**2本以上あるほど，磁界は強く**なる。
　　└→導線を巻いたときなど。
→方位磁針のふれは**大きく**なる。

(4)右の図のように，逆のはたらきをする導線があると，方位磁針は**ふれない**。

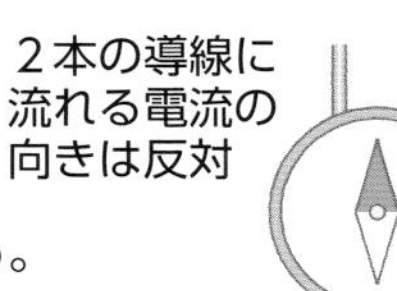

▶解答は12ページ

62 流れる電流と方位磁針 理解度チェック！

学習日　　月　　日

■次の問いに答えなさい。(　　　)にはことばを入れなさい。

□**1**　右の図1のように電流を流したとき，導線のまわりにできる磁界の向きは，a，bのうち(　①　)で，㋐と㋑の位置で磁界が強いのは(　②　)です。

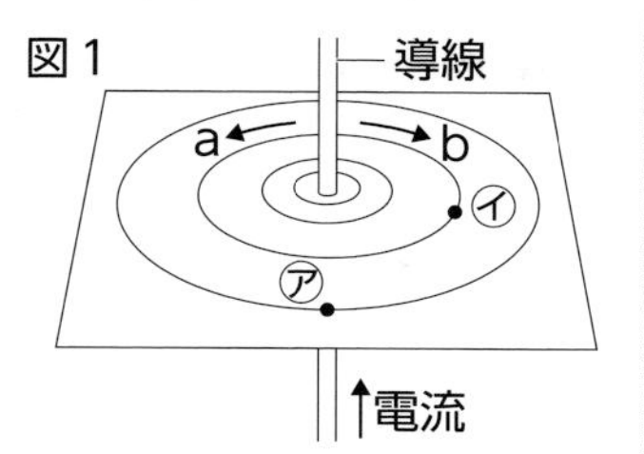

□**2**　右の図2のように，2本の導線を平行に並べ，それぞれの導線に逆方向の同じ大きさの電流を流しました。このとき，方位磁針のN極が西へふれるのは(　③　)です。

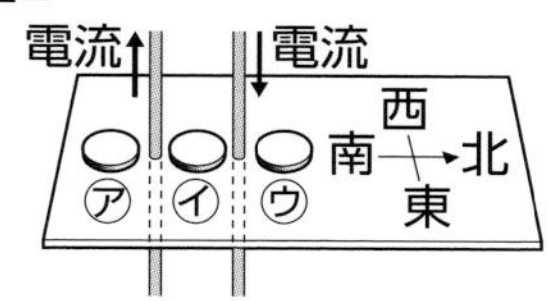

□**3**　次の図の④～⑪で，方位磁針のふれ方を㋐～㋙から選びなさい。ただし，電流の大きさはすべて等しく，導線1本のときのふれの大きさは㋒と同じとし，図の上側を北とします。

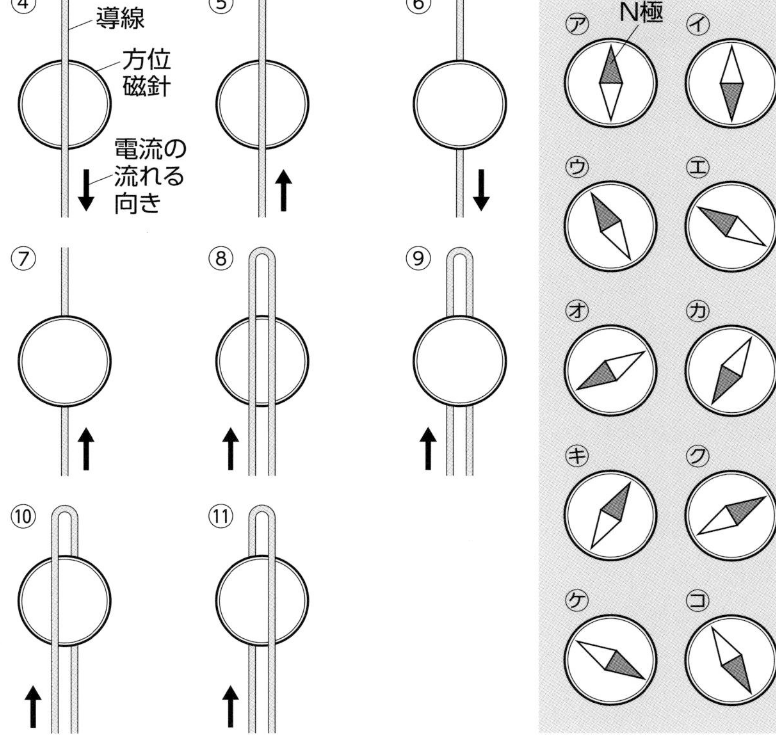

□**4**　右の図のように，2つの方位磁針に導線を巻いて電流を流しました。方位磁針のふれが大きいのは(　⑫　)です。

A　B
電流

①
②
③
④
⑤
⑥
⑦
⑧
⑨
⑩
⑪
⑫

こんな問題も出る

下の図の回路のスイッチを入れました。方位磁針A～Cの針のふれはばを大きい順に並べると，
(　　→　　→　　)
となります。

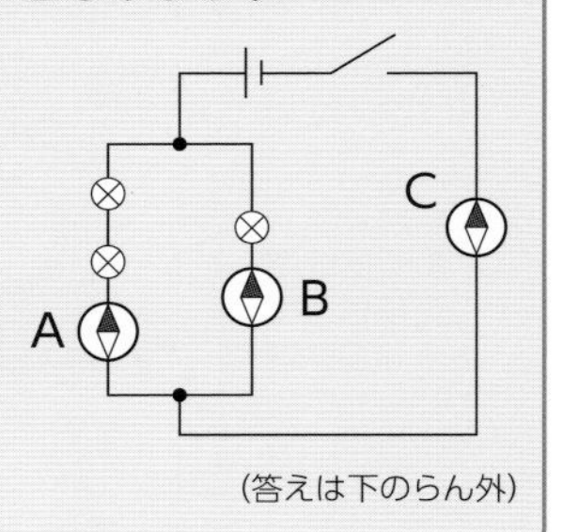

(答えは下のらん外)

▶答え…C(→)B(→)A

63 電磁石の性質

入試必出要点 赤シートでくりかえしチェックしよう！

1 コイルと電磁石

(1)**電磁石**…コイルに**鉄しん**を入れたもので，電流を流すと**磁石と同じはたらき**をする。
（コイル：導線を同じ向きに巻いたもの。）

(2)**電磁石の極の見つけ方**…**指の向き**を**電流の向き**に合わせて，右手で**コイルをにぎったとき**，**親指側**が**N極**になる。
電流の向きを逆にすると，N極とS極が入れかわる。

(3)**磁石とのちがい**…**磁極**と**磁力の強さ**を変えられる。
（磁極：N極，S極）（磁力をなくすこともできる。）

(4)**電磁石の強さを強くする方法**

①流れる**電流を大きく**する。

②コイルの**巻き数を多く**する。③鉄しんを**太く**する。

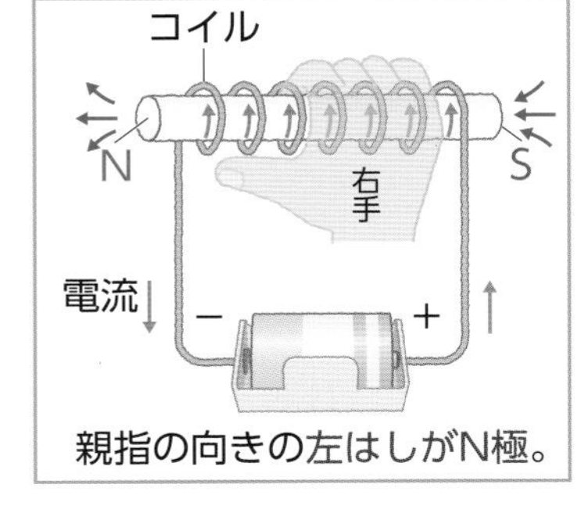

親指の向きの左はしがN極。

2 モーター

→半回転ごとに磁極が変わり，つねに反発して回転する。

(1)**モーターが回転するしくみ**(右の図❶〜❸)

❶整流子a，bがそれぞれブラシA，Bにふれて，電磁石に**電流**が流れる。
（整流子：半回転ごとに電流の向きを変えるはたらきを行う。）

→㋐は**N極**，㋑は**S極になる。**

→永久磁石と**反発する向きに回転**する。

❷整流子a，bがブラシとふれず，電流が流れない。

→**極**が消える。→**勢い**で**回転**する。

❸整流子aとブラシB，整流子bとブラシAがふれる。

→電磁石には❶と**逆向きの電流が流れる**。

→㋐が**S極**，㋑が**N極になる。**

→永久磁石と**反発する向きに回転**する。

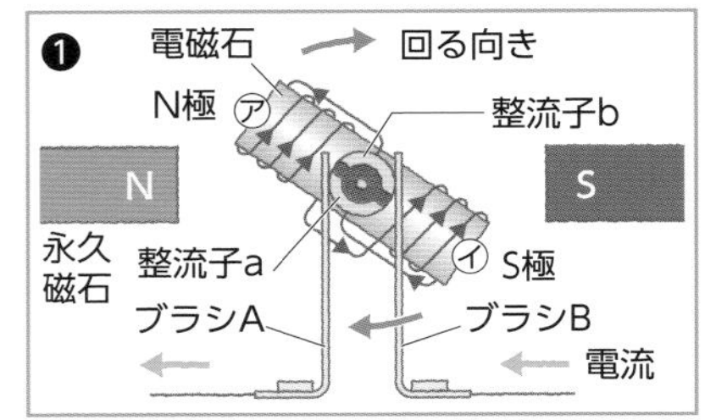

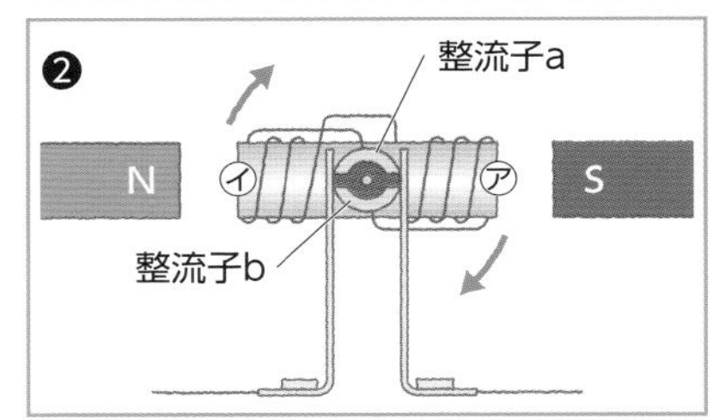

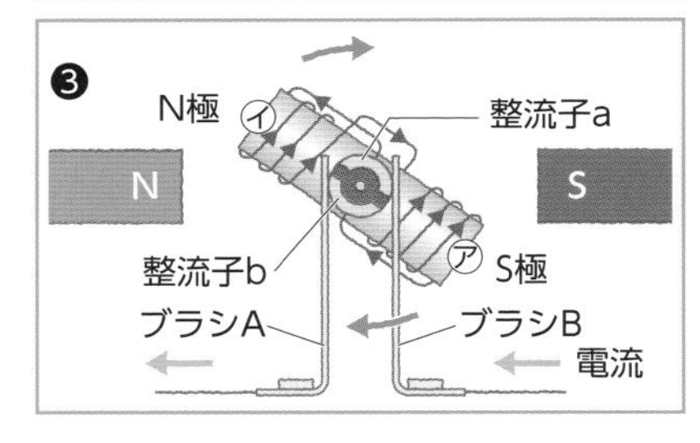

(2)**コイルモーターが回転するしくみ**

→半回転ごとに電磁石になって反発し，あと半回転は勢いで回転する。

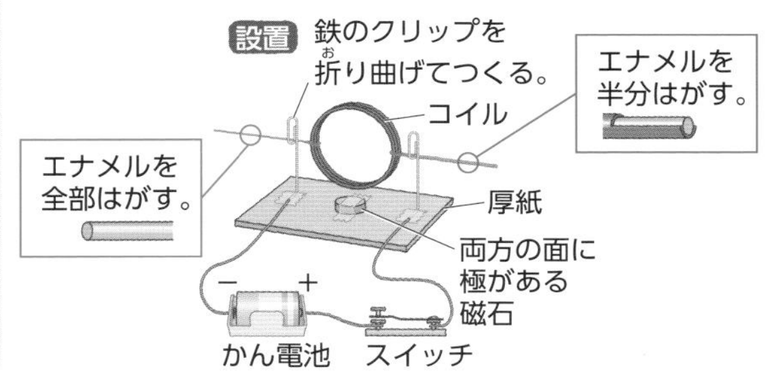

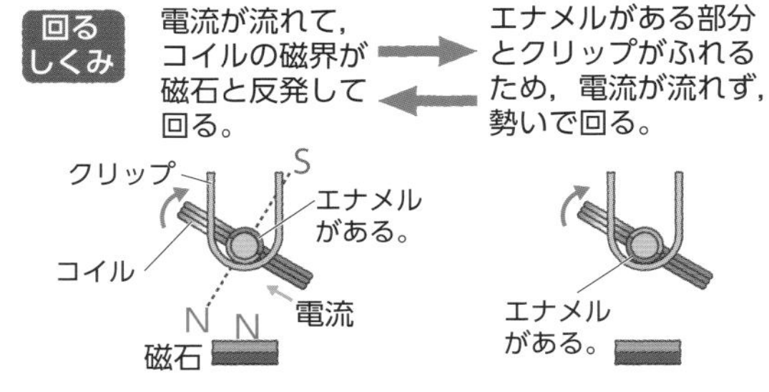

▶解答は12ページ

63 電磁石の性質　理解度チェック！

学習日　　月　　日

■次の問いに答えなさい。(　　)にはことばを入れ，〔　　〕は正しいものを選びなさい。

□**1**　図１で，A～Cの方位磁針のN極の向きは，Aでは①〔→，←，↓，↑〕，Bでは②〔→，←，↓，↑〕，Cでは③〔→，←，↓，↑〕です。

図１
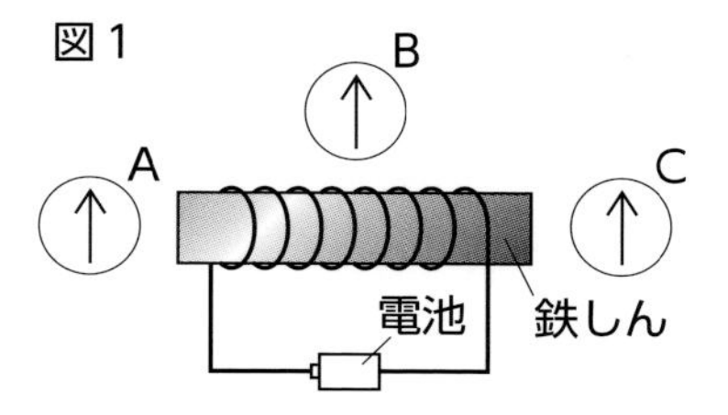

□**2**　図２のように，２つの電磁石を並べました。たがいに引きつけ合うのは④(　と　)です。

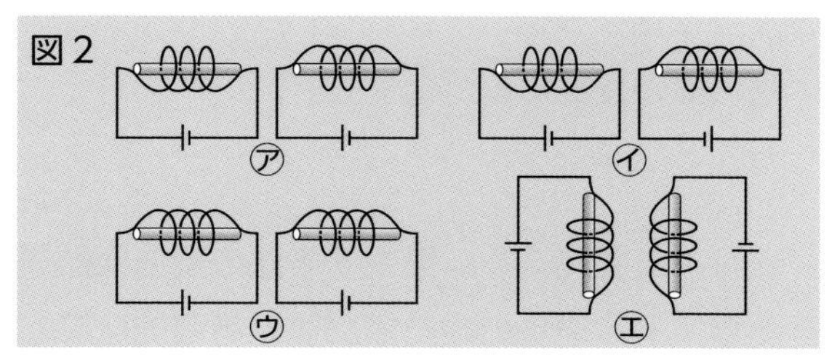

□**3**　図３で，導線の長さや太さ，電池の強さ，コイルの中に入れた鉄の棒の太さはどれも同じです。

図３
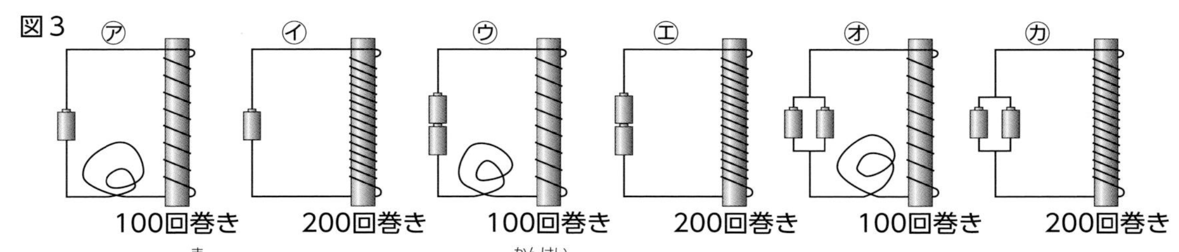

(1)　コイルの巻き数と電磁石の強さとの関係を調べるには，㋐とどれを比べればよいですか。２つ選びなさい。…⑤

(2)　電流の大きさと電磁石の強さとの関係を調べるには，㋐と(　⑥　)を比べればよいです。

(3)　磁石の強さが最も強い電磁石は(　⑦　)です。

(4)　磁石の強さが同じ電磁石の組み合わせを２つ選びなさい。…⑧

⑩
⑪
⑫
⑬

□**4**　図４，図５は，モーターが回転するしくみを表したものです。

(1)　図４で，電流は整流子ａから整流子ｂに流れ，電磁石のAは(　⑨　)極，Bは(　⑩　)極になっています。

(2)　図４で，モーターは⑪〔㋐　㋑〕の向きに回転します。

(3)　図４から半回転した図５では，電流は整流子ｂから整流子ａに流れ，電流の向きが変わって，Aは(　⑫　)極，Bは(　⑬　)極になっていて，モーターは図４と同じ向きに回転します。

図４
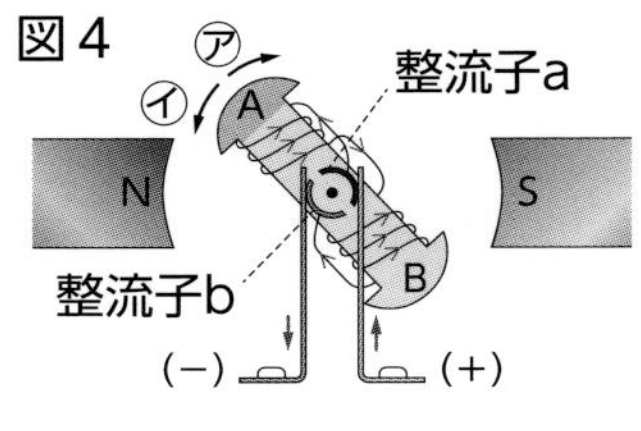

図５
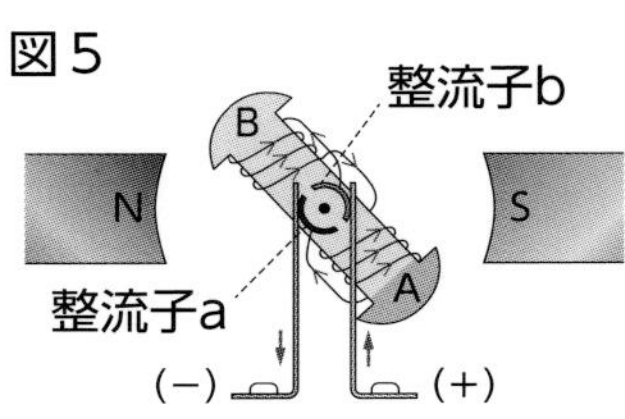

64 電流による発熱

入試必出要点 赤シートでくりかえしチェックしよう！

1 電熱線(でんねつせん)の太さ（断面積(だんめんせき)）・長さと電流

(1)**電熱線の太さと電流**…太さが2倍，3倍，…になると，流れる電流の大きさは，2倍，3倍，…になる→**電流の大きさは電熱線の太さに比例(ひれい)**する。

(2)**電熱線の長さと電流**…長さが2倍，3倍，…になると，流れる電流の大きさは，$\frac{1}{2}$，$\frac{1}{3}$，…になる→**電流の大きさは電熱線の長さに反比例**する。

2 電流による発熱

(1)**発熱量(りょう)**…電熱線に電流が流れると**発熱**する。**発生する熱の量を発熱量**という。

(2)**電熱線の直列つなぎと発熱量**…それぞれの電熱線に流れる**電流は等しい**。

→流れる電流が等しいとき，電流の流れにくい電熱線のほうが**発熱量は大きい**。

①**電熱線の長さと発熱量**

→電熱線が長いほうが**電流は**流れにくい。

→電熱線が長いほうが**発熱量は**大きい。

②**電熱線の太さと発熱量**

→電熱線が細いほうが**電流が**流れにくい。

→電熱線が細いほうが**発熱量は**大きい。

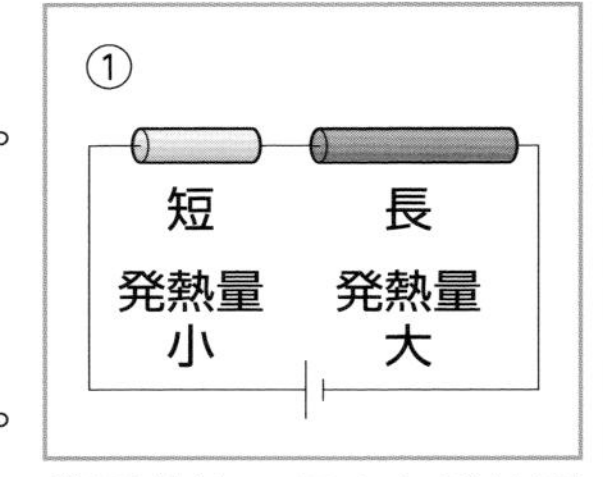

△電熱線の長さと発熱量

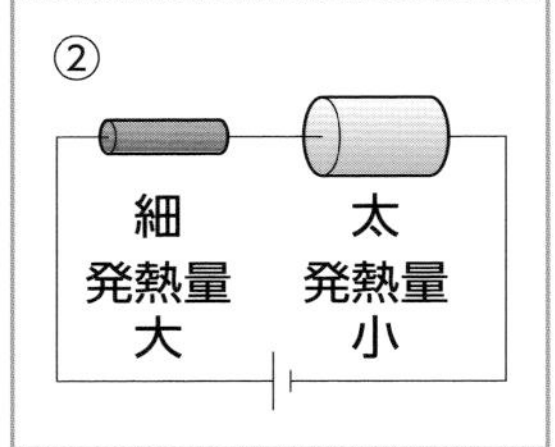

△電熱線の太さと発熱量

(3)**電熱線の並列(へいれつ)つなぎと発熱量**…流れやすい電熱線のほうに多くの電流が流れる→流れる電流が多いほど発熱量が大きい→電流の流れやすい電熱線のほうが**発熱量は大きい**。

❶**電熱線の長さと発熱量**

→電熱線が短いほうが**電流は**流れやすい。

→電熱線が短いほうが**発熱量は**大きい。

❷**電熱線の太さと発熱量**

→電熱線が太いほうが**電流が**流れやすい。

→電熱線が太いほうが**発熱量は**大きい。

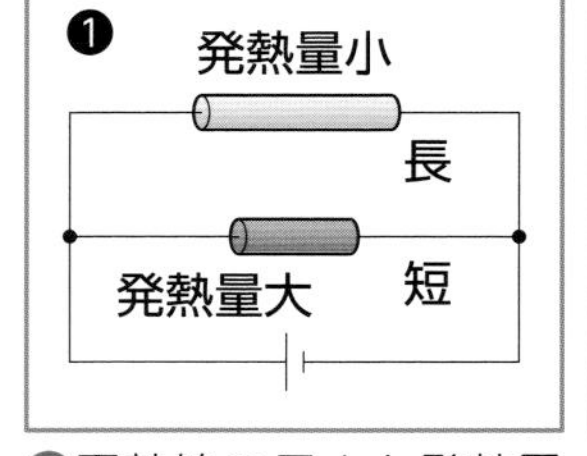

△電熱線の長さと発熱量

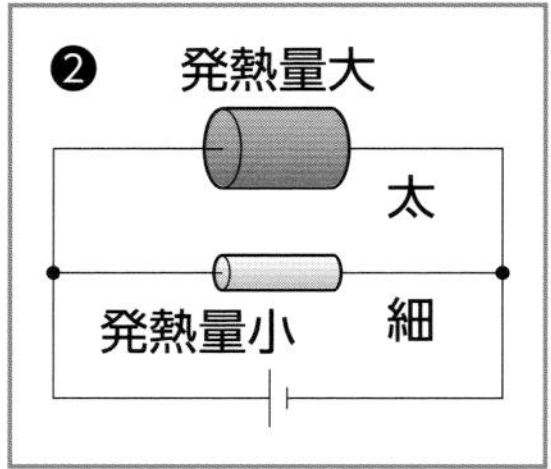

△電熱線の太さと発熱量

(4)**電熱線で水をあたためたときの上しょう温度**

①**時間と水の上しょう温度**…水の上しょう温度は，電流を流した**時間に比例**する。
（右の図で，グラフは原点を通る直線）

②**水の量と水の上しょう温度**…水の上しょう温度
（電流を流した時間は一定）
は，**水の量に反比例**する。右の図で，水の上しょう温度は，水200gのときは3℃，水100g
（電流を流した時間が8分のとき）
のときは6℃で，$\frac{1}{2}$になっている。

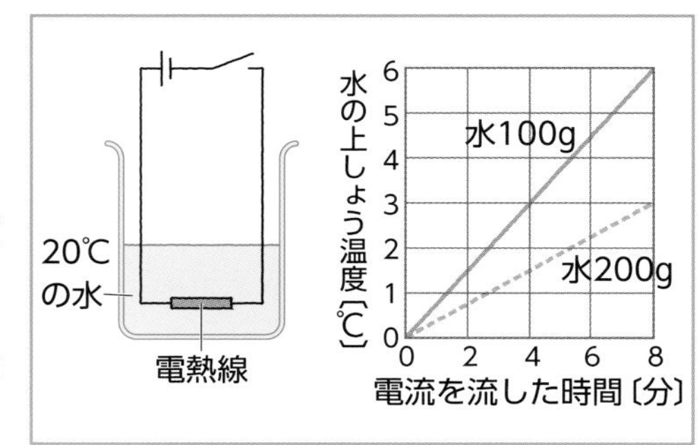

▶解答は12ページ

64 電流による発熱　理解度チェック！

学習日　　月　　日

■次の問いの(　　)に数値(すうち)やことばを入れなさい。

□**1**　下の図1で，電熱線(でんねつせん)a～cの長さは同じです。電熱線a，b，cに流れる電流の比(ひ)は，①(　　:　　:　　)になります。

□**2**　下の図2で，電熱線A～Cの太さは同じです。電熱線A，B，Cに流れる電流の比は，②(　　:　　:　　)になります。

① 　:　:

② 　:　:

図1

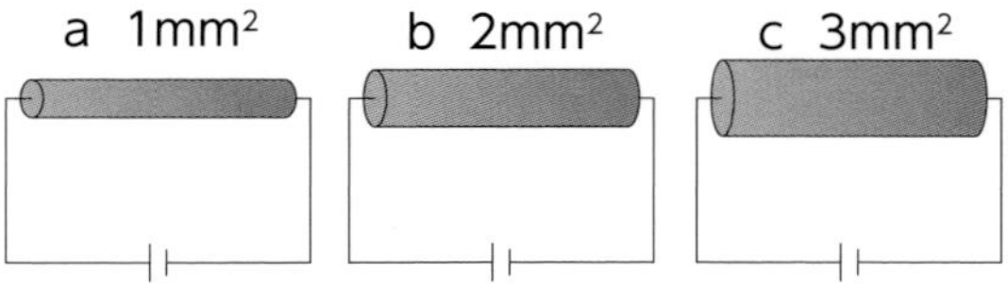

a 1mm²　b 2mm²　c 3mm²

図2

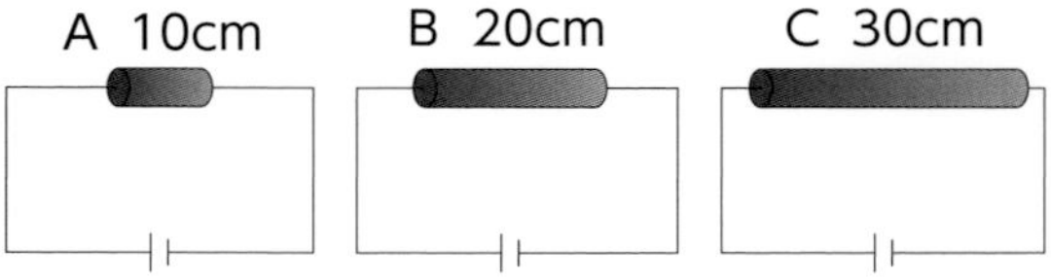

A 10cm　B 20cm　C 30cm

□**3**　電熱線の太さの比，長さの比が図3のような電熱線A～Cがあります。

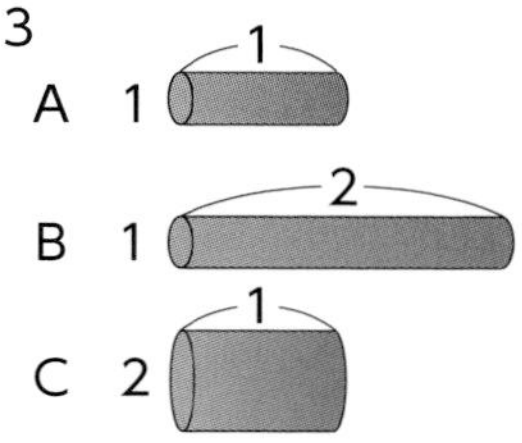

(1)　電熱線A～Cを図4のように直列につなぎました。このとき，発熱量(はつねつりょう)が最(もっと)も大きい電熱線は(　③　)です。

(2)　電熱線A～Cを図5のように並列(へいれつ)につなぎました。このとき，発熱量が最も大きい電熱線は(　④　)です。

図3

A 1 (長さ1)
B 1 (長さ2)
C 2 (長さ1)

図4

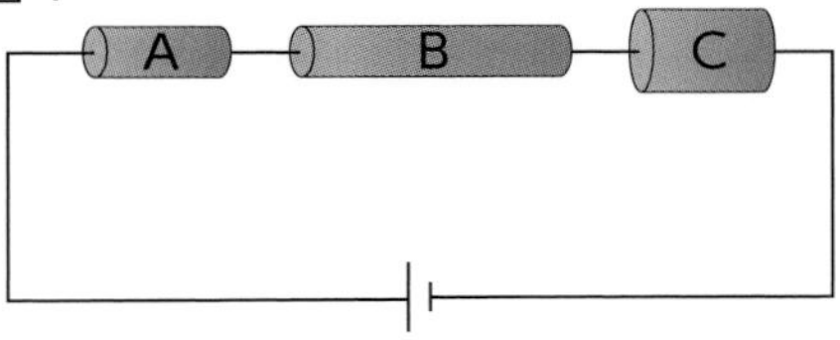

A　B　C

図5

A　B　C

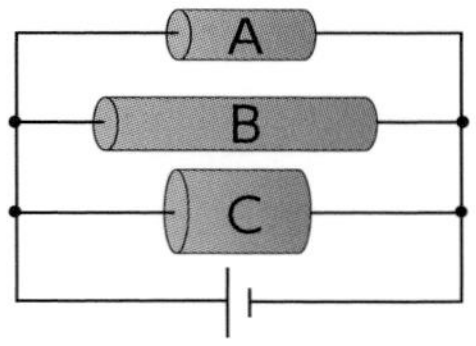

③

④

⑤

⑥

⑦

〈③④のヒント〉

電熱線を直列につなぐと，それぞれの電熱線に流れる電流は等しくなります。並列につなぐと，流れやすい電熱線のほうに大きい電流が流れます。流れる電流が大きいほど発熱量は大きくなります。

□**4**　図6のように，20℃の水150gが入ったビーカーに電熱線を入れ，電流を流した時間と水の上しょう温度との関係(かんけい)を調べると，図7のグラフAのようになりました。

図6

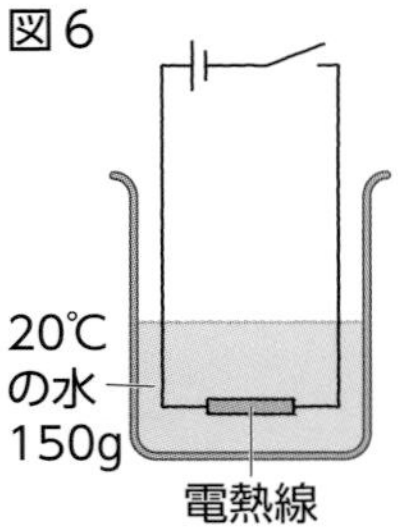

20℃の水150g
電熱線

図7

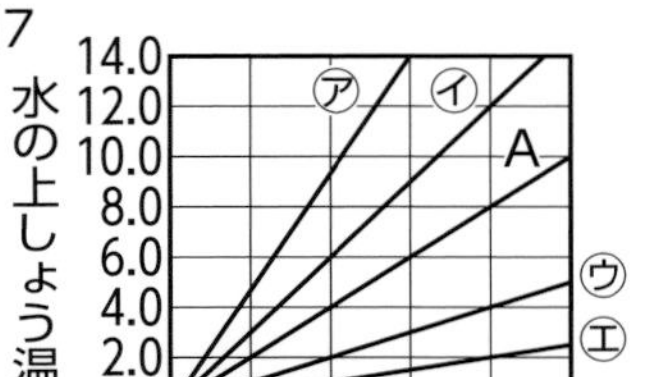

水の上しょう温度〔℃〕
14.0
12.0
10.0
8.0
6.0
4.0
2.0
0
0 1 2 3 4 5
電流を流した時間〔分〕
㋐　㋑　A　㋒　㋓

(1)　電流を6分流したときの水の上しょう温度は(　⑤　)℃です。

(2)　水の量を100gにして電流を流したときのグラフは，図7の(　⑥　)のようになり，水の量を300gにして電流を流したときのグラフは，図7の(　⑦　)のようになります。

65 音の性質

入試必出要点　赤シートでくりかえしチェックしよう！

1 音の伝わり方と速さ

(1)物体の**しん動**が**空気**などによって耳に伝(つた)えられ，音として感じる。

(2)**音を伝えるもの**…音は**空気**などの**気体**中のほか，**水**などの**液体**(えきたい)中，**金属**(きんぞく)などの**固体**(こたい)中を伝わる。

(3)音は，**真空中では伝わらない**。
└→物質（空気など）がほとんどない空間。

(4)音の空気中の速さは**秒速約340m**。

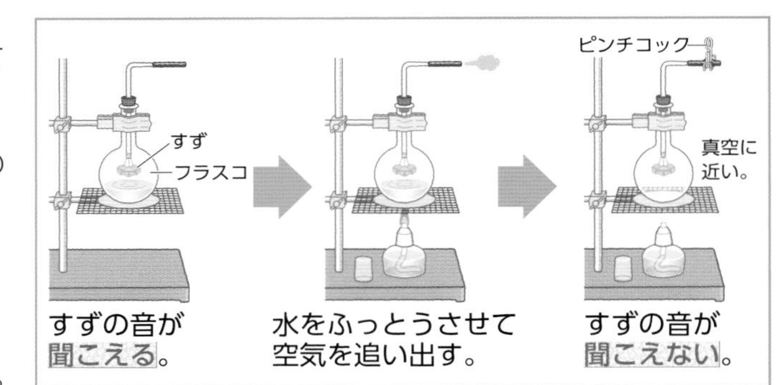

①気温□℃のとき，**音の速さ（秒速）＝(331＋0.6×□)〔m〕**←気温が高いほど速い。

②光の速さは**秒速約**(やく)**30万km**で，音より**はるかに速い**ので，いなずまや打ち上げ花火が見えたあとに，音は**おくれて**聞こえる。
光が先に届く。

2 音の大小と高低(こうてい)

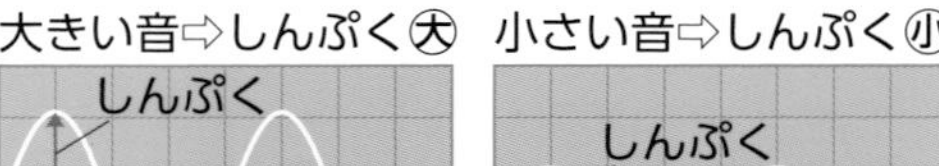

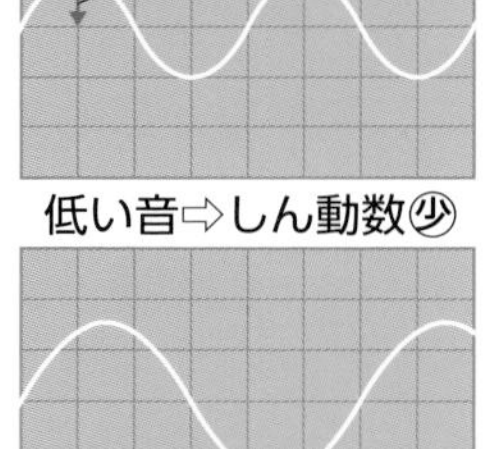

△オシロスコープの波形

(1)**音の大小**…音源(おんげん)のふれはばを**しんぷく**といい，しんぷくが**大きい**ほど，音は**大きく**なる。
└→音を出すもの。

(2)**音の高低**(こうてい)…音源が**1秒間にしん動する回数**を**しん動数**といい，しん動数が**多い**ほど，音は**高く**なる。

(3)オシロスコープで音の波形が見られる。

(4)モノコードのげんをはじいたとき，

①げんを**強く**はじくほど，音は**大きく**なる。

②げんの長さが**短い**ほど，げんを**強く張**(は)**る**ほど，げんの太さが**細い**ほど**音は高くなる**。

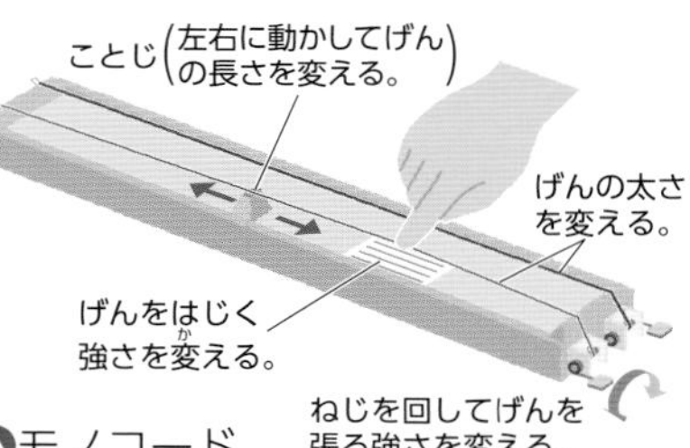

△モノコード

(5)**水を入れた試験管**(しけんかん)**から出る音**

①**試験管をたたいたとき**…**試験管がしん動**する。水が**多くなる**につれて，試験管が**しん動しにくくなる**ので音は**低く**(ひく)なる。

②**試験管の口をふいたとき**…試験管の中の**空気がしん動**する。水が**多くなる**につれて，空気が**しん動しやすくなる**ので，音は**高く**なる。

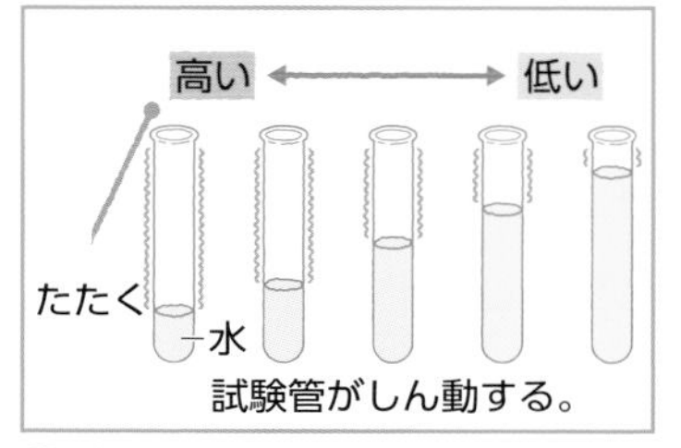

△試験管をたたいたとき

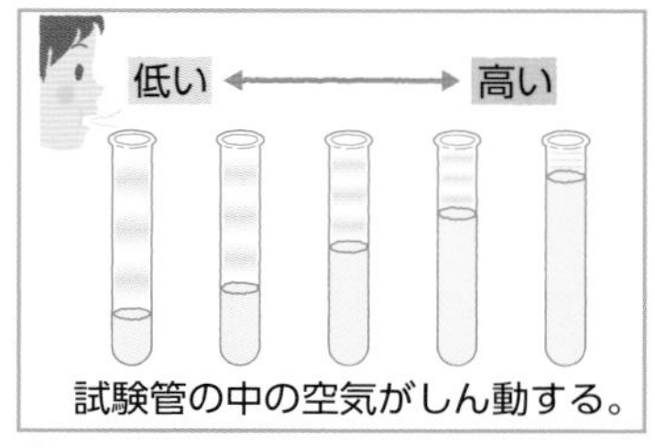

△試験管の口をふいたとき

▶解答は12ページ

65 音の性質　理解度チェック！

学習日　　月　　日

次の問いに答えなさい。(　　)にはことばを入れ，〔　　〕は正しいものを選(えら)びなさい。

□ 1　真空中で，音は伝(つた)わることが①〔できます　できません〕。

□ 2　670mはなれた山に向かって「ヤッホー」とさけぶと，4秒後に山びこが返ってきました。音が伝わる速さは，毎秒(　②　)mです。

□ 3　下の図は，音のようすをオシロスコープで表したものです。最(もっと)も大きい音は(　③　)で，最も高い音は(　④　)です。

㋐ 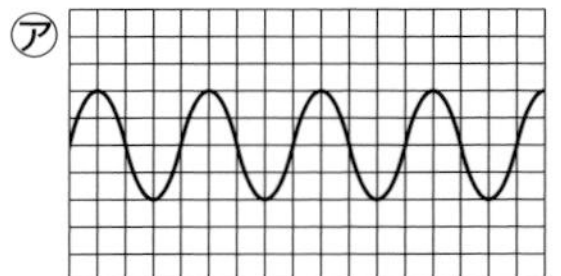
㋑ 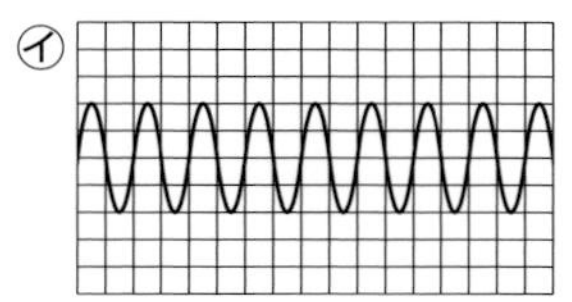
㋒ 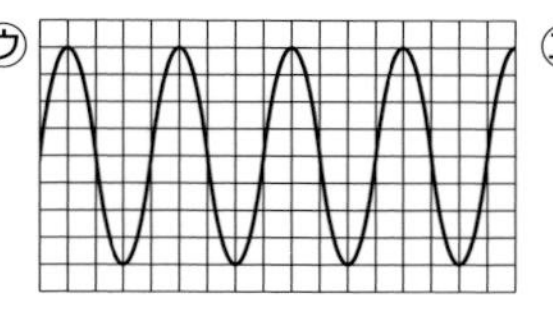
㋓ 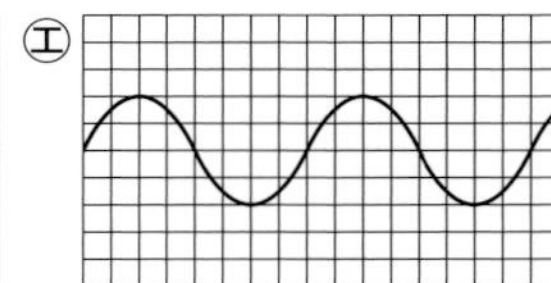

□ 4　右の図のようなモノコードに，A～Dのげんを張(は)ってげんをはじきました。

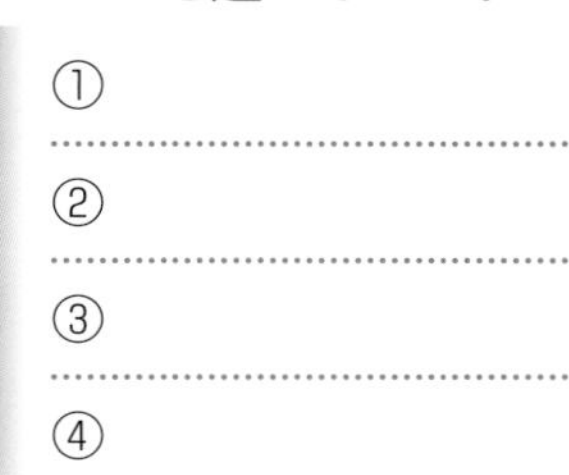

(1)　げんの長さと音の高さの関係(かんけい)を調べるには⑤(　と　)を比(くら)べます。

(2)　げんの太さと音の高さの関係を調べるには⑥(　と　)を比べます。

(3)　げんを張る強さと音の高さの関係を調べるには⑦(　と　)を比べます。

(4)　最も高い音が出るのは(　⑧　)，最も低(ひく)い音が出るのは(　⑨　)です。

	げんの長さ〔cm〕	げんの太さ〔mm^2〕	おもりの数(こ)〔個〕
A	10	0.5	1
B	10	1.0	1
C	10	0.5	2
D	20	1.0	1

□ 5　水の入った試験管(しけんかん)をガラス棒(ぼう)でたたきました。水の量(りょう)が少ないほどしん動⑩〔しやすく　しにくく〕なり，音は(　⑪　)なります。

□ 6　水の入った試験管の口をふきました。

(1)　試験管の口をふくと，(　⑫　)がしん動して音が出ます。

(2)　水の量が少ないほどしん動⑬〔しやすく　しにくく〕なり，音は(　⑭　)なります。

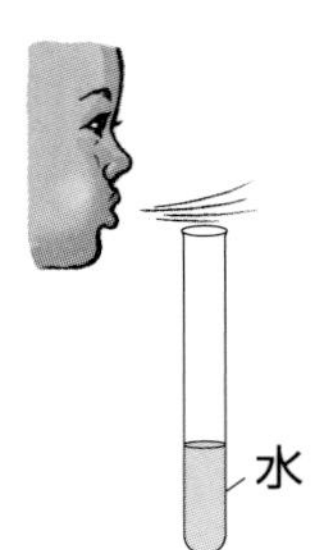

□ 7　記述　打ち上げ花火が開いてから，少しおくれて，「ドーン」という音が聞こえました。その理由を説(せつ)明(めい)しなさい。…⑮

①
②
③
④
⑤　と
⑥　と
⑦　と
⑧
⑨
⑩
⑪
⑫
⑬
⑭

こんな問題も出る

木琴(もっきん)で，高い音が出るのは〔長い板　短い板〕をたたいたときです。(答えは下のらん外)

⑮

▶答え…短い板

66 光の性質

入試必出要点　赤シートでくりかえしチェックしよう！

1 光の進み方

(1)**光の直進**…同じ物質の中では光は**まっすぐ進む**。

(2)**光の反射**…光は鏡などに当たるとはね返る。

太陽の光は平行に進み，電灯の光は広がる。

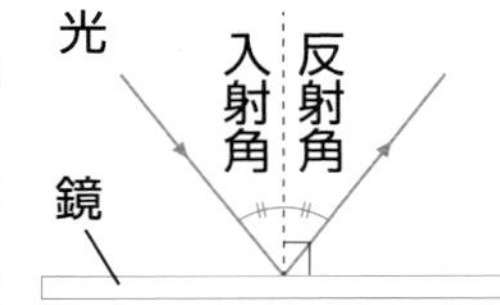

①光が反射するとき，**入射角＝反射角**となる。
面に垂直な線と入ってくる光の間の角。
面に垂直な線と反射する光の間の角。

②**鏡にうつる像**…**鏡を対称のじく**として，実物と**線対称の位置**に見える。

光の進み方の作図法

①実物Ａから鏡の面に垂直な線を引き，Ａと鏡の間の長さをのばした点に像Ａ′ができる。
②Ａ′と目を結び，鏡と交わる点をＰとする。
③ＰとＡを結ぶ。
④光は，Ａ→Ｐ→目と進む。

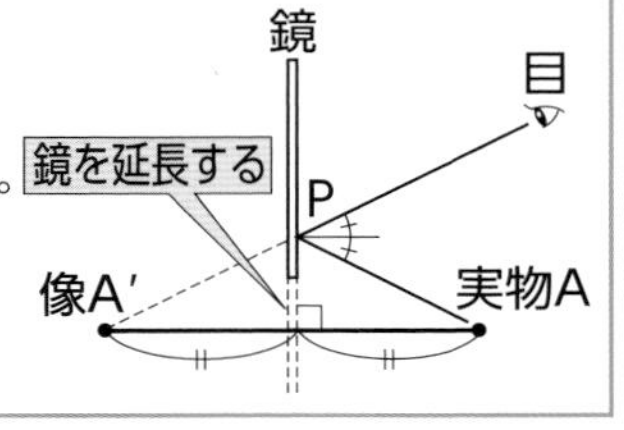

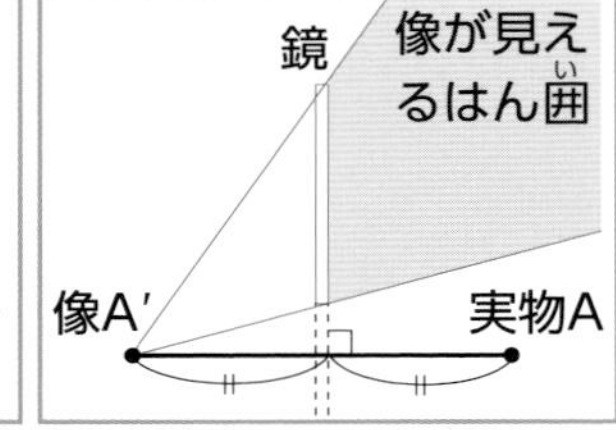

(3)全身を鏡にうつすには，**身長の半分の長さ**の鏡が必要である。

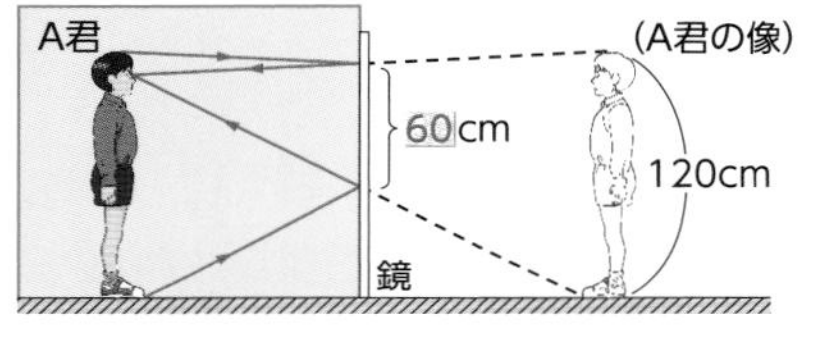

(4)合わせ鏡でできる像の数＝360°÷**合わせる角度－１**
90度の場合，360÷90－1＝3

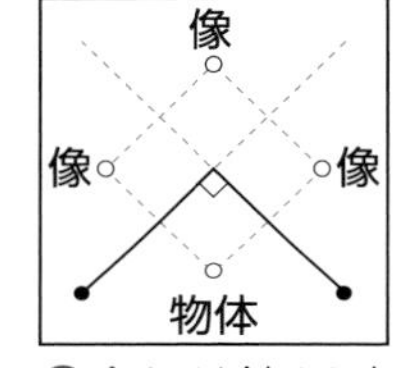

合わせ鏡90度

(5)**光のくっ折**…光がちがう物質の中にななめに入るときに**折れ曲がって**進む。

①**空気→水・ガラス**と進む…境界面から**遠ざかる**ように進む。

②**水・ガラス→空気**と進む…境界面に**近づく**ように進む。

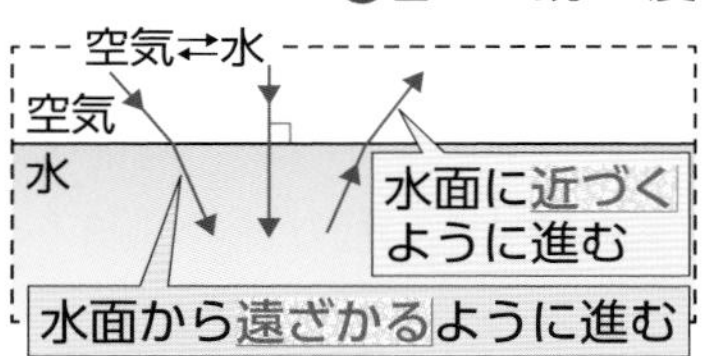

2 とつレンズ

(1)**とつレンズを通る光**

①**じくに平行な光線**…とつレンズでくっ折して**しょう点**を通る。
とつレンズのじくに平行な光を当てたときに光が１点に集まる点

②**とつレンズの中心を通る光線**…**直進**する。

③**しょう点を通った光線**…じくに**平行**に進む。

空気⇄ガラス　空気　ガラス　平行

(2)**とつレンズでできる像**

①**物体がしょう点の外側にあるとき**…物体と**反対**側に，物体と**逆**向きの**実像**ができる。
スクリーン上で像を結ぶ。ピンホールカメラでできる像。

とつレンズ　実物と上下左右が逆向き　物体　①　②　③　実像　とつレンズのじく　しょう点　しょう点

②**物体がしょう点の内側にあるとき**…物体と**同じ**側に，物体と**同じ**向きの**きょ像**ができる。
虫めがねで拡大して見える像。

実物より大きい　しょう点　とつレンズを通して見える。　きょ像　しょう点

(3)とつレンズの一部を紙でおおうと，像の**大きさは変化せず**，像が**暗く**なる。
光の量が少なくなるから。

＊赤，緑，青を光の三原色といい，この３色ですべての色の光を表現できる。

▶解答は12ページ

66 光の性質 理解度チェック!

学習日　　月　　日

■次の問いに答えなさい。(　　)にはことばを入れ,〔　　〕は正しいものを選(えら)びなさい。

□1　図1で,光の進む向きを正しく表した矢印(やじるし)は(　①　)です。

図1

□2　図2のように,A君が鏡(かがみ)の前に立っています。B〜E君のうち,鏡にうつっているA君を見ることができるのは②(　と　)の2人です。

図2

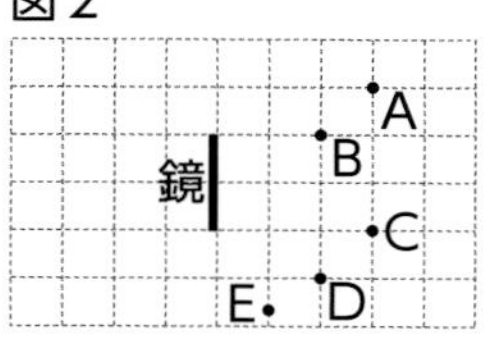

□3　身長150cmの人が立って全身を鏡にうつします。このとき,鏡の縦(たて)の長さは最低(さいてい)(　③　)cm必要(ひつよう)です。

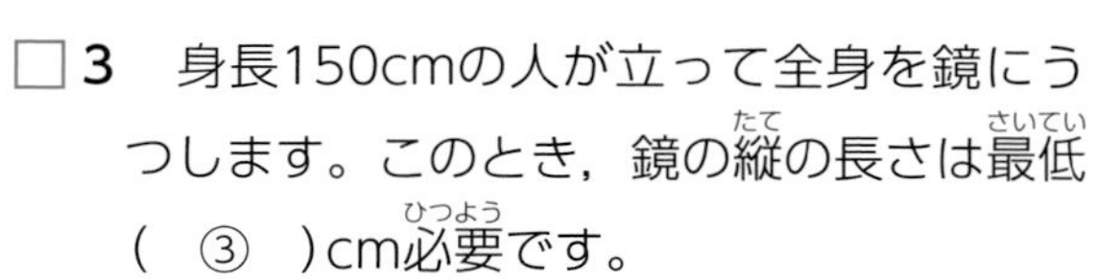

□4　図3のように合わせ鏡を置(お)きました。合わせる角度が120度のとき,鏡でできる像(ぞう)の数は(　④　)個(こ)です。

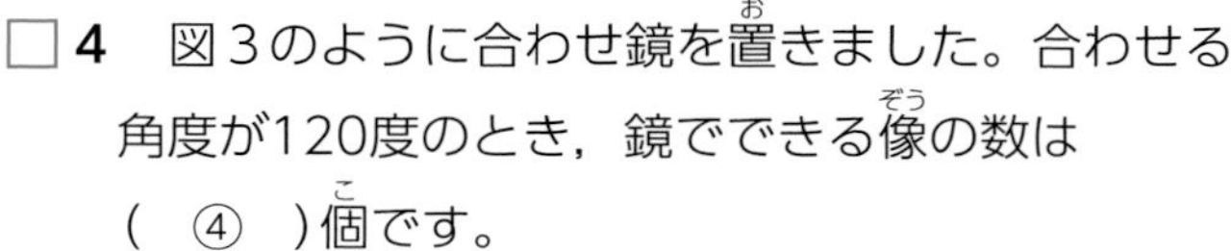

図3

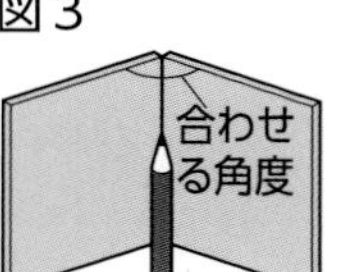

□5　図4の(1)〜(4)について,光が進む方向は,(1)では(　⑤　),(2)では(　⑥　),(3)では(　⑦　),(4)では(　⑧　)になります。

図4

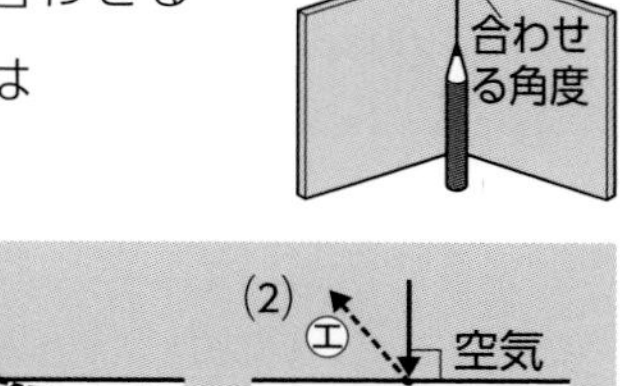

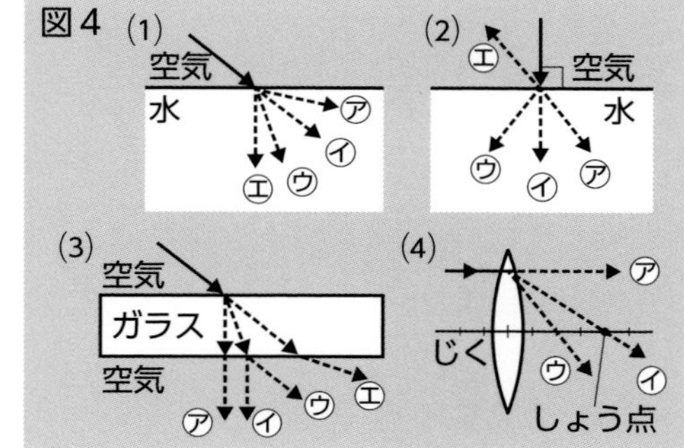

□6　図5で,Pから水の入った容器(ようき)の底(そこ)にある物体を見たとき,Pに届(とど)く光の道すじとして正しいものは(　⑨　)です。

図5

□7　とつレンズのしょう点の外側(がわ)に物体を置きました。

(1)　このときできる像を(　⑩　)といいます。

(2)　できた像の向きは,物体と⑪〔同じ向き　逆(ぎゃく)向き〕です。

□8　とつレンズのしょう点の内側に物体を置きました。

(1)　このときできる像を(　⑫　)といいます。

(2)　できた像の向きは,物体と⑬〔同じ向き　逆向き〕です。

□9　とつレンズの半分を紙でおおいました。このときできる像の大きさは⑭〔大きくなります　小さくなります　変(か)わりません〕が,像の明るさは⑮〔暗くなります　明るくなります　変わりません〕。

①
② 　　と
③
④
⑤
⑥
⑦
⑧
⑨
⑩
⑪
⑫
⑬
⑭
⑮

こんな問題も出る

針穴写真機(はりあなしゃしんき)(ピンホールカメラ)で像がはっきりうつっているとき,内箱を引き出すと,像は①〔大きく　小さく〕なり②〔はっきりします　ぼやけます〕。

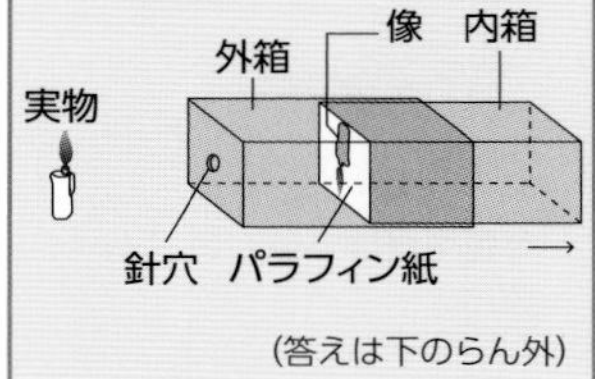

(答えは下のらん外)

▲答え…①大きく　②ぼやけます

集中学習 見て理解する図解 47

1 有胚乳種子と無胚乳種子

Uターン 4ページ

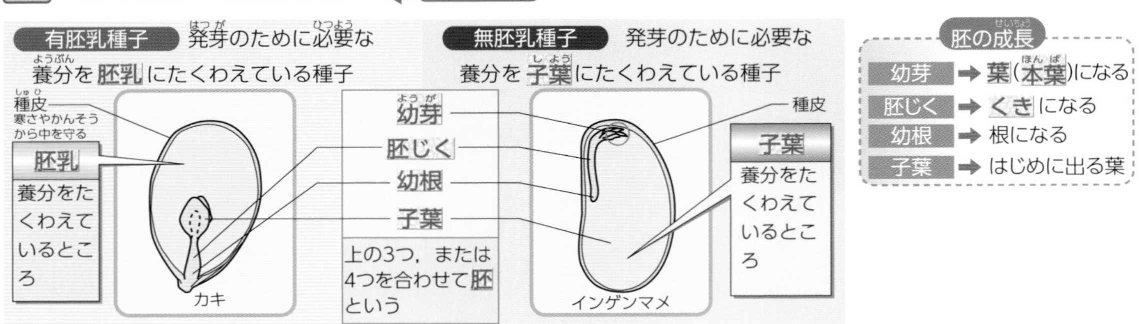

2 実験 発芽と成長の条件

Uターン 4ページ

		① 30℃	② 30℃	③ 30℃	④ 5℃	⑤ 30℃ 箱の中	⑥ 30℃
実験装置		インゲンマメ かわいただっし綿	しめっただっし綿	水	しめっただっし綿	しめっただっし綿	肥料をとかした水でしめっただっし綿
条件	適当な温度	○	○	○	×	○	○
	水	×	○	○	○	○	○
	空気	○	○	×	○	○	○
	光	○	○	○	○	×	○
	肥料	×	×	×	×	×	○
結果		発芽しなかった	発芽した	発芽しなかった	発芽しなかった	発芽した	発芽した

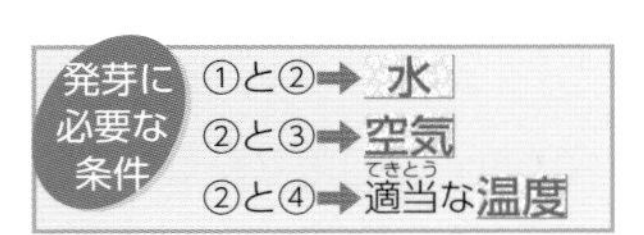

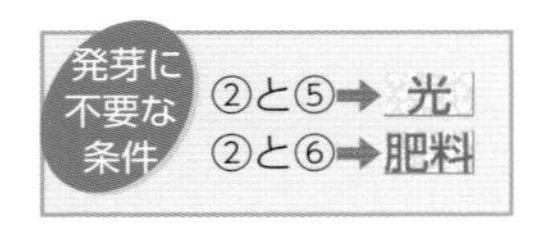

3 単子葉類・双子葉類

Uターン 6ページ

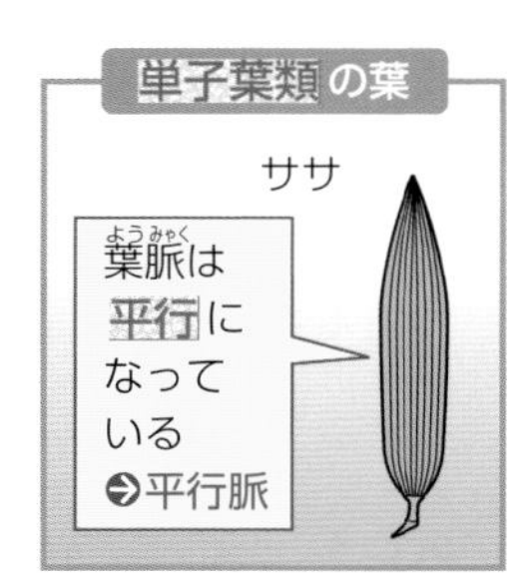

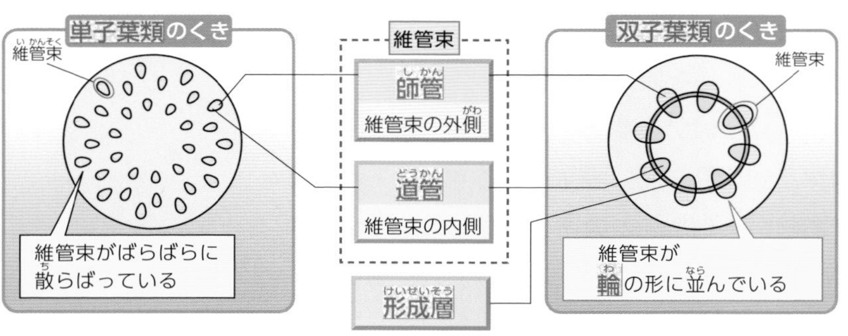

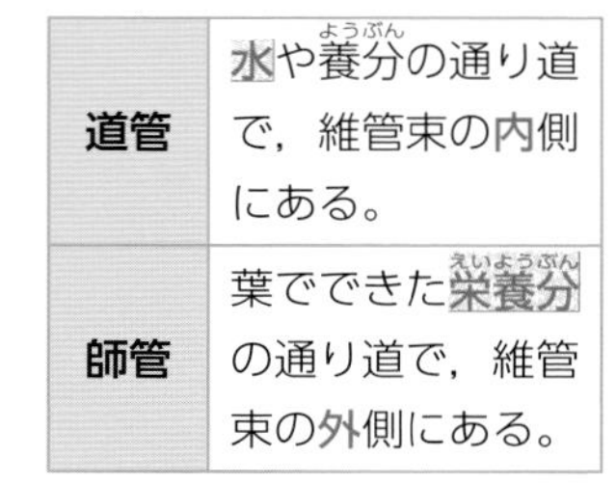

道管	水や養分の通り道で，維管束の内側にある。
師管	葉でできた栄養分の通り道で，維管束の外側にある。

4 実験 水の通り道を調べる

Uターン 6ページ

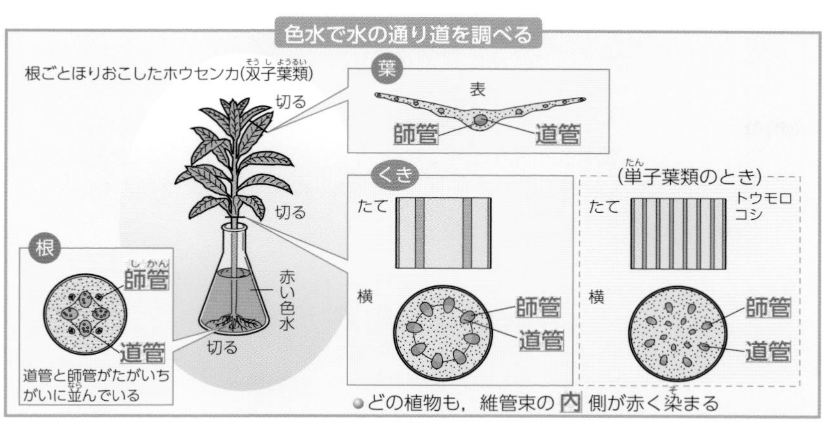

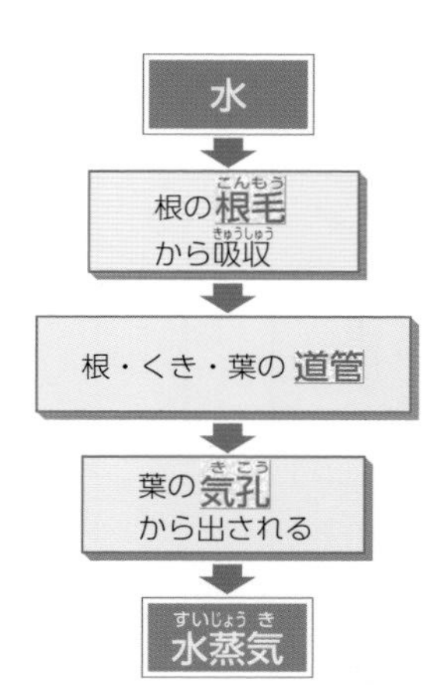

5 葉のつくり

Uターン 6，10ページ

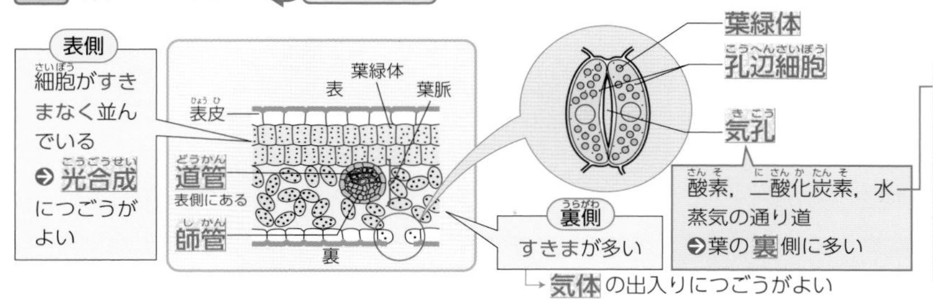

水蒸気が気孔から出ることは，塩化コバルト紙で調べることができる。
＊青色の塩化コバルト紙に水(水蒸気)をつけると赤(桃)色に変化する。

6 実験 光合成

Uターン 8ページ

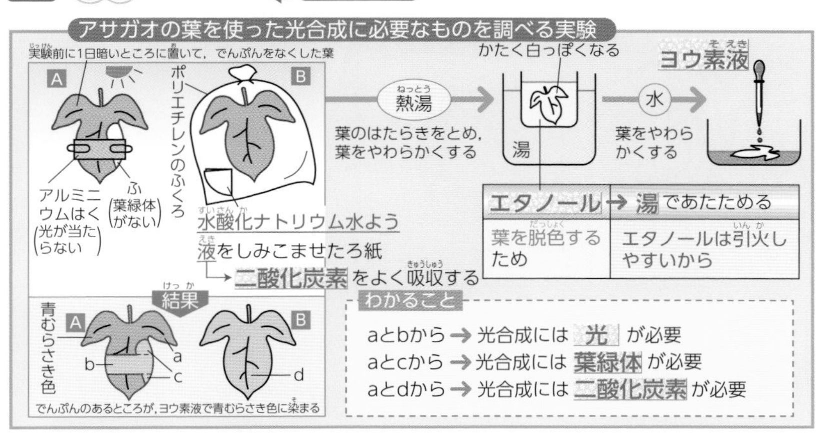

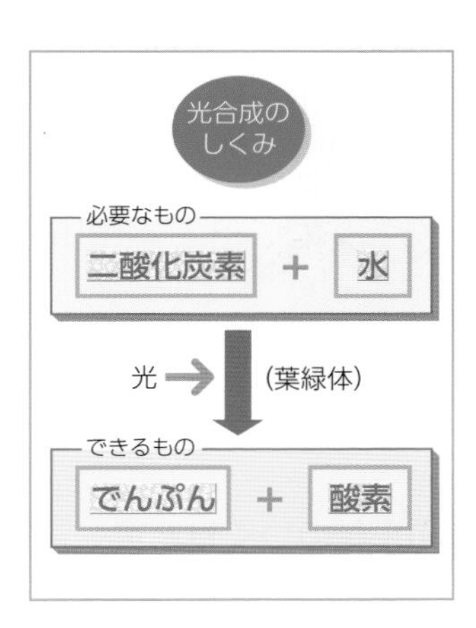

7 呼吸

Uターン 10ページ

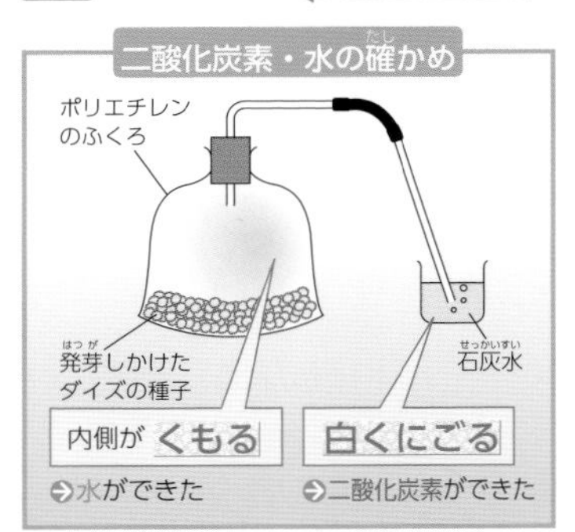

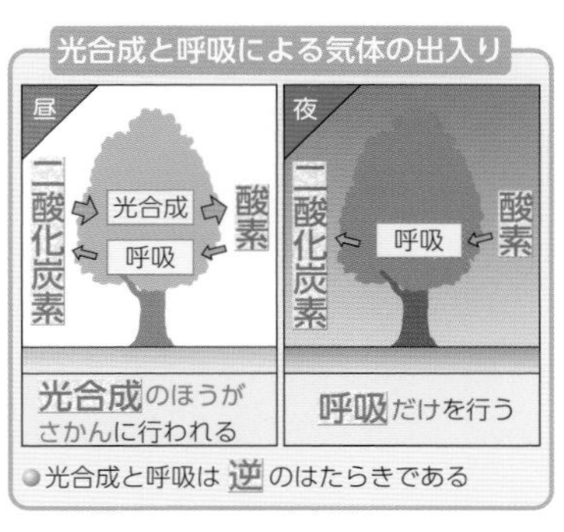

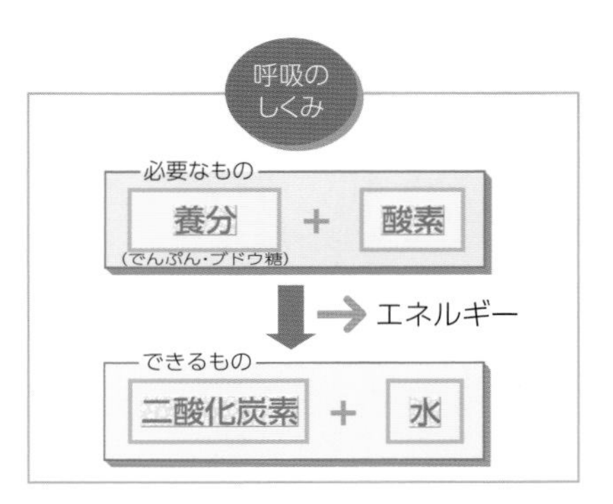

8 実験 蒸散 Uターン 10ページ

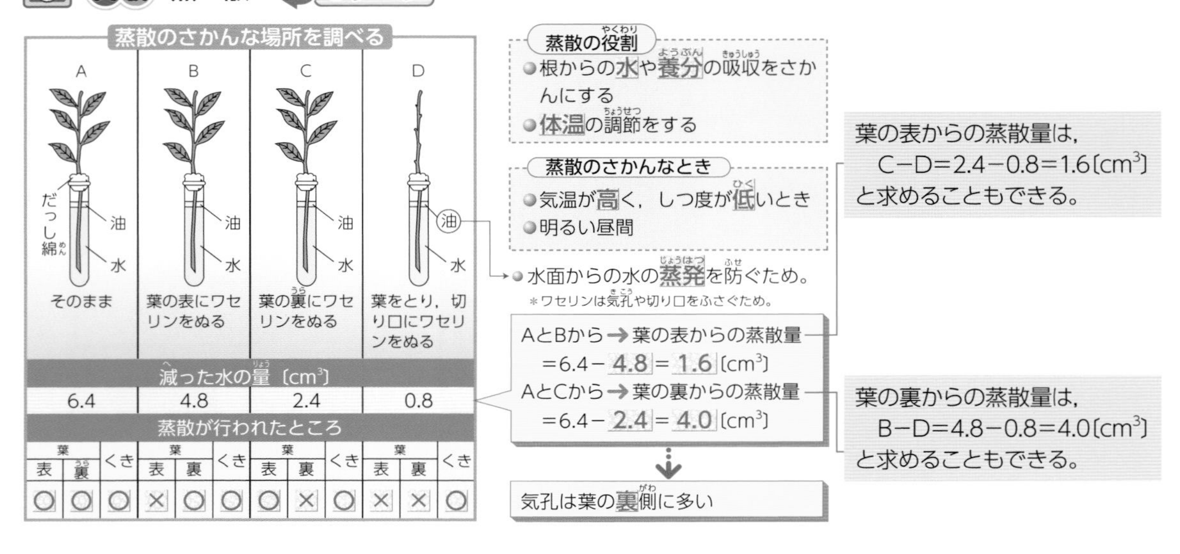

	A			B			C			D		
減った水の量〔cm³〕	6.4			4.8			2.4			0.8		
蒸散が行われたところ	葉 表	葉 裏	くき	葉 表	葉 裏	くき	葉 表	葉 裏	くき	葉 表	葉 裏	くき
	○	○	○	×	○	○	○	×	○	×	×	○

9 り弁花と合弁花 Uターン 12ページ

●**り弁花**…花びらが１枚１枚はなれている花。

●**合弁花**…花びらがもとでくっついている花。

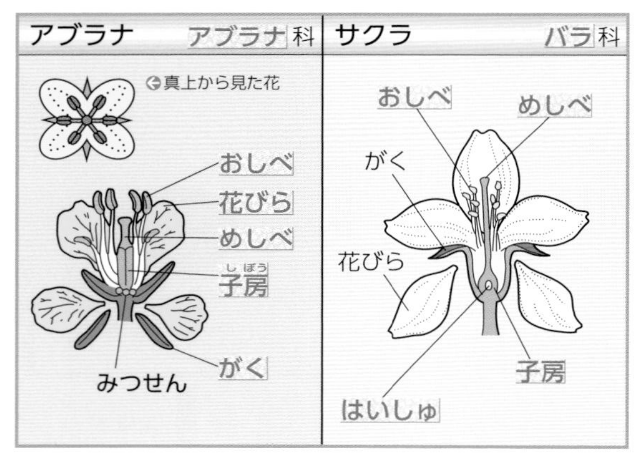

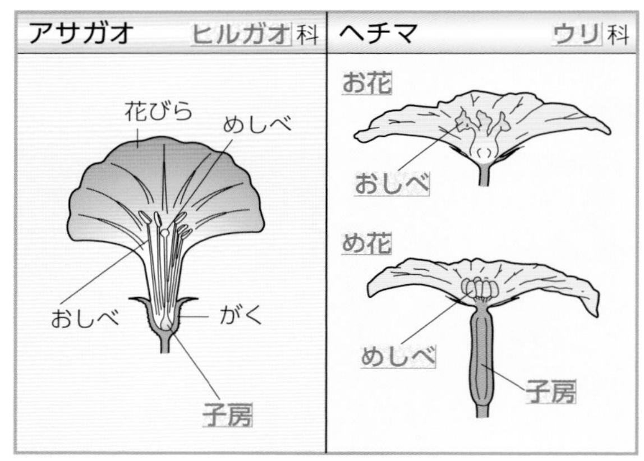

10 花のつくりと実 Uターン 12ページ

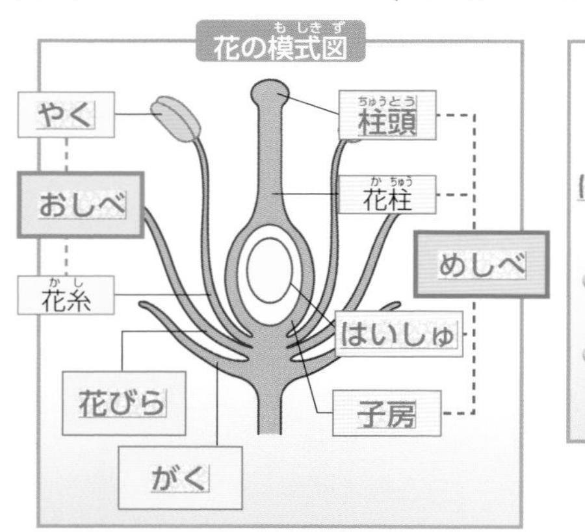

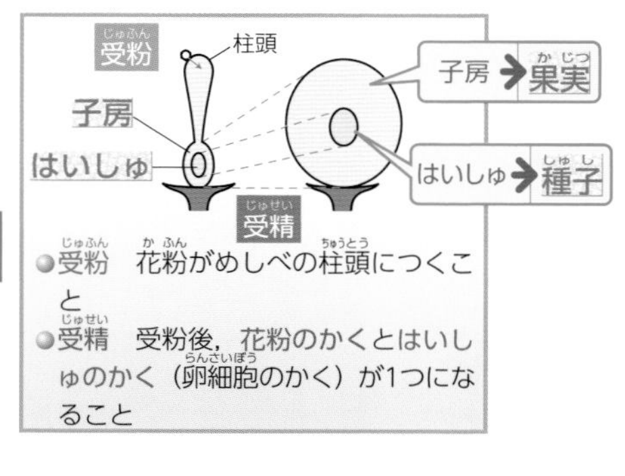

●受粉　花粉がめしべの柱頭につくこと

●受精　受粉後，花粉のかくとはいしゅのかく（卵細胞のかく）が1つになること

花粉の運ばれ方

風ばい花
花粉が風で運ばれる。例　マツ，スギ，イネ，トウモロコシ
虫ばい花
花粉が虫で運ばれる。例　ヒマワリ，ホウセンカ，ヘチマ

11 植物のなかま分け Uターン 14ページ

●植物は，ふえ方やからだのつくりのちがいによって分けられる。

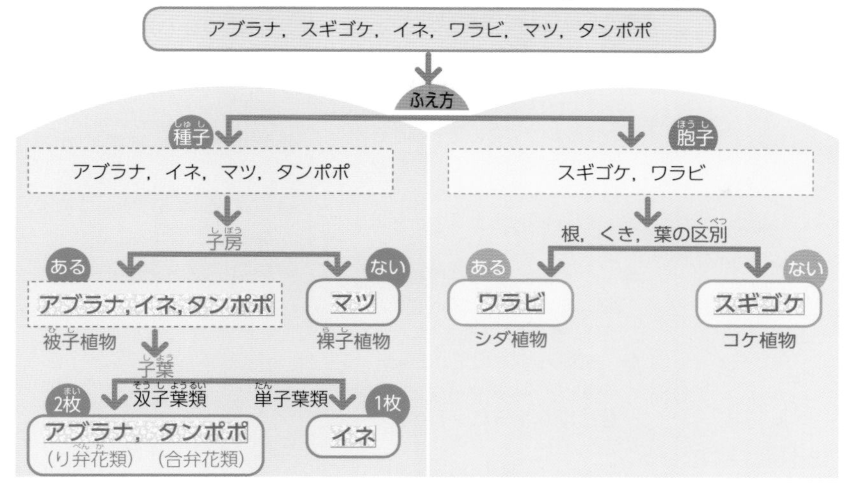

●維管束と水の吸収

種子植物・シダ植物
・維管束がある。 ・水を根から吸収する。
コケ植物
・維管束がない。 ・水をからだの表面全体から吸収する。

12 こん虫のからだのつくり Uターン 16ページ

●こん虫のからだは，頭，胸，腹の3つの部分に分かれている。
●はねとあしは，胸から出ている。

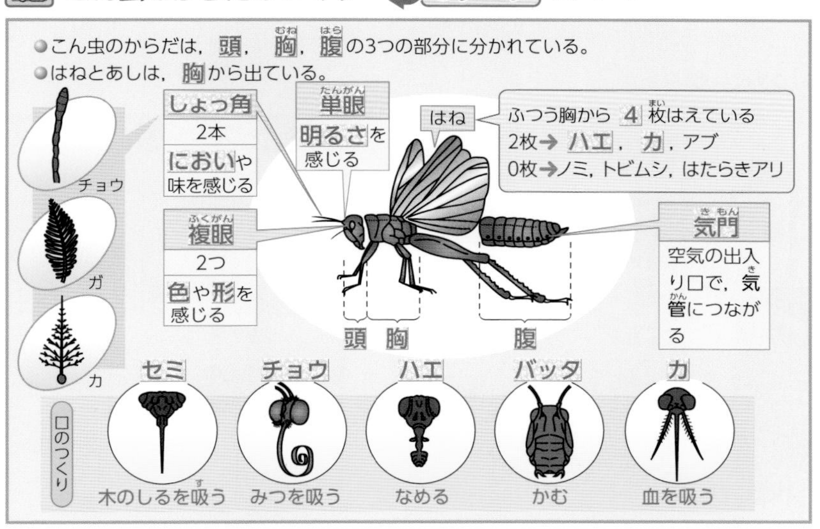

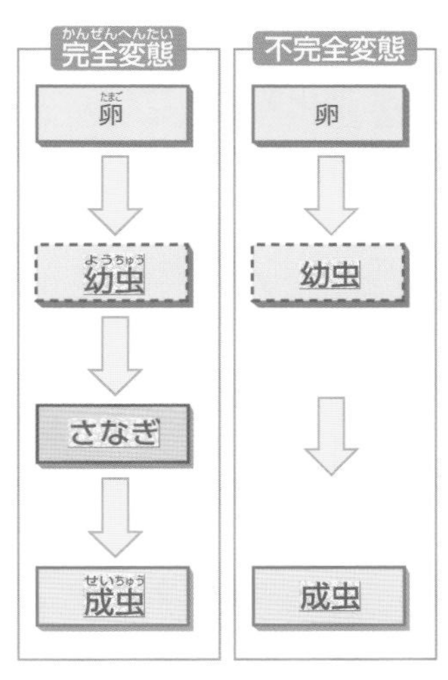

13 メダカのおす・めすと飼い方 Uターン 18ページ

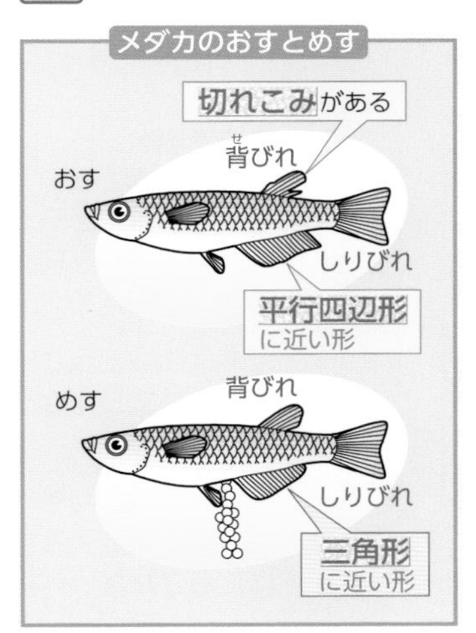

水そう
- 口の広いものを使い，明るい窓ぎわに置く
- 直射日光は当てない

水
- 池や川の水を使う
- 水道水を使うときは，くみ置いた水を使う→塩素をとり除くため
- 20～25℃が適温
- よごれたら，全体の $\frac{1}{2}$ くらいとりかえる

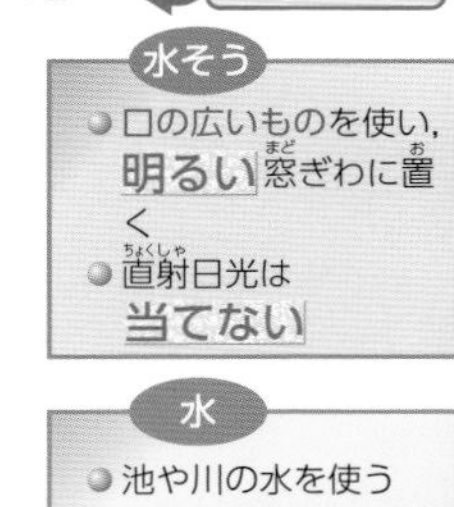
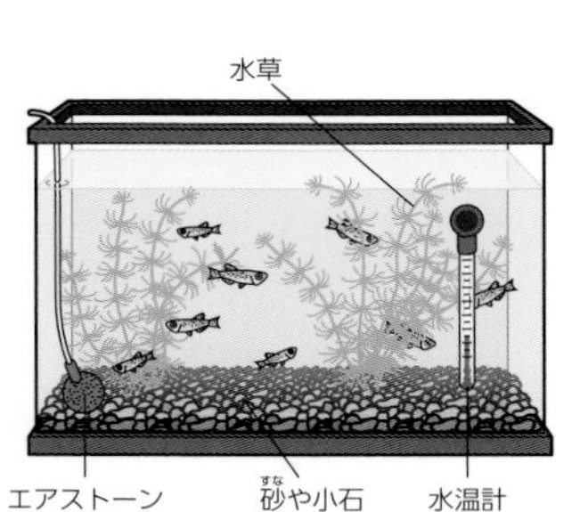

生まれた卵
親が食べることがあるので，水草ごと別の水そう，またはカゴの中に移しておく

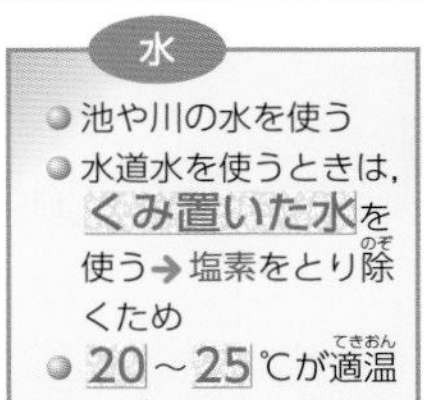

水草
- 光合成によって，メダカの呼吸に必要な酸素を出す
- 卵をうむとき，卵をからみつかせる

えさ
イトミミズやかわいたミジンコを，1日に1回くらい，食べ残しがないようにあたえる

14 けんび鏡の使い方 Uターン 20ページ

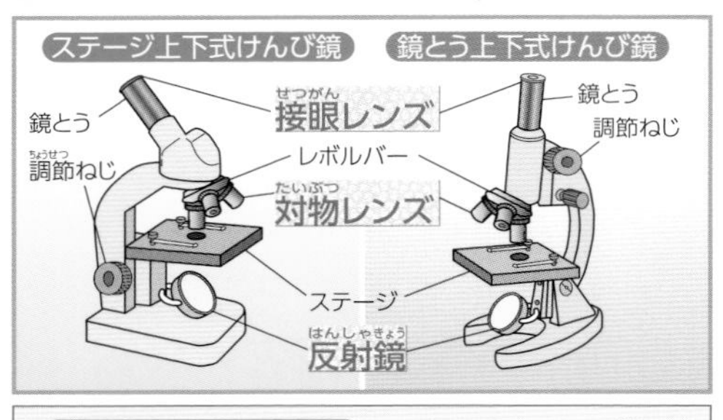

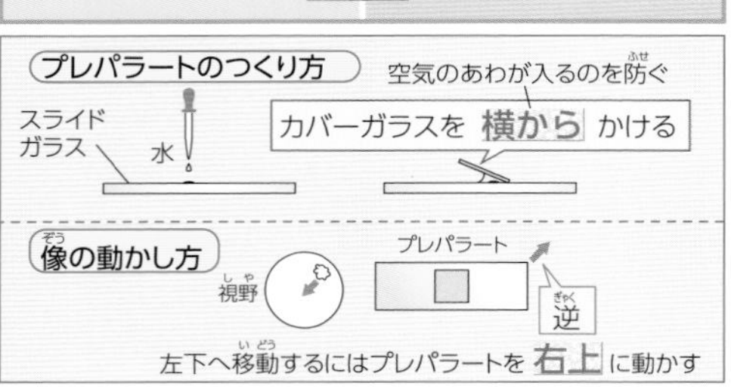

使うときの順序

1. 直射日光の当たらない明るい場所に置く。
2. 接眼レンズ，対物レンズの順にとりつける。
3. 接眼レンズをのぞきながら反射鏡を調節して，視野が明るくなるようにする。
4. プレパラートをステージにのせる。
5. 横から見ながら調節ねじを回して，対物レンズとプレパラートを近づける。
6. 接眼レンズをのぞいたまま，対物レンズとプレパラートを遠ざけながらピントを合わせる。

●はじめは低倍率で観察する。
(見えるはん囲が広く，明るいから)

対物レンズとプレパラートがぶつからないようにするため。

低倍率から高倍率にすると，
●見えるはん囲はせまくなる。
●視野は暗くなる。

15 消化器官 Uターン 22ページ

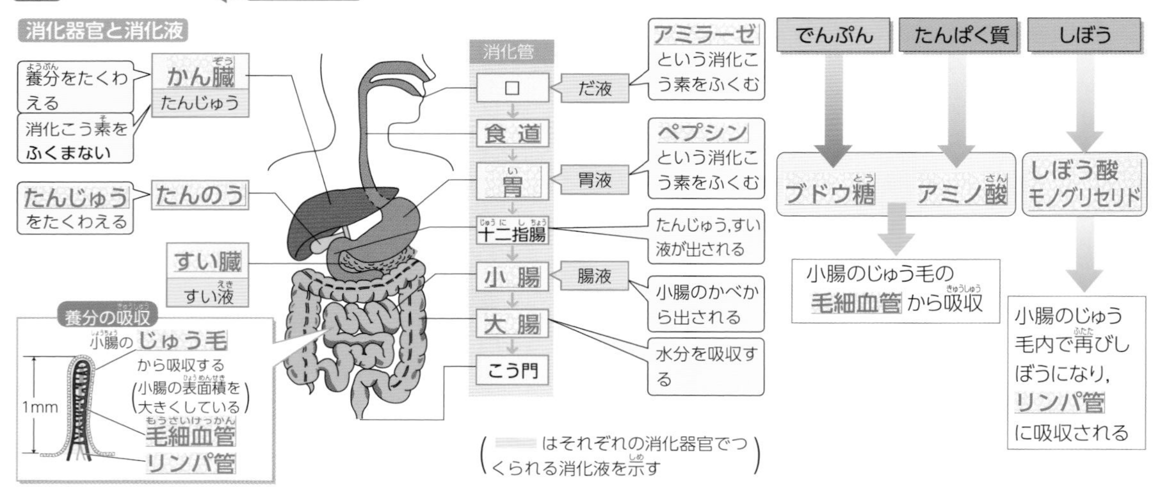

16 実験 だ液によるでんぷんの消化 Uターン 22ページ

	A	B	C	D	E
装置	だ液 / でんぷんのり	だ液 / でんぷんのり	だ液 / でんぷんのり	ふっとうさせただ液 / でんぷんのり	水 / でんぷんのり
温度	37℃	0℃	80℃	37℃	37℃
ヨウ素液	×	○	○	○	○

＊色が変化するときは○，変化しないときは×
＊でんぷんは，ヨウ素液で青むらさき色に変化する。

わかること

AとB・C	だ液は体温くらいの温度ではたらき，でんぷんを別の物質に変える。
AとD	だ液はふっとうさせるとはたらかない。
AとE	水にはでんぷんを別の物質に変えるはたらきがない。

17 血液の成分とじゅんかん

Uターン 24ページ

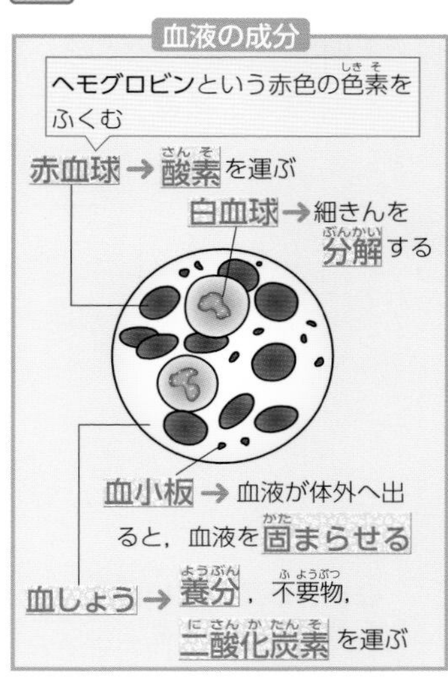

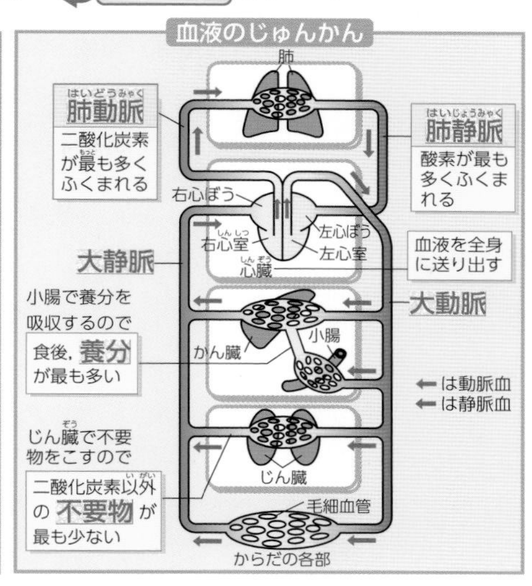

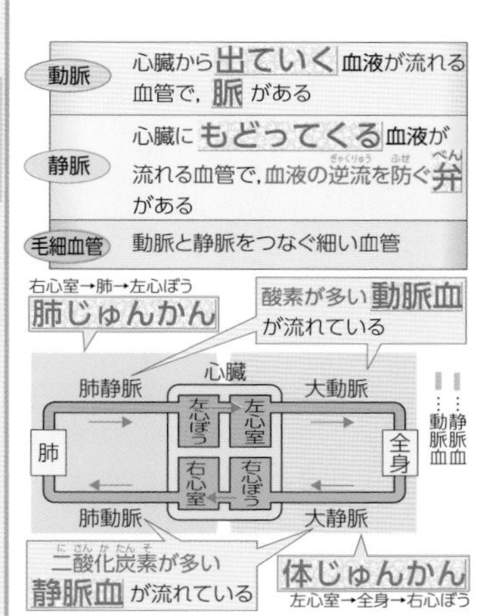

18 肺のつくりとモデル実験

Uターン 26ページ

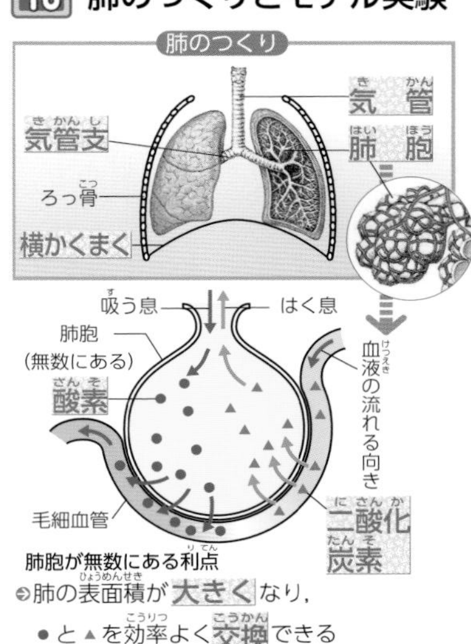

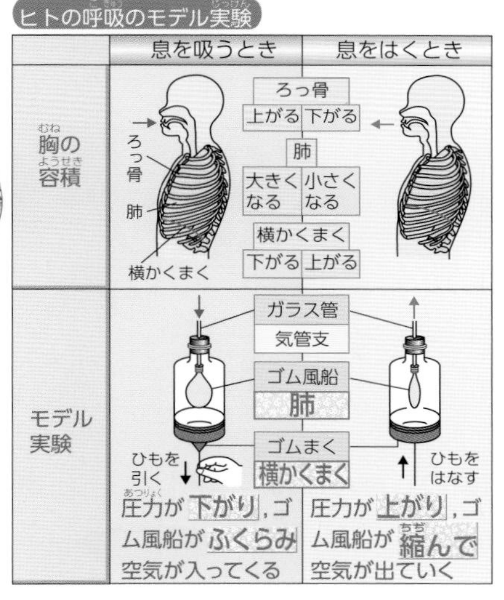

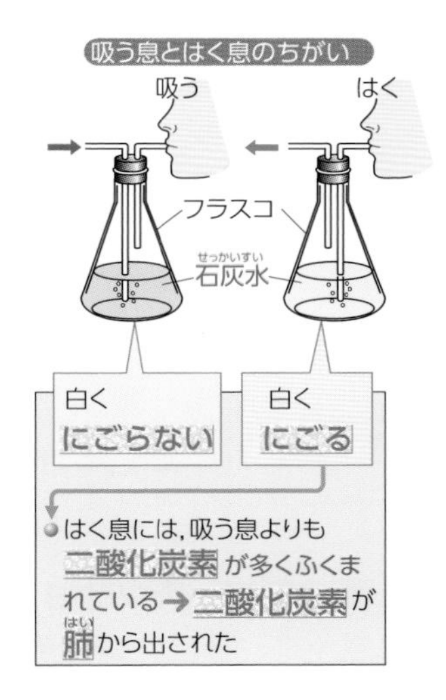

19 骨と筋肉

Uターン 28ページ

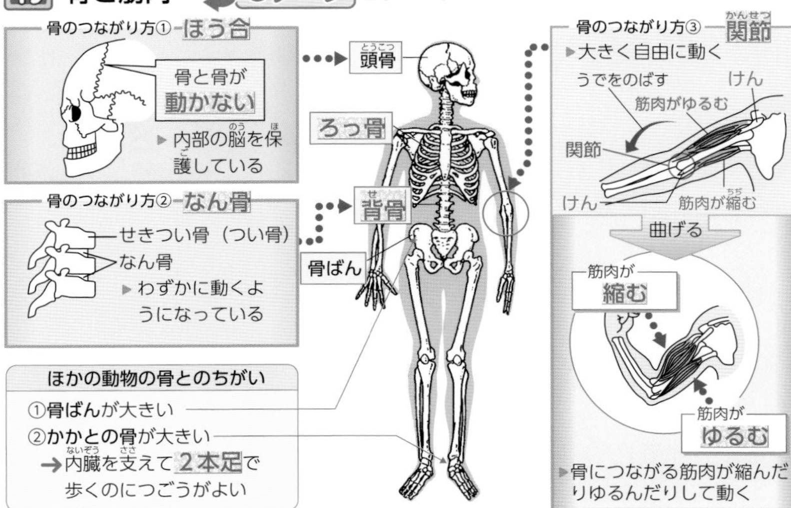

頭骨（頭がい骨）	脳を守っている。
ろっ骨	心臓や肺を守っている。
背骨	ゆるやかなS字形になっていて，体重の負担をやわらげている。
骨ばん	内臓を支えている。女性では，たい児を支えるために発達している。

20 ヒトのたんじょう Uターン 30ページ

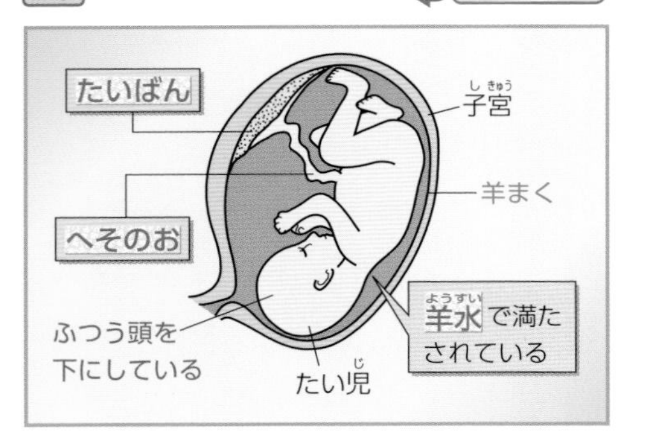

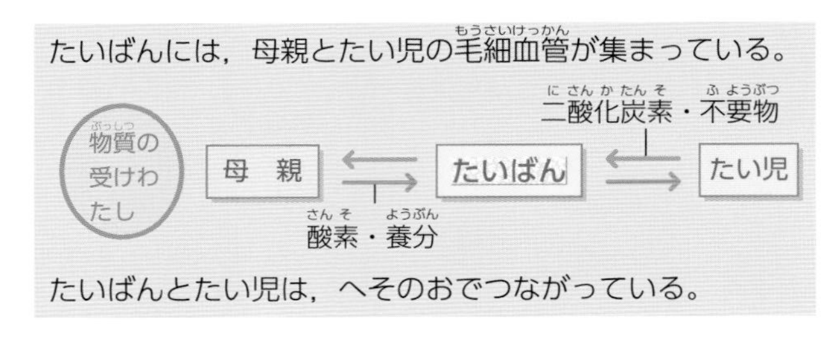

21 セキツイ動物の分類 Uターン 32ページ

	魚類	両生類	は虫類	鳥類	ほ乳類
なかま	コイ，サケ，イワシ	カエル，イモリ，サンショウウオ	カメ，ヘビ，ワニ，ヤモリ	ハト，スズメ，タカ，ワシ	ヒト，ウマ，コウモリ，クジラ
からだの表面	うろこ	しめった皮ふ	うろこ，こうら	羽毛	毛
呼吸	えら	子 えら と皮ふ／親 肺 と皮ふ	肺		
生活場所	水中	水中／水辺	ふつう陸上		
体温	気温(水温)とともに変化する→変温動物			一定に保たれている→恒温動物	
子の生まれ方	体外受精		体内受精		
	卵生 水中にうむ，卵にからがない		卵生 陸上にうむ，卵にからがある		胎生
子の育ち方	親は子の世話をしない			食べ物をあたえる	乳をあたえる

まちがえやすい動物

イモリ	「井戸を守る＝井守」(水中)で，両生類
ヤモリ	「家を守る＝家守」(陸上)で，は虫類
コウモリ	空を飛ぶが，ほ乳類
クジラ，イルカ	水中生活をするが，ほ乳類
サンショウウオ	「ウオ」とつくが，両生類

22 草食動物・肉食動物と物質のじゅんかん 
Uターン 36ページ

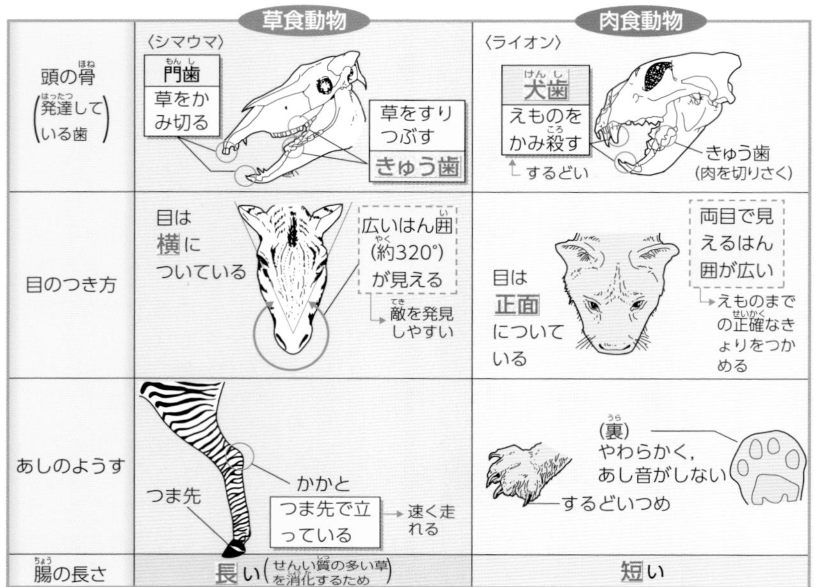

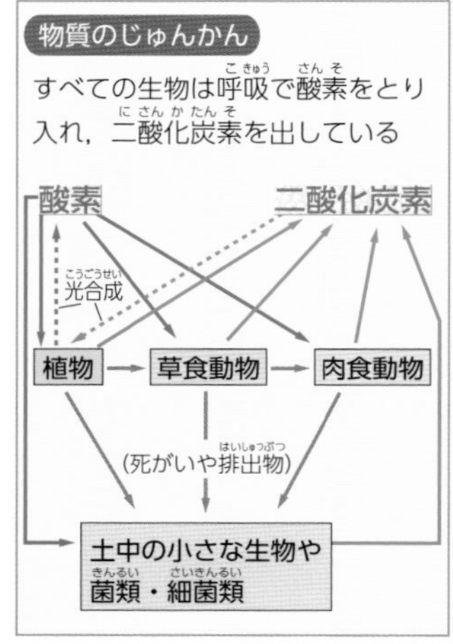

23 川の流れの速さと川底のようす

Uターン 40，42ページ

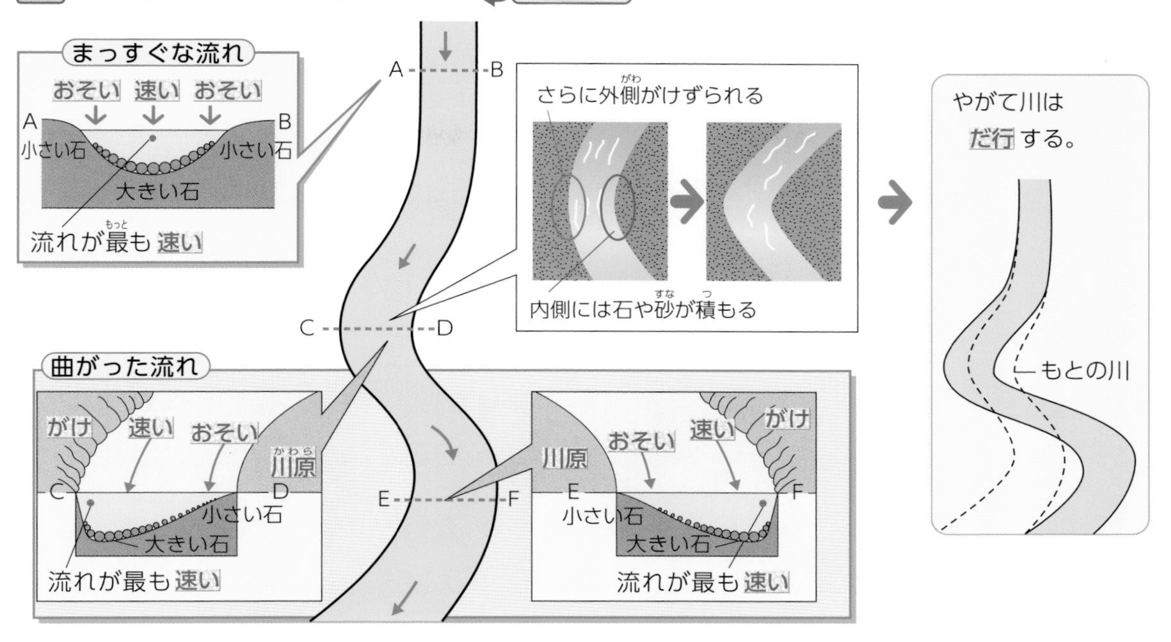

24 実験 つぶの大きさと運ばれ方

Uターン 44ページ

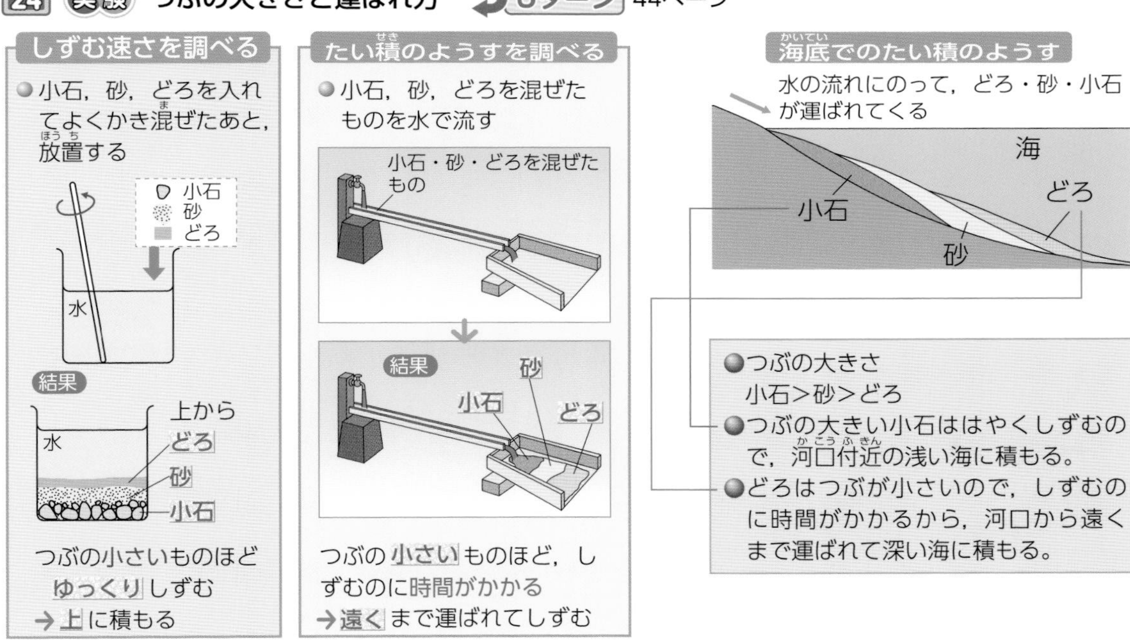

25 不整合のでき方

Uターン 48ページ

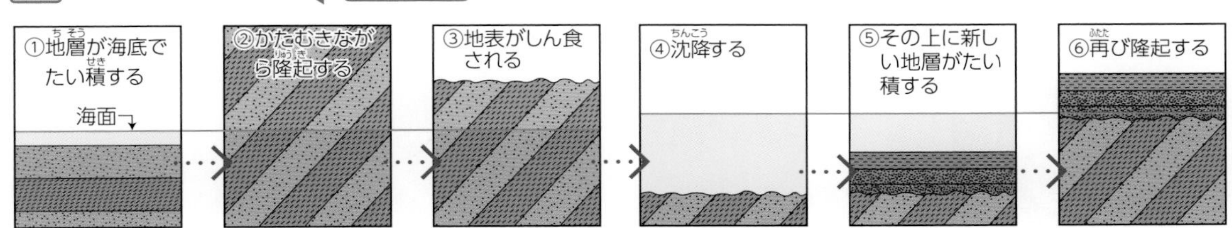

26 気温・地温のはかり方

Uターン 54ページ

気温のはかり方

●百葉箱(ひゃくようばこ)ではかる…まわりに何もないところに置(お)く

内，外とも 白 色にぬってある
なぜ? 熱(ねつ)の吸収(きゅうしゅう)を防(ふせ)ぐため

戸は 北 向きについている
なぜ? 開けたときに直射(ちょくしゃ)日光が入るのを防ぐため

よろい戸 になっている
内　外
なぜ? 風通しをよくするため

温度計は地上 1.2〜1.5 m のところに置いてある

地面に しばふ を植(う)えている
なぜ? 地面からの熱の反射(はんしゃ)を防ぐため

地温のはかり方

●地面をほり，温度計の液だめを入れ，土をかぶせてはかる。液(えき)だめ以外(いがい)はおおいをかぶせる。

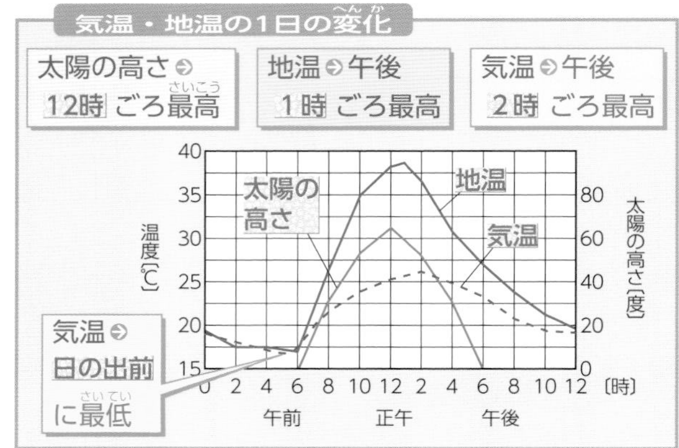

27 高気圧(こうきあつ)と低気圧(ていきあつ)，寒冷(かんれい)前線と温暖(おんだん)前線

Uターン 56，60ページ

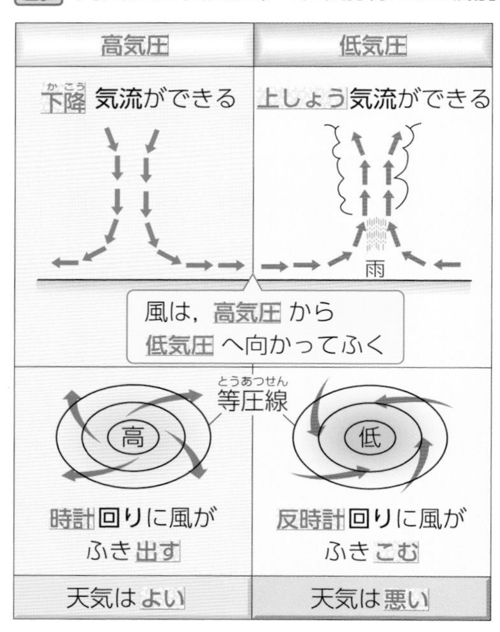

高気圧	低気圧
下降(かこう) 気流ができる	上しょう 気流ができる
風は，高気圧 から 低気圧 へ向かってふく	
時計 回りに風がふき 出す	反時計 回りに風がふき こむ
天気は よい	天気は 悪い

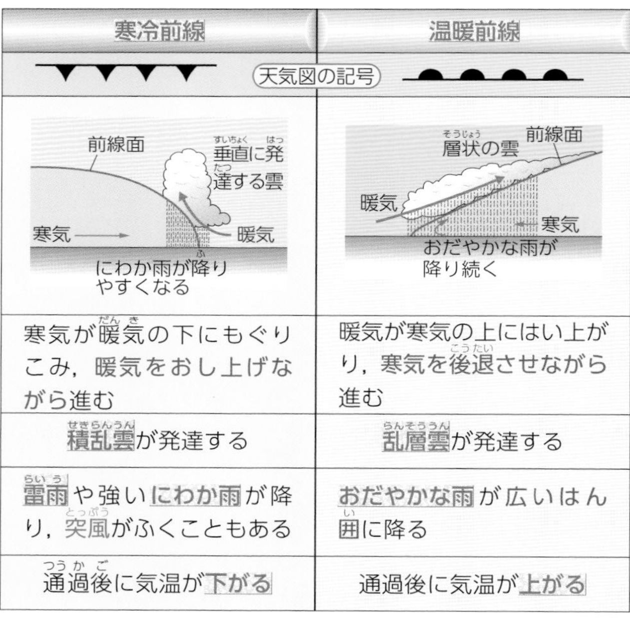

寒冷前線	温暖前線
天気図の記号	
寒気が暖気(だんき)の下にもぐりこみ，暖気をおし上げながら進む	暖気が寒気の上にはい上がり，寒気を後退(こうたい)させながら進む
積乱雲(せきらんうん)が発達する	乱層雲(らんそううん)が発達する
雷雨(らいう)や強い にわか雨 が降り，突風(とっぷう)がふくこともある	おだやかな雨 が広いはん囲(い)に降る
通過後(つうかご)に気温が 下がる	通過後に気温が 上がる

28 雲画像(くもがぞう)と天気図

Uターン 62ページ

次の雲画像・天気図は，春・夏・秋・冬・つゆのいつ？

（資料提供：気象庁）

冬

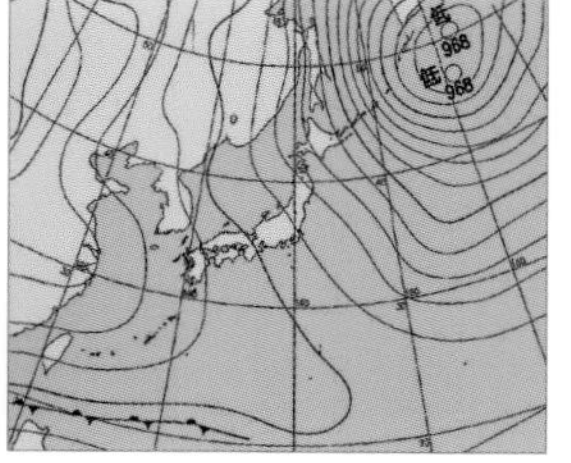

春と秋

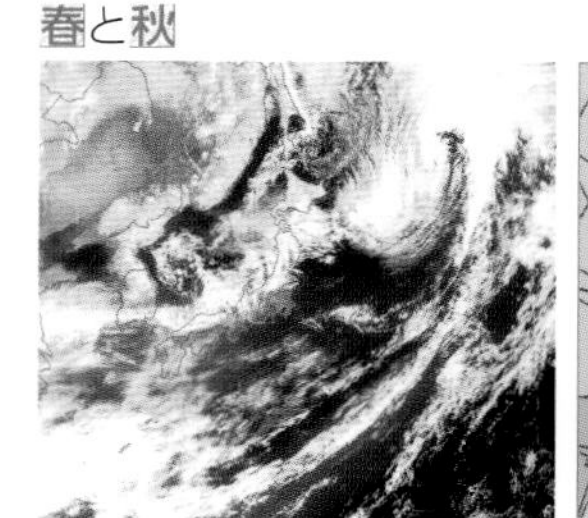

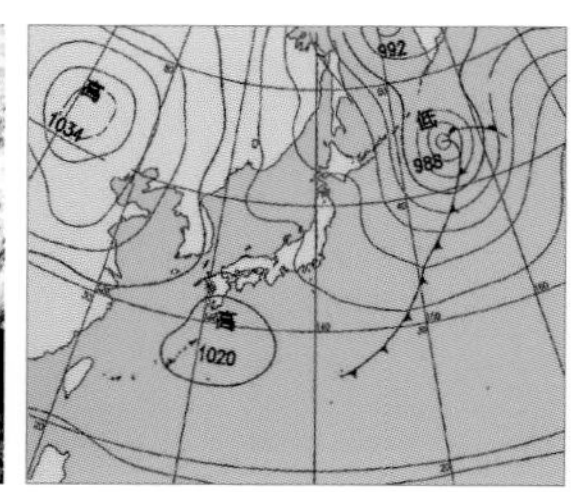

夏

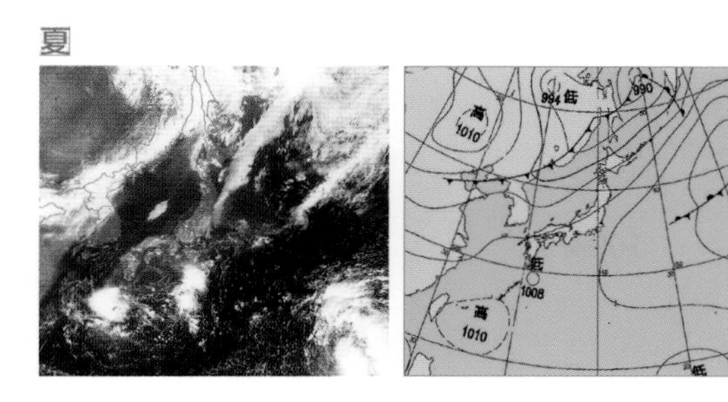

つゆ

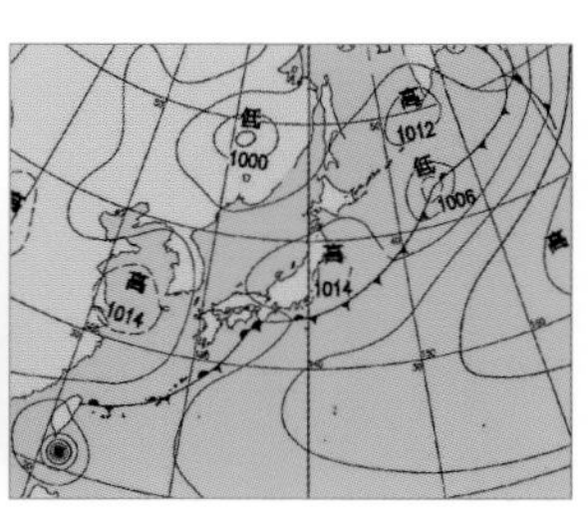

29 太陽の１年の動き

Uターン 64ページ

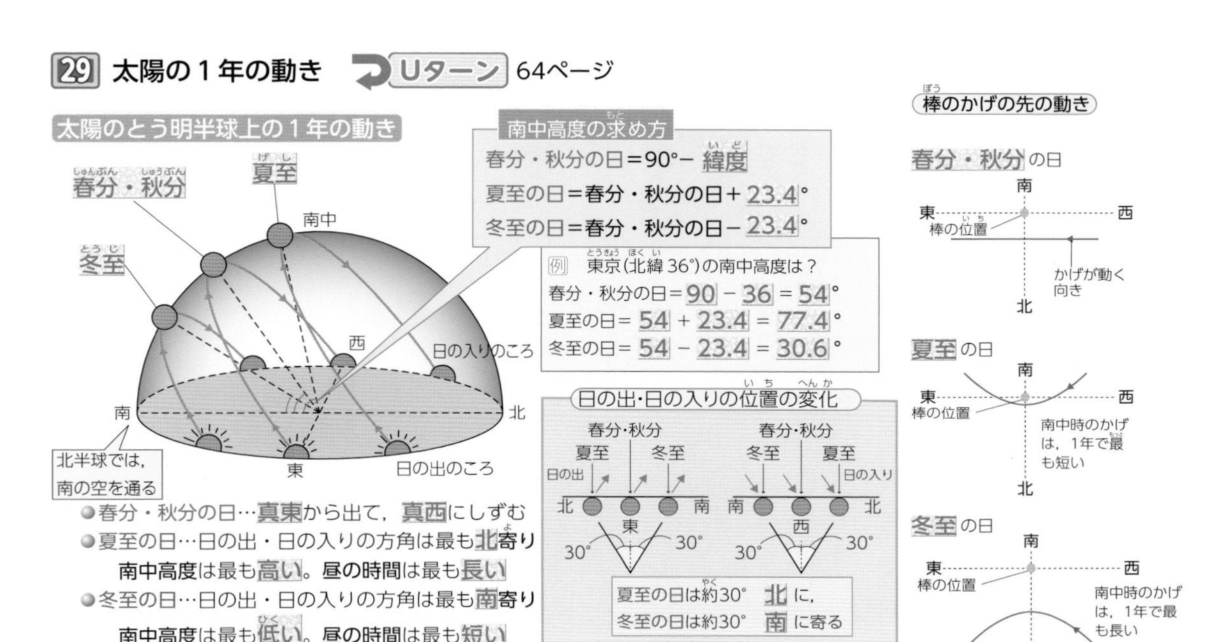

- 春分・秋分の日…真東から出て，真西にしずむ
- 夏至の日…日の出・日の入りの方角は最も北寄り
  南中高度は最も高い。昼の時間は最も長い
- 冬至の日…日の出・日の入りの方角は最も南寄り
  南中高度は最も低い。昼の時間は最も短い

30 地球の公転と四季

Uターン 64ページ

地球の公転

- 地球が太陽のまわりを１年に１回まわることを公転という

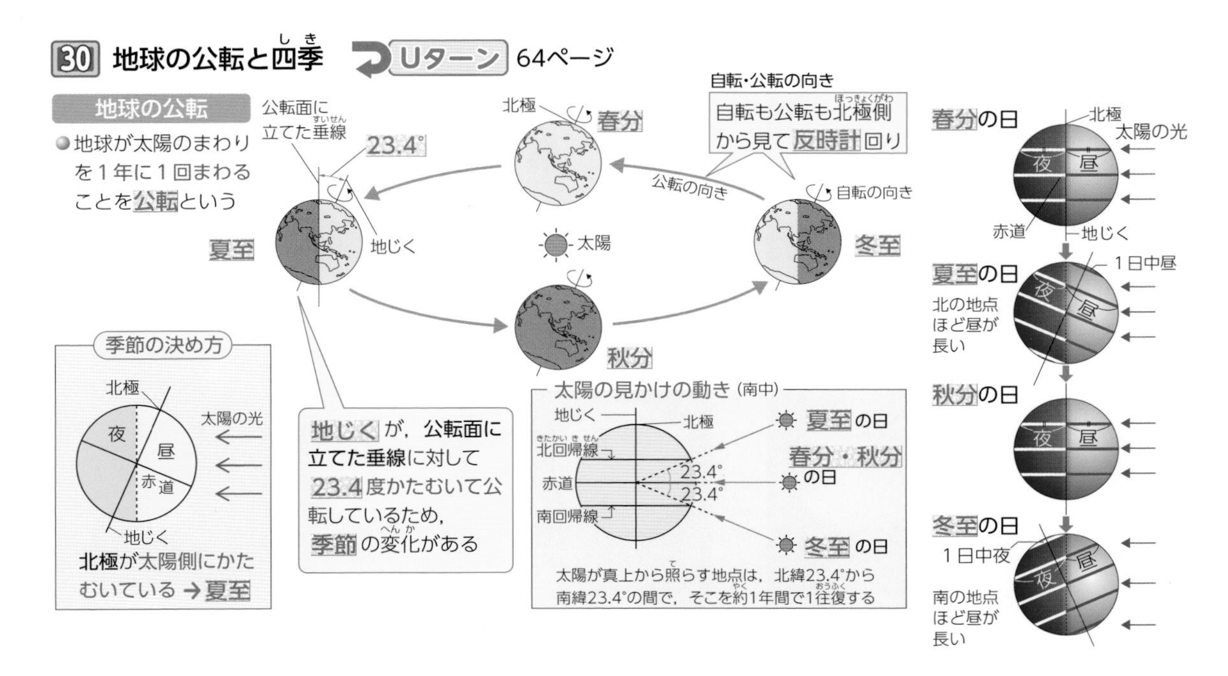

31 月の公転

Uターン 66ページ

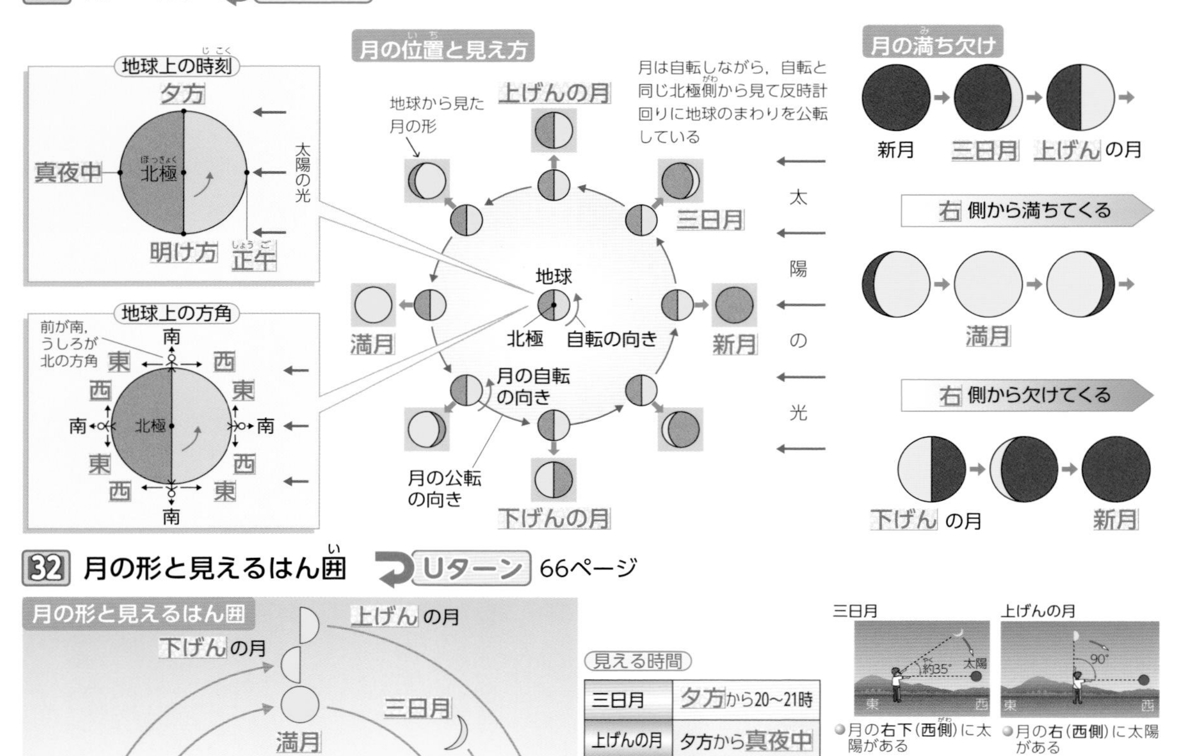

32 月の形と見えるはん囲

Uターン 66ページ

見える時間

三日月	夕方から20～21時
上げんの月	夕方から真夜中
満月	一晩じゅう
下げんの月	真夜中から明け方

●月の右下（西側）に太陽がある

●月の右（西側）に太陽がある

●月の反対側に太陽がある

●月の左（東側）に太陽がある

33 月の形・時刻・方角

Uターン 66ページ

●次の形の月が，それぞれ下に示した時刻に見えるのは，東・西・南・北のどの方角か？

●次の形の月が，それぞれ下に示した方角に見えるのは，夕方・真夜中・明け方のいつか？

●次に示した時刻と方角に見える月はどんな形か。また，その月の名前は？

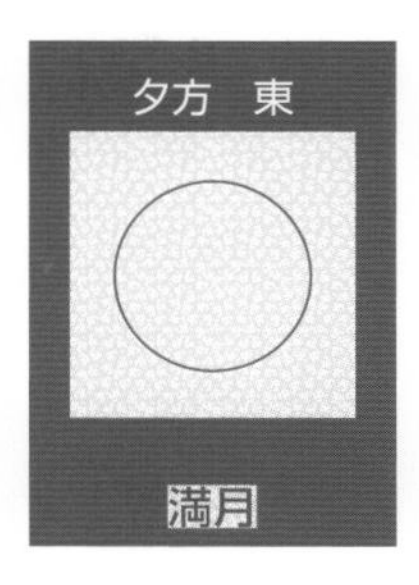

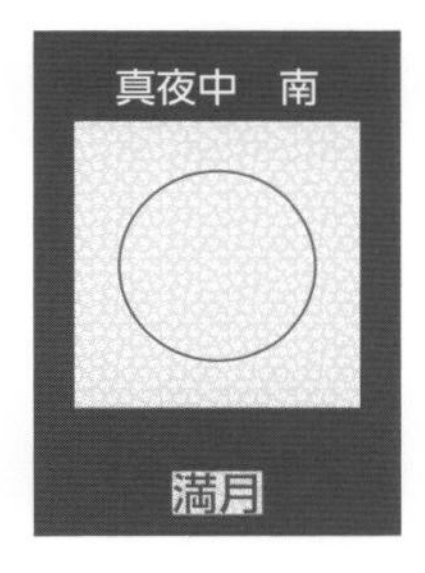

34 日食と月食　Uターン 66ページ

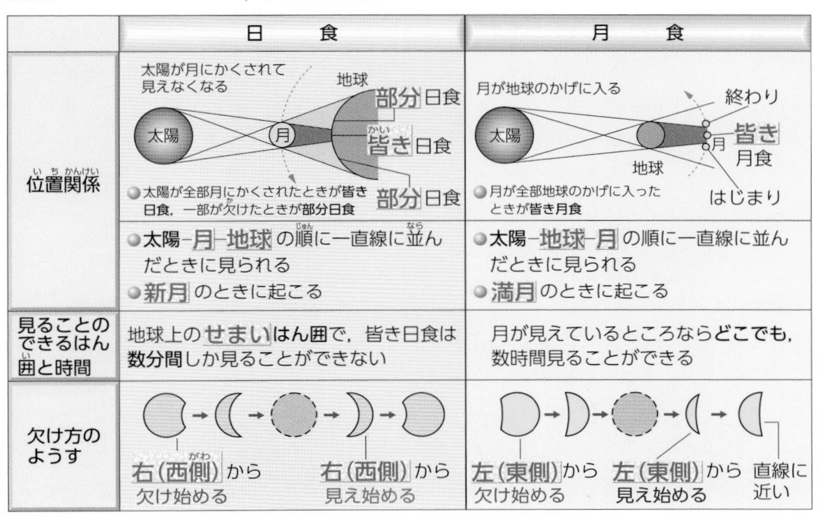

	日食	月食
位置関係	太陽が月にかくされて見えなくなる／太陽／月／地球／部分日食／皆き日食／部分日食 ●太陽が全部月にかくされたときが皆き日食，一部が欠けたときが部分日食	月が地球のかげに入る／太陽／地球／月／終わり／皆き月食／はじまり ●月が全部地球のかげに入ったときが皆き月食
	●太陽－月－地球 の順に一直線に並んだときに見られる ●新月 のときに起こる	●太陽－地球－月 の順に一直線に並んだときに見られる ●満月 のときに起こる
見ることのできるはん囲と時間	地球上の せまい はん囲で，皆き日食は数分間しか見ることができない	月が見えているところならどこでも，数時間見ることができる
欠け方のようす	右(西側) から欠け始める　右(西側) から見え始める	左(東側) から欠け始める　左(東側) から見え始める　直線に近い

●月の公転き動は，地球の公転き動に対して約5°かたむいている。このため，太陽，月，地球が一直線上に並ぶことはまれである。したがって，新月のとき必ず日食が起こるわけではない。
同じように，満月のとき必ず月食が起こるわけではない。

35 北の空の星の動き　Uターン 68ページ

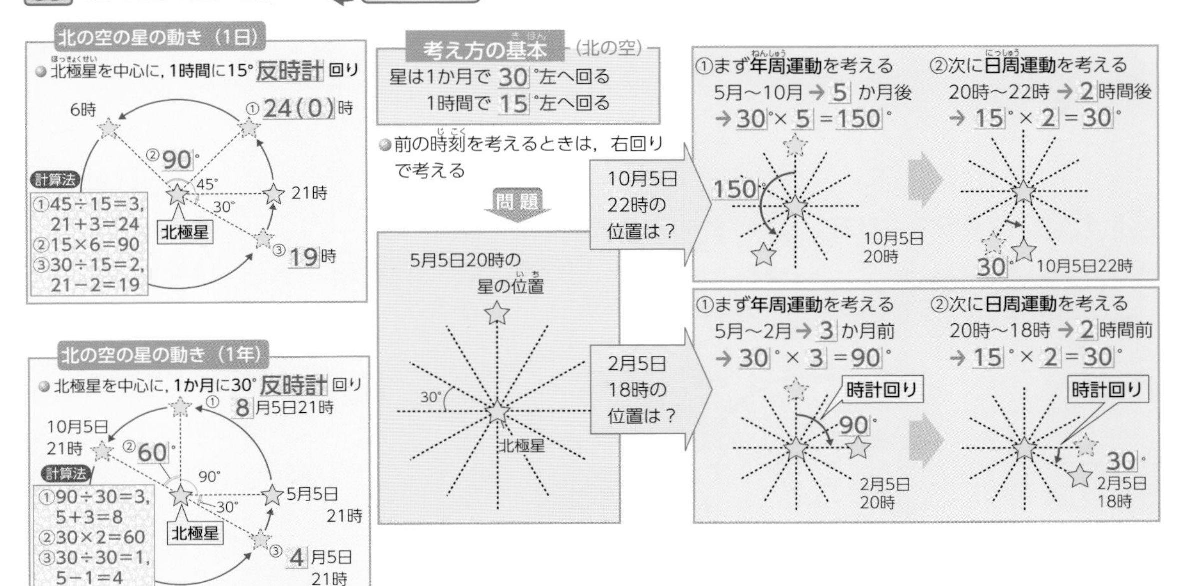

36 夏・冬の大三角 Uターン 70ページ

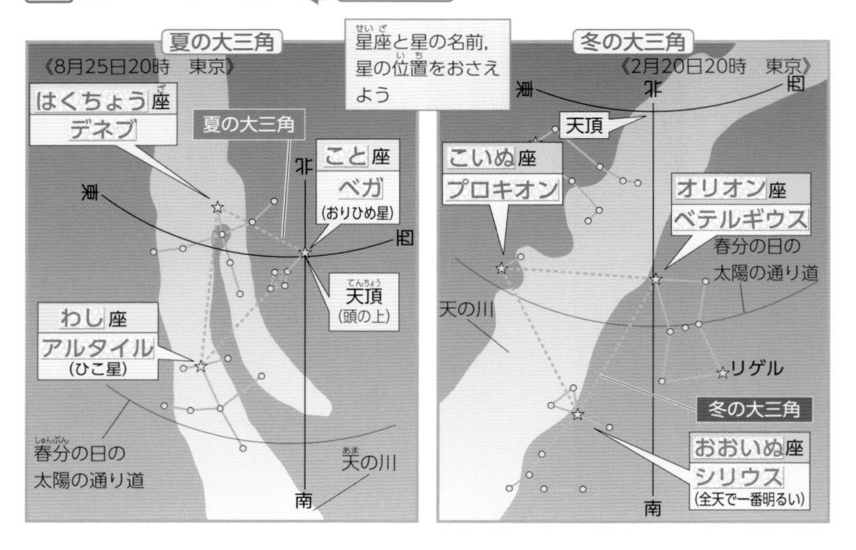

●星の色

1等星	色
ベガ	白
デネブ	白
アルタイル	白
ベテルギウス	赤
リゲル	青白
プロキオン	黄
シリウス	白

37 星座早見 Uターン 70ページ

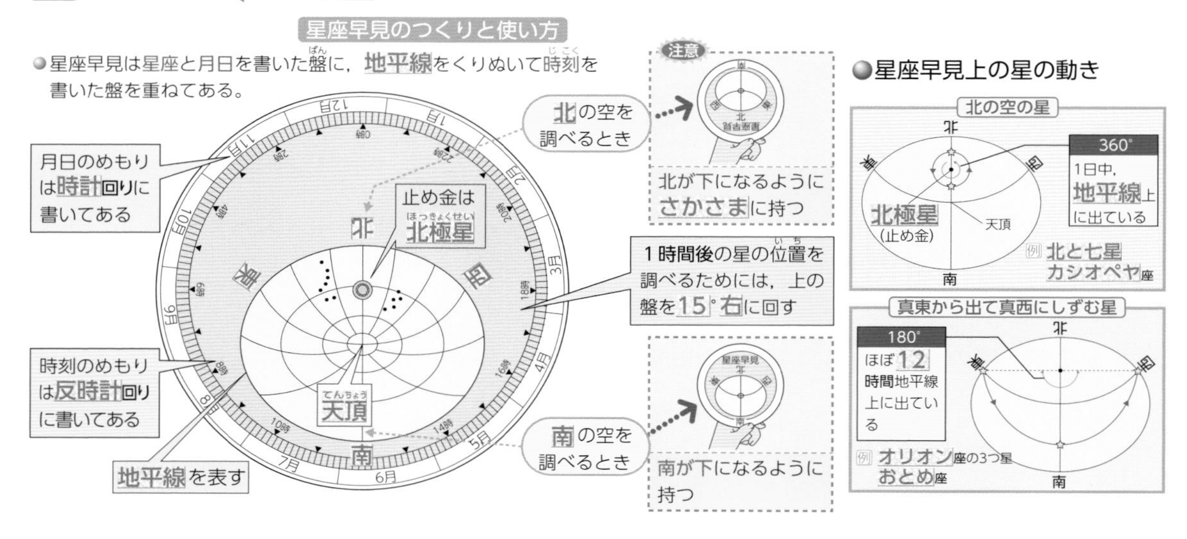

38 実験 酸素のつくり方 Uターン 90ページ

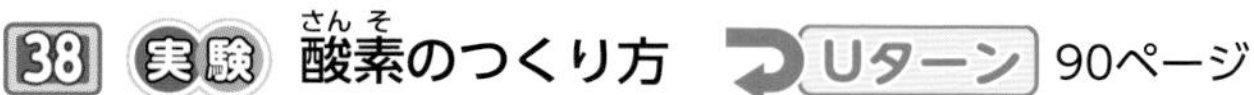

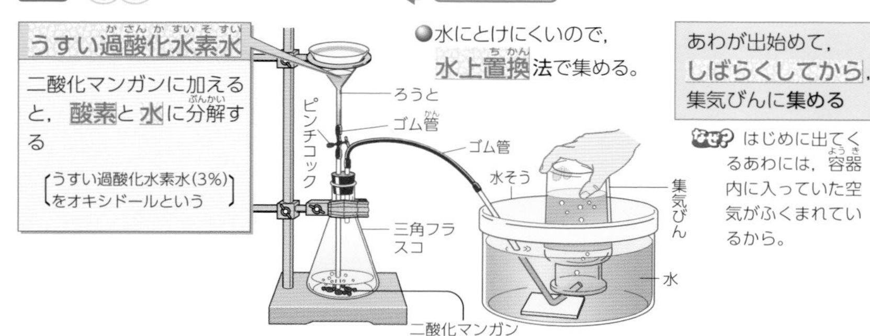

二酸化マンガン
- 黒色の固体。
- 反応をはやめるはたらきをもつ(しょくばいという)。
- 二酸化マンガン自体は変化しない。

39 実験 二酸化炭素のつくり方

Uターン 90ページ

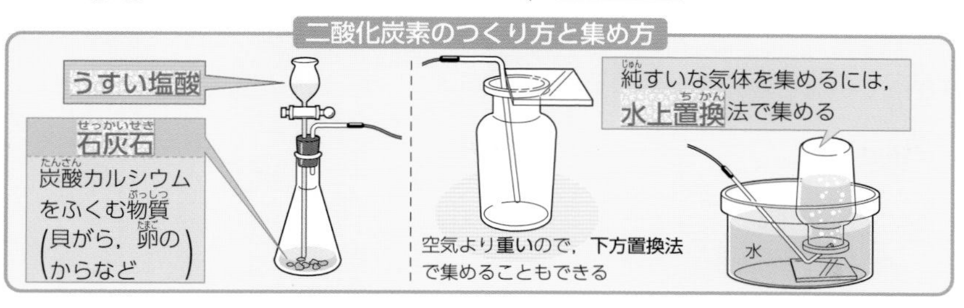

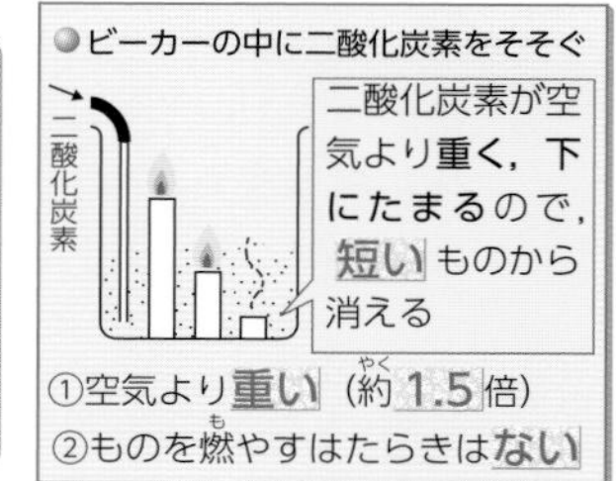

40 ろうそくの燃え方と実験

Uターン 88ページ

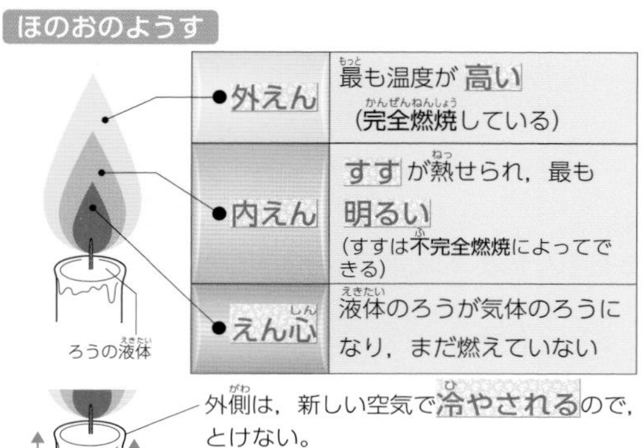

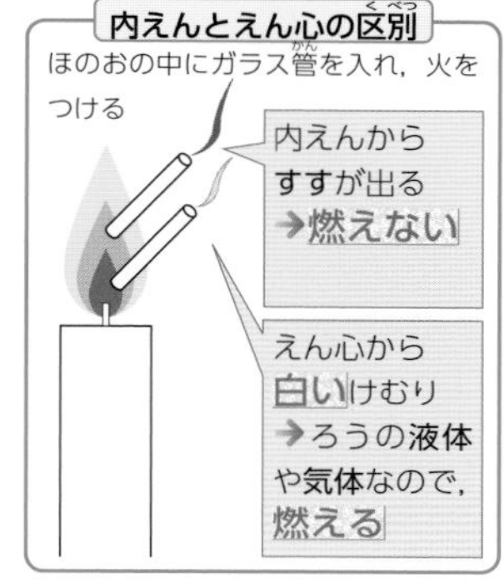

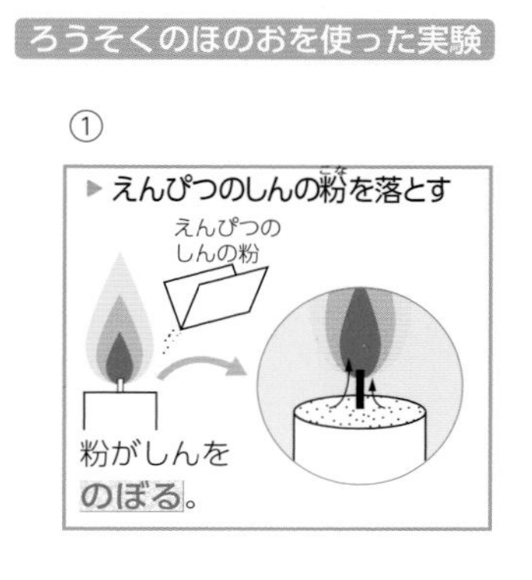

②

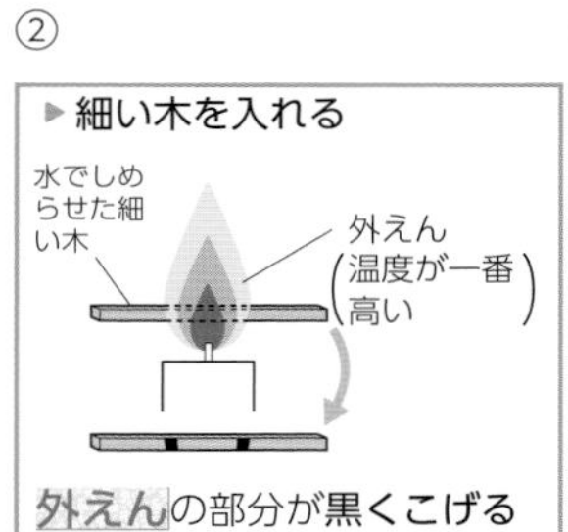

③

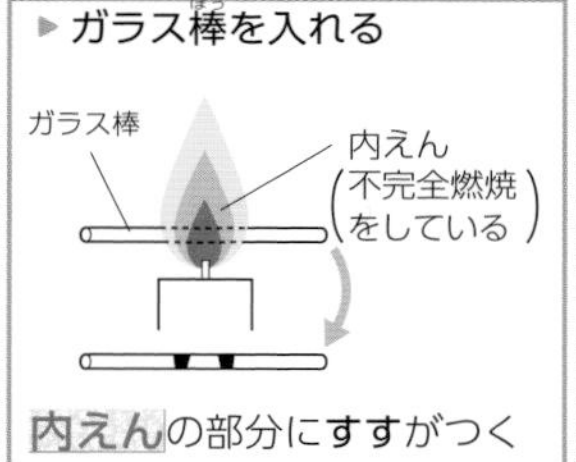

④

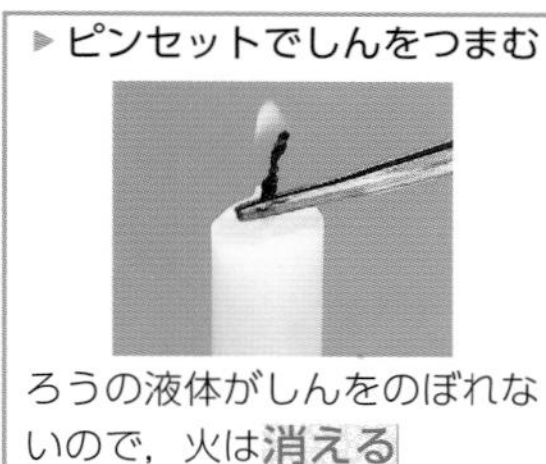

⑤

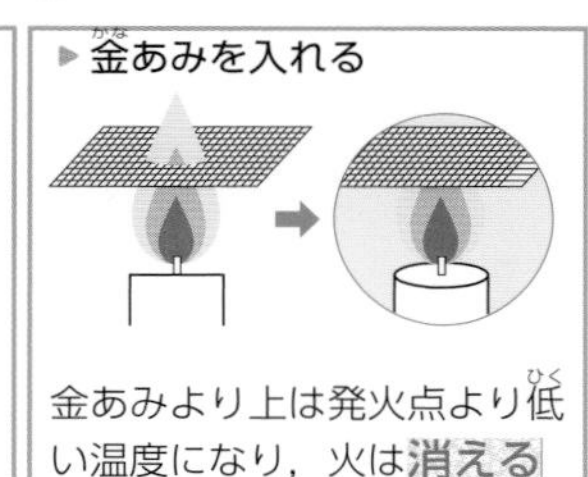

41 てこ

Uターン 110ページ

●それぞれの道具で，力点・支点・作用点はどこ？

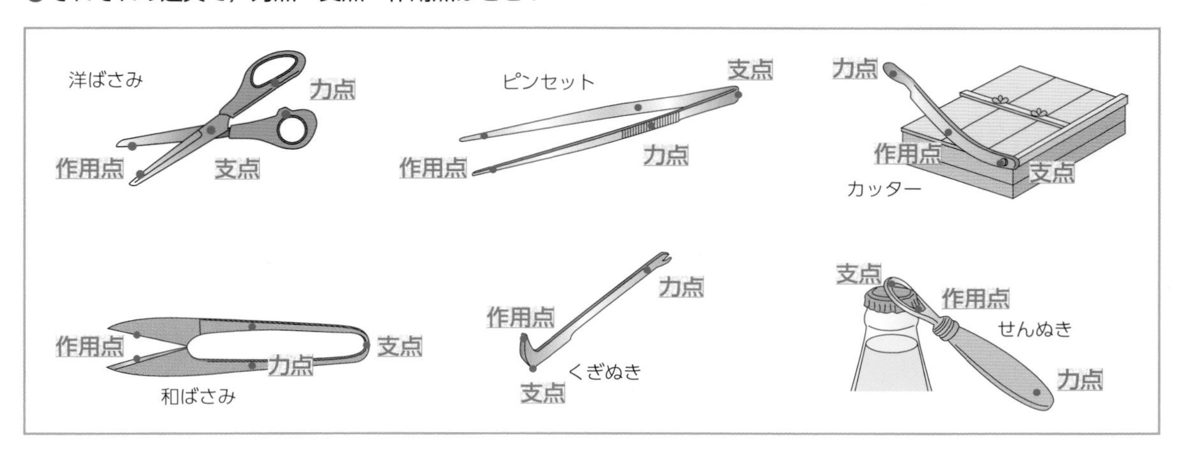

42 組み合わせかっ車の計算（かっ車の重さは考えない）

Uターン 114ページ

1本のひもを使った組み合わせかっ車

見かけ上n本のひもがかかっているとき，
ひもを引く力＝おもりの重さ÷n
ひもを引く長さ＝おもりを上げる長さ×n

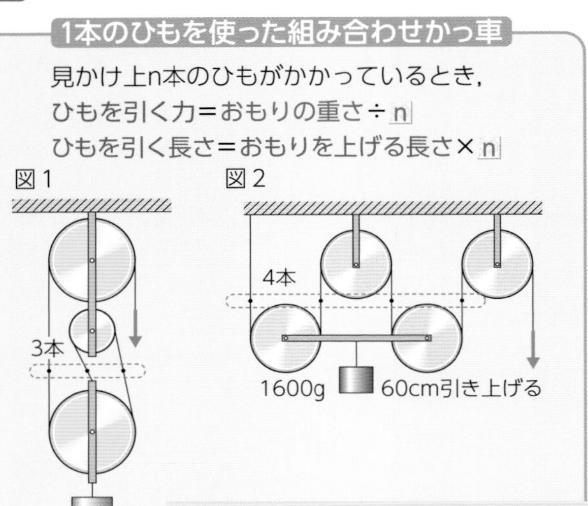

●図１で，見かけのひもの数→3本
ひもを引く力→1800÷3＝600〔g〕　ひもを引く長さ→50×3＝150〔cm〕
●図２で，見かけのひもの数→4本
ひもを引く力→1600÷4＝400〔g〕　ひもを引く長さ→60×4＝240〔cm〕

n本のひもを使った組み合わせかっ車

ひもを引く力は，おもりの重さに$\frac{1}{2}$をn回かけた大きさになる。

Aの力＝800×$\frac{1}{2}$
　＝400〔g〕
Bの力＝400×$\frac{1}{2}$
　＝200〔g〕
Cの力＝200×$\frac{1}{2}$
　＝100〔g〕
引く長さ＝20×2×2×2
　＝160〔cm〕

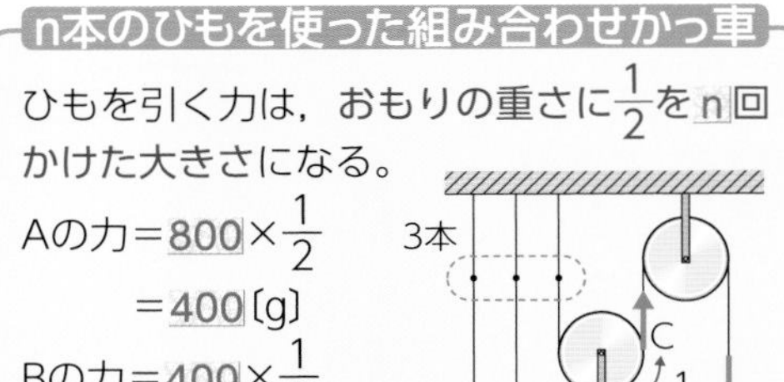

43 ふりこの運動

Uターン 118ページ

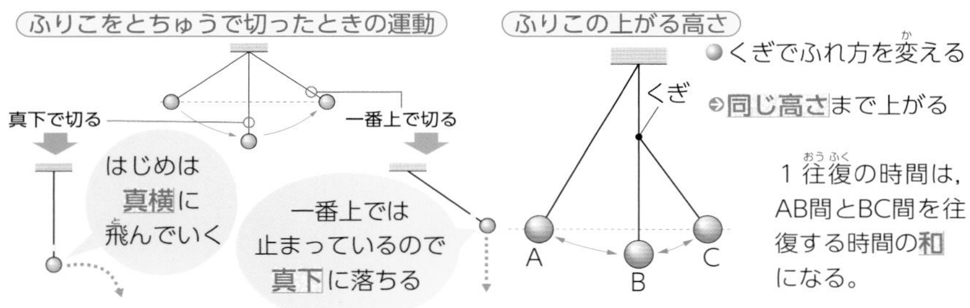

●くぎでふれ方を変える
➡同じ高さまで上がる

１往復の時間は，AB間とBC間を往復する時間の和になる。

●AB間はふりこの長さが長いふりこ，BC間はふりこの長さが短いふりこの運動になる。

44 永久磁石

Uターン 126ページ

磁力の強さ

●磁石の力を磁力という。

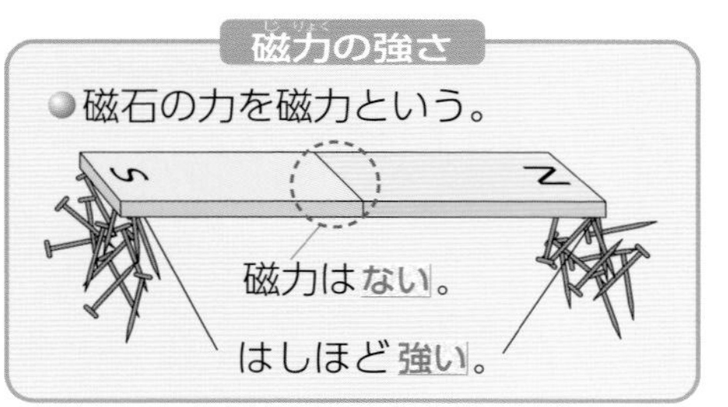

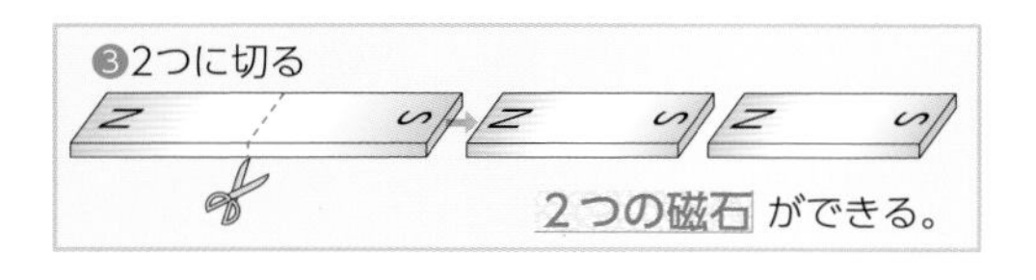

いろいろな性質

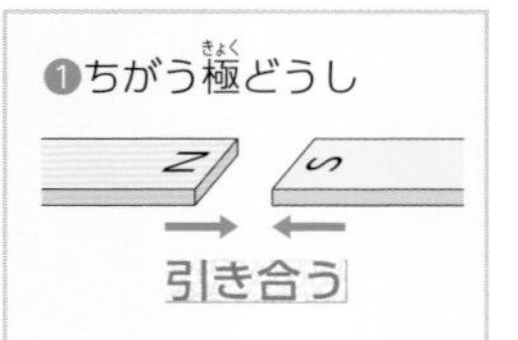

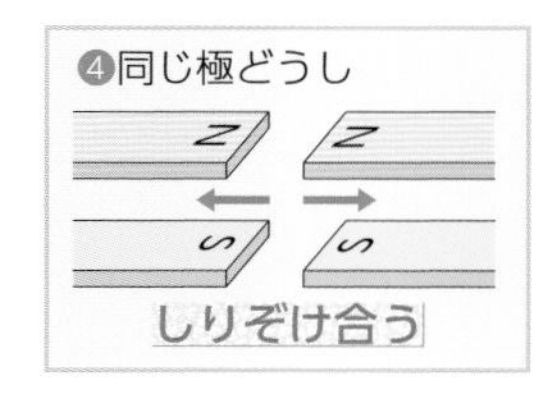

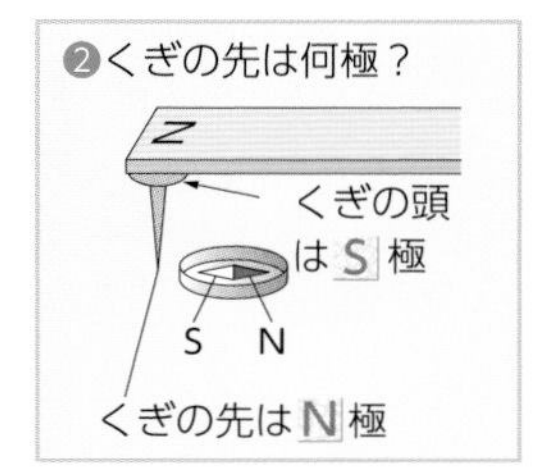

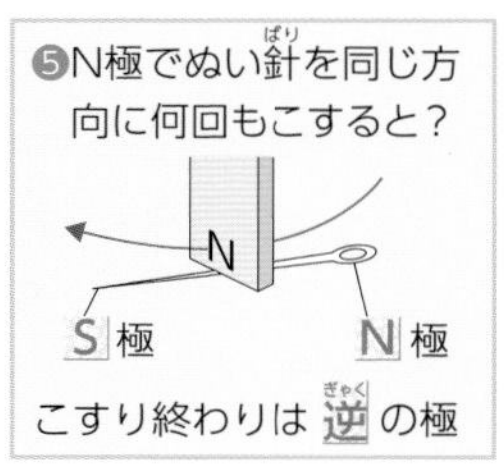

45 実験 音の伝わり方 Uターン 132ページ

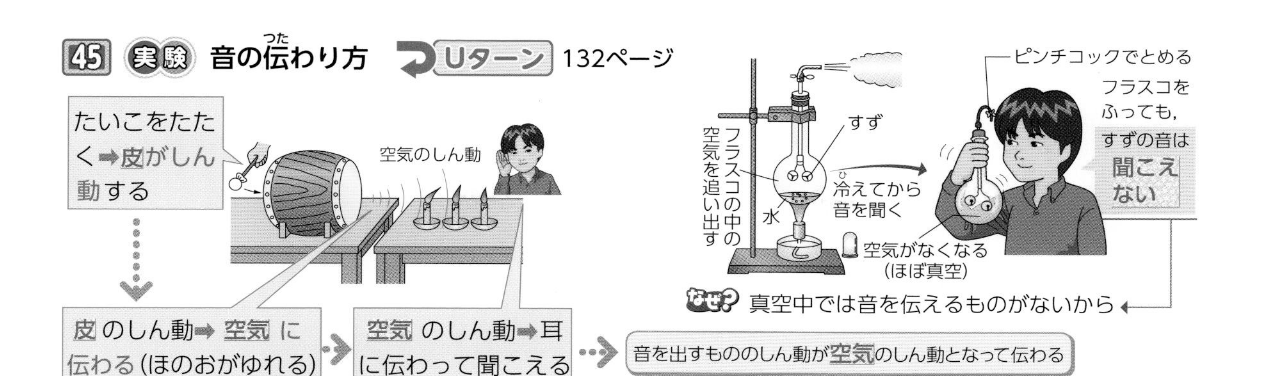

46 光の直進と明るさ，光のくっ折 Uターン 134ページ

● 光は同じ物質の中では直進する。

線こうのけむり（光の道すじが見えるようにする）

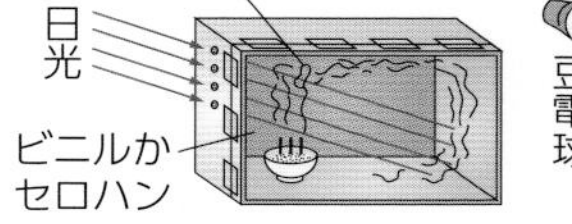

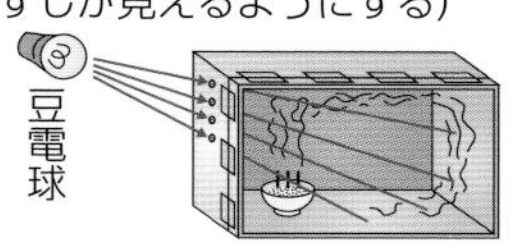

● 日光➡どこまでも平行に進む。

● 豆電球の光➡遠ざかるほど広がる。

光に照らされる面の明るさ

● 電球などの光の場合

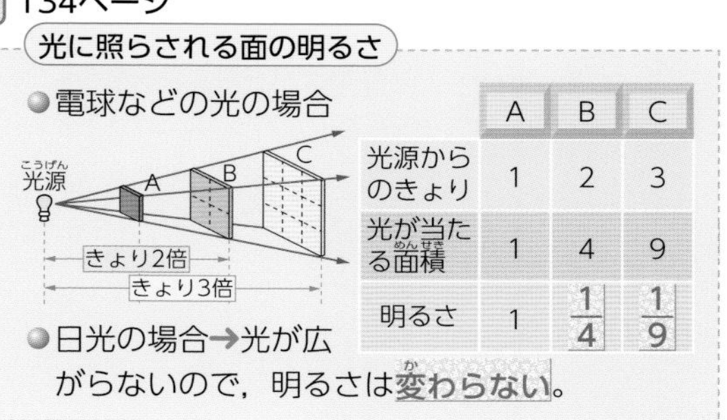

	A	B	C
光源からのきょり	1	2	3
光が当たる面積	1	4	9
明るさ	1	$\frac{1}{4}$	$\frac{1}{9}$

● 日光の場合➡光が広がらないので，明るさは変わらない。

針穴写真機

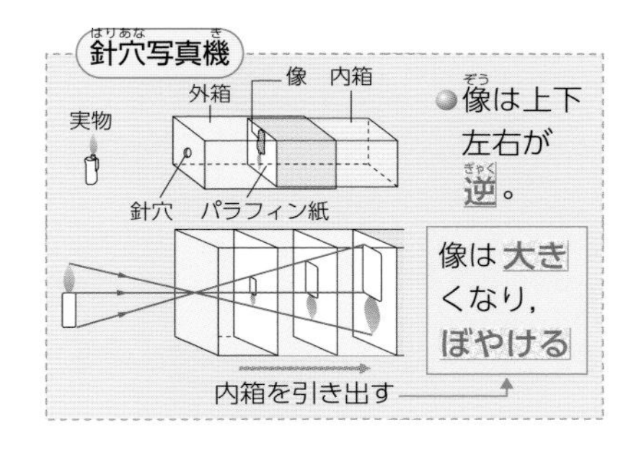

● 像は上下左右が逆。

像は大きくなり，ぼやける

赤外線…赤よりくっ折の割合が小さい光。目に見えない。

プリズムを通る光

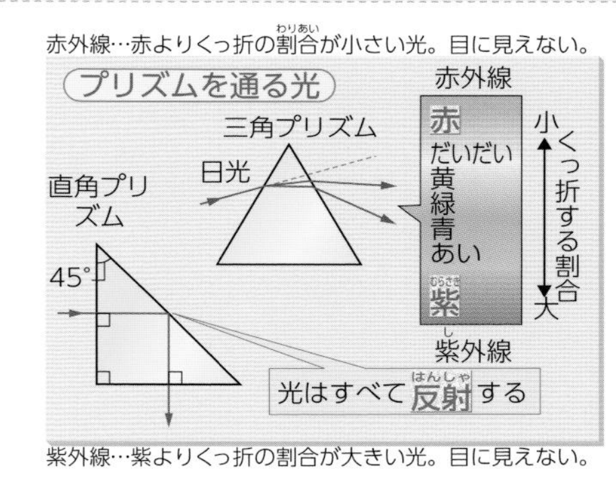

紫外線…紫よりくっ折の割合が大きい光。目に見えない。

47 とつレンズを通る光と像 Uターン 134ページ

光源の位置ととつレンズを通る光

F：しょう点
2F：しょう点きょりの2倍

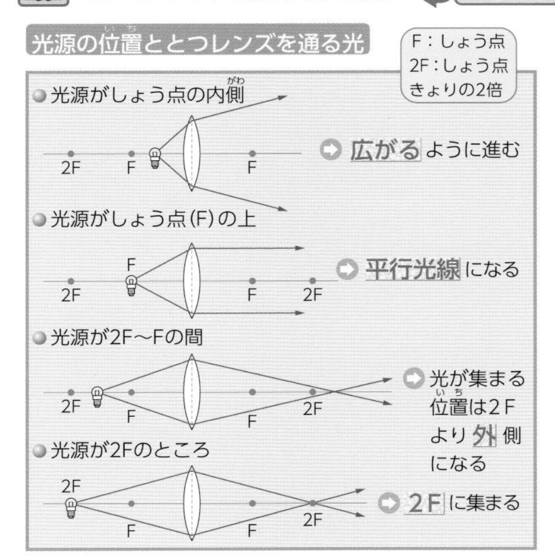

像のでき方

(F:しょう点，2F:しょう点きょりの2倍のところ)

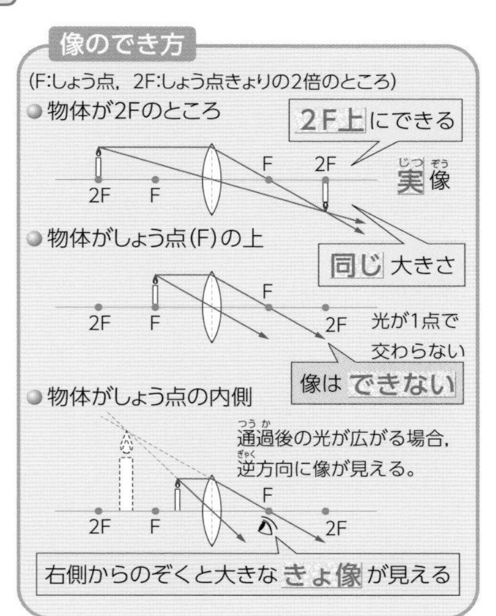

実像
・スクリーンにうつる像。 ・物体とは上下左右が逆。

きょ像
・スクリーンにうつすことはできない。 ・物体と同じ向き。

中学受験まるっとチェック　理科

■著者　OWA S 28
■企画協力（見て理解する図解 47）　エジソン・ラボ（冨山篤）
■本文デザイン　キハラ工芸株式会社　ゼム・スタジオ
■キャライラスト　宮島　幸次
■DTP　株式会社明昌堂
■図版　株式会社明昌堂
株式会社アート工房
有限会社ケイデザイン
株式会社日本グラフィックス
キハラ工芸株式会社
野口　真弓
■写真　編集部
■Special thanks　K.T.　T.Y.

OWA S 28　おわすにじゅうはち
数々の中学受験・高校受験教材を企画・執筆・編集してきたプロの編集チーム。市販だけでなく塾直販教材も多数手がけた実績を持つ。特に中学受験の企画ものを得意とする。

■特許第 4796763 号

無料音声のご案内

「中学受験まるっとチェック」シリーズの音声一問一答は，アプリmy-oto-moをダウンロードすれば，すべて無料で聞くことができます。

ですが，ほかの教科の音声もためしに聞いてみたい，というご要望にこたえるために，音声がすぐに聞けるQRコードを用意しました。下のQRコードを読み取って，音声を聞いてみてください。

※通信料はお客様のご負担になります。

※ほかのQRコードを指などでかくしながら，うまく読み取ろう！

↑歴史人物や歴史年代，都道府県を音声一問一答で学習できるHPです。もちろん，無料です！

↑かけ算九九が音声で出題されます。段を選ぶ，ランダムで出題するなどの選択ができます。勉強前に九九の暗算に挑戦して，頭を勉強モードにしよう！　こちらも無料です。

中学受験 まるっとチェック 学習スケジュール表 1

理科

		学習予定日	学習日	対策(たいさく)	復習日	対策(たいさく)
1	種子のつくりと発芽・成長	／	／		／	
2	根・くき・葉のつくり	／	／		／	
3	光合成のしくみ	／	／		／	
4	蒸散，呼吸のしくみ	／	／		／	
5	花のつくりと実	／	／		／	
6	植物のなかま分け	／	／		／	
7	こん虫のからだと育ち方	／	／		／	
8	メダカの育ち方	／	／		／	
9	けんび鏡，水中の小さな生物	／	／		／	
10	消化と吸収	／	／		／	
11	心臓と血液のじゅんかん	／	／		／	
12	呼吸と排出	／	／		／	
13	骨と筋肉，感覚器	／	／		／	
14	ヒトのたんじょう	／	／		／	
15	動物の分類	／	／		／	
16	生物のくらしと四季	／	／		／	
17	生物のつながり	／	／		／	
18	環境問題，エネルギー問題	／	／		／	
19	川の水のはたらき	／	／		／	
20	いろいろな地形	／	／		／	
21	地層のでき方	／	／		／	
22	たい積岩と火成岩	／	／		／	
23	火山と大地の変化	／	／		／	
24	化石と地層のようす	／	／		／	
25	地　震	／	／		／	
26	気温の変化	／	／		／	
27	気象の観測，気圧と風	／	／		／	
28	しつ度と雲のでき方	／	／		／	
29	前線と天気，海陸風	／	／		／	
30	日本の天気	／	／		／	
31	太陽の動き	／	／		／	
32	月の動き	／	／		／	
33	星の動き	／	／		／	

「対策」のらんには，次のような記号を書きこもう

カンペキ→○　まちがえた問題だけ復習→△　全部復習→×

↑軽くノリがついています。ていねいにはがして使いましょう。

中学受験

まるっとチェック

理科

別冊解答

1 種子のつくりと発芽・成長
▶問題5ページ

① 無胚乳種子
② 有胚乳種子
③ 図1
④ 子葉
⑤ 胚
⑥ 胚
⑦ 胚乳
⑧ ヒマワリ，ダイズ
⑨ ムギ，カキ
⑩ 根
⑪ くき
⑫ 葉(本葉)
⑬ ㋐(と)㋑
⑭ ㋐(と)㋒
⑮ ㋓(と)㋔
⑯ 例光が当たっていないから。

解き方

⑬ かわいただっし綿には水がふくまれていません。
⑭ 種子を水につけると，空気とふれることができません。
⑮ 冷ぞう庫の中は5℃に保たれているので，適当な温度がありません。

2 根・くき・葉のつくり
▶問題7ページ

① 根毛
② 道管
③ 師管
④ 維管束
⑤ 単子葉類
⑥ 双子葉類
⑦ ツユクサ，チューリップ
⑧ ヘチマ，サクラ
⑨ 主根
⑩ 側根
⑪ ひげ根
⑫ 双子葉類
⑬ 単子葉類
⑭ 師管
⑮ 道管
⑯ 維管束
⑰ 双子葉類
⑱ 単子葉類
⑲ 単子葉類
⑳ 双子葉類
㉑ 例根の表面積が大きくなり，水や養分を効率よく吸収できること。

3 光合成のしくみ
▶問題9ページ

① 光合成
② 道管
③ 光(日光)
④ 二酸化炭素
⑤ でんぷん
⑥ ヨウ素液
⑦ 青むらさき
⑧ 酸素
⑨ 葉緑体
⑩ 気孔
⑪ エタノール
⑫ B(と)D
⑬ A(と)B
⑭ 例試験管に集め，火のついた線こうを入れると，線こうがほのおを上げて燃える。

解き方

⑪ 葉の緑色がエタノールにとけ，ヨウ素液による色の変化が見やすくなります。
⑫ 葉をアルミニウムはくでおおうと，光が当たりません。
⑬ ふの部分には葉緑体がありません。

4 蒸散，呼吸のしくみ
▶問題11ページ

① 蒸散
② 水蒸気
③ 気孔
④ 裏側
⑤ 多く
⑥ 下がり
⑦ 呼吸
⑧ 酸素
⑨ 二酸化炭素
⑩ 石灰水
⑪ A＞B
⑫ 0.5
⑬ 1.0
⑭ 4.0
⑮ 裏
⑯ 例水面からの水の蒸発を防ぐため。

解き方

⑬ 葉の表から出ていった水の量は，(A−C)，または，(B−D)となり，
5.5−4.5＝1.0〔cm³〕
1.5−0.5＝1.0〔cm³〕
⑭ 葉の裏から出ていった水の量は，(A−B)，または，(C−D)となり，
5.5−1.5＝4.0〔cm³〕
4.5−0.5＝4.0〔cm³〕

5 花のつくりと実
▶問題13ページ

① がく
② やく
③ 花粉
④ はいしゅ
⑤ 子房
⑥ り弁花
⑦ 合弁花
⑧ サクラ，ホウセンカ，アブラナ
⑨ 柱頭
⑩ 子房
⑪ はいしゅ
⑫ 両性花
⑬ 単性花
⑭ め花
⑮ お花
⑯ 受粉
⑰ 種子
⑱ 果実
⑲ 風ばい花
⑳ 虫ばい花
㉑ スギ
㉒ 例虫を引きよせるため。

6 植物のなかま分け
▶問題15ページ

① 種子植物
② 子房
③ 被子植物
④ 裸子植物
⑤ 双子葉類
⑥ 単子葉類
⑦ 輪の形に並んで
⑧ ㋑(と)㋒
⑨ ばらばらに散らばって
⑩ ㋐(と)㋓
⑪ 合弁花類
⑫ り弁花類
⑬ シダ植物
⑭ コケ植物
⑮ 胞子
⑯ 胞子のう

解き方

⑧ 双子葉類の葉脈はあみ目状，根は主根と側根からなります。
⑩ 単子葉類の葉脈は平行，根はひげ根からなります。

7 こん虫のからだと育ち方

▶問題17ページ

① 3
② しょっ角
③ 明るさ
④ 形や色
⑤ 胸
⑥ 6
⑦ 胸
⑧ 4
⑨ 気門
⑩ 気管
⑪ さして吸う
⑫ みつを吸う
⑬ 完全変態
⑭ 不完全変態
⑮ チョウ，カブトムシ，カ
⑯ キャベツ
⑰ 卵のから
⑱ 5
⑲ 卵
⑳ 幼虫
㉑ さなぎ
㉒ 成虫
㉓ 例キャベツの葉は幼虫の食べ物になるから。

8 メダカの育ち方

▶問題19ページ

① おす
② 平行四辺形
③ 三角形
④ 当たらない
⑤ 1日くみ置いて
⑥ 半分くらい
⑦ 食べ残しがないくらい
⑧ 親
⑨ 25
⑩ 早朝
⑪ 精子
⑫ 受精
⑬ 受精卵
⑭ 11
⑮ 腹
⑯ 例メダカの呼吸に必要な酸素を水草が光合成で出すから。

解き方

① メダカのめすの背びれに切れこみはありません。
④ 直射日光が当たると，水温が上がりすぎます。
⑤ 水道水をくみ置いて，とけている薬品を空気中にぬけ出させます。

9 けんび鏡，水中の小さな生物

▶問題21ページ

① 当たらない
② 接眼レンズ
③ 対物レンズ
④ 反射鏡
⑤ 接眼
⑥ ㋒(→)㋑(→)㋓(→)㋔(→)㋐
⑦ ぶつからない
⑧ 低
⑨ ゾウリムシ
⑩ いません
⑪ 左上
⑫ 200
⑬ せまく
⑭ 暗く
⑮ 例一定面積が受ける光の量が少なくなるから。

解き方

⑤ 鏡とうにほこりが入ったり，対物レンズにほこりがついたりするのを防ぐため，接眼レンズを先にとりつけます。
⑧ 低倍率のほうが，観察するものを見つけやすくなります。

10 消化と吸収

▶問題23ページ

① 消化
② 消化管
③ 消化こう素
④ アミラーゼ
⑤ かん臓
⑥ たんじゅう
⑦ たんのう
⑧ 胃
⑨ たんぱく質
⑩ d
⑪ e
⑫ 小腸
⑬ ブドウ糖
⑭ アミノ酸
⑮ モノグリセリド
⑯ a
⑰ じゅう毛
⑱ 表面積
⑲ 毛細血管
⑳ リンパ管
㉑ 例でんぷんがだ液によってほかのもの(ばくが糖など)に変化したから。

解き方

⑯ でんぷんにヨウ素液を加えると，青むらさき色に変化します。

11 心臓と血液のじゅんかん

▶問題25ページ

① 右心ぼう
② 左心室
③ B
④ C(左心室)
⑤ 動脈
⑥ 静脈
⑦ 毛細血管
⑧ 赤血球
⑨ 白血球
⑩ 血しょう
⑪ 血小板
⑫ 肺
⑬ 体
⑭ 動脈血
⑮ 静脈血
⑯ b
⑰ a
⑱ 養分
⑲ 例全身に血液を送り出すために強い力が必要だから。

解き方

⑭⑮ 肺静脈には動脈血が流れ，肺動脈には静脈血が流れています。
⑱ eには，小腸で吸収された養分を多くふくむ血液が流れています。

12 呼吸と排出

▶問題27ページ

① 呼吸
② 気管
③ 気管支
④ 肺胞
⑤ 毛細血管
⑥ 酸素
⑦ 二酸化炭素
⑧ ㋑
⑨ 二酸化炭素
⑩ 酸素
⑪ 気管(気管支)
⑫ 肺
⑬ 横かくまく
⑭ B
⑮ かん臓
⑯ にょう素
⑰ じん臓
⑱ ぼうこう
⑲ 例肺の表面積が大きくなり，気体の交換を効率よく行うことができる。

解き方

⑥⑦ 血液中に肺胞内の空気から酸素がとり入れられ，血液中の二酸化炭素が肺胞内に出されます。

13 骨と筋肉，感覚器

▶問題29ページ

① 関節
② けん
③ 縮み
④ ゆるみ
⑤ ゆるみ
⑥ 縮み
⑦ 脳
⑧ 心臓
⑨ 背骨
⑩ 骨ばん
⑪ A
⑫ こうさい
⑬ もうまく
⑭ C
⑮ 小さく
⑯ d
⑰ こまく
⑱ 半規管
⑲ b
⑳ 例目に入る光の量を多くするため。

解き方

⑳ こうさいが縮んでひとみが大きくなります。

14 ヒトのたんじょう

▶問題31ページ

① 精子
② 0.06
③ 卵(卵子)
④ 0.14
⑤ 受精
⑥ 受精卵
⑦ 子宮
⑧ D
⑨ たいばん
⑩ A
⑪ 酸素
⑫ 養分
⑬ 二酸化炭素
⑭ へそのお
⑮ B
⑯ へそ
⑰ 羊水
⑱ 38
⑲ うぶ声
⑳ 肺
㉑ 例たい児がしょうげきから守られる。

解き方

⑨ 母親からたい児に酸素と養分がわたされ，たい児から母親に二酸化炭素と不要物がわたされます。

15 動物の分類

▶問題33ページ

① 背骨
② 卵生
③ 胎生
④ カエル
⑤ ウサギ
⑥ フナ(カエル)
⑦ カエル(フナ)
⑧ トカゲ
⑨ えら
⑩ えら
⑪ 肺
⑫ イモリ
⑬ 両生
⑭ は虫
⑮ ほ乳類
⑯ 鳥
⑰ ほ乳
⑱ 無セキツイ動物
⑲ 節足動物
⑳ こん虫
㉑ 軟体動物
㉒ 例卵をかんそうから守るため。

解き方

⑯ まわりの温度が変化しても体温が変わらない動物を恒温動物といいます。

16 生物のくらしと四季

▶問題35ページ

① 春
② 冬
③ 夏
④ 秋
⑤ アブラナ
⑥ アジサイ
⑦ コスモス
⑧ ヤツデ
⑨ スズナ
⑩ スズシロ
⑪ ススキ
⑫ キキョウ
⑬ 紅葉
⑭ ナナカマド
⑮ 黄葉
⑯ イチョウ
⑰ ロゼット
⑱ ツバメ
⑲ オオハクチョウ
⑳ 冬みん
㉑ 例地面の熱が空気中ににげていくのを防ぐため。

解き方

㉑ できるだけ熱を保ち，温度が下がらないようにしています。

17 生物のつながり

▶問題37ページ

① 食物連さ
② 植物
③ 光合成
④ 草食動物
⑤ 肉食動物
⑥ トラ
⑦ 草食動物
⑧ A
⑨ B
⑩ 増え
⑪ 減り
⑫ 二酸化炭素
⑬ 酸素
⑭ 呼吸
⑮ C
⑯ ムカデ
⑰ 分解者
⑱ 例動植物の排出物や死がいを分解しているから。

解き方

⑩⑪ Cの草食動物が急に減ると，Dの植物は食べられる量が減るので増え，Bの肉食動物は食べ物が減るので減ります。

18 環境問題，エネルギー問題

▶問題39ページ

① 外来種
② アメリカザリガニ，マングース，ブラックバス
③ 多く
④ 地球温暖化
⑤ 温室効果
⑥ 温室効果ガス
⑦ 化石
⑧ 低く
⑨ 高く
⑩ 上しょう
⑪ しずむ
⑫ 酸性雨
⑬ 森林
⑭ 水力発電
⑮ 再生可能エネルギー
⑯ 地熱発電
⑰ バイオマス発電
⑱ 燃料電池
⑲ 水
⑳ 例気温が高い夏は植物の光合成がさかんになり，二酸化炭素が多く吸収されるから。

解き方

⑱ 燃料電池自動車などの開発が進んでいます。

19 川の水のはたらき
▶問題41ページ

① しん食
② 運ぱん
③ たい積
④ 上流
⑤ 下流
⑥ 下流
⑦ 下流
⑧ しん食(と)運ぱん
⑨ 運ぱん
⑩ たい積
⑪ 小さく
⑫ 角ばって
⑬ 丸みをおびて
⑭ 川の真ん中に近いところ
⑮ 曲がりの外側
⑯ 川原
⑰ がけ
⑱ ㋑
⑲ 例流される間に石どうしがぶつかったり，石が川底などにぶつかったりして角がとれるから。

解き方

⑱ A側はがけになっていて，川底には大きな石が多くあります。

20 いろいろな地形
▶問題43ページ

① V字谷
② しん食
③ せん状地
④ B
⑤ たい積
⑥ 三角州
⑦ E
⑧ たい積
⑨ だ行
⑩ 三日月湖
⑪ 河岸段丘
⑫ 隆起
⑬ リアス海岸
⑭ 沈降
⑮ 多島海
⑯ 沈降

解き方

⑫ 隆起は，海面に対して土地が上がることです。
⑭ 沈降は，海面に対して土地が下がることです。

21 地層のでき方
▶問題45ページ

① 地層
② ㋑
③ 小石
④ 砂
⑤ どろ
⑥ 化石
⑦ 小さく
⑧ 沈降
⑨ 大きく
⑩ 隆起
⑪ 例流れる水のはたらきによって角がとれたから。

解き方

③～⑤ つぶの大きい小石ははやくしずむので海岸近くにたい積し，つぶの小さいどろはしずむのに時間がかかるので海岸から遠くに運ばれてたい積します。

22 たい積岩と火成岩
▶問題47ページ

① でい岩
② 砂岩
③ れき岩
④ つぶ
⑤ 石灰岩
⑥ 二酸化炭素
⑦ ぎょう灰岩
⑧ 火成岩
⑨ 深成岩
⑩ 火山岩
⑪ ㋑
⑫ ㋒
⑬ ㋐
⑭ 花こう岩
⑮ 安山岩
⑯ ㋐
⑰ ㋒
⑱ ㋑
⑲ ㋒
⑳ ㋐
㉑ 例つぶの形が丸みをおびているから。

解き方

㉑ 流水のはたらきを受けたつぶが丸みをおびています。

23 火山と大地の変化
▶問題49ページ

① マグマ
② よう岩
③ 角ばって
④ しゅう曲
⑤ 断層(正断層)
⑥ 左右に引く力
⑦ 整合
⑧ 不整合
⑨ 図4
⑩ 不整合面
⑪ 風化
⑫ (㋐)(→)㋕(→)㋑(→)㋔(→)㋒(→)㋓
⑬ 例流水のはたらきを受けていないから。

解き方

⑫ ㋐の地層がかたむいて隆起し㋕になる。㋕の上面がしん食や風化を受けて㋑のでこぼこな面ができる。㋑が沈降して海底の㋔になる。㋔に新しい地層がたい積して㋒になる。㋒が隆起して㋓になる。

24 化石と地層のようす
▶問題51ページ

① 示相化石
② 限られた
③ あたたかく
④ 浅い
⑤ 冷たい
⑥ シジミ
⑦ 示準化石
⑧ 広い
⑨ 短い
⑩ 新生
⑪ 中生
⑫ 古生
⑬ 不整合面
⑭ 断層
⑮ しゅう曲
⑯ 浅く
⑰ 引く力
⑱ 2
⑲ ㋒(→)㋓(→)㋔(→)㋐(→)㋑(→)㋕

解き方

② どこでも生きられる生物では環境を特定できません。
⑨ 長い期間栄えた生物では，時代を特定するのがむずかしくなります。

25 地震
▶問題53ページ

① 震源
② 震央
③ 初期び動
④ P波
⑤ 主要動
⑥ S波
⑦ 初期び動けい続時間
⑧ 長く
⑨ 震度
⑩ 10
⑪ マグニチュード
⑫ ㋑(→)㋒(→)㋐
⑬ 津波
⑭ 液状化
⑮ 緊急地震速報
⑯ 例震源からのきょりがちがうから。

解き方

⑫ 海洋プレートが日本列島の下にしずみこみ，大陸プレートが引きずりこまれ，大陸プレートが反発します。

⑯ マグニチュードが異なる地震でも，震源からのきょりがちがえば震度が同じになる場合があります。

26 気温の変化
▶問題55ページ

① 当たらない
② 1.5
③ 白
④ 風通し
⑤ ㋑
⑥ しばふ
⑦ 北
⑧ ㋒
⑨ ㋑
⑩ ㋐
⑪ G
⑫ ㋐
⑬ 例地面の熱によって空気があたためられるから。

解き方

⑤ 雨が百葉箱の中に入らないように，㋑のようなよろい戸になっています。

⑧～⑩ 太陽の高さは正午ごろ最高になり，地温は午後1時ごろ，気温は午後2時ごろ最高になります。

⑪ 気温が最高になるGが午後2時と考えられます。

27 気象の観測，気圧と風
▶問題57ページ

① 晴れ
② ⦶
③ くもり
④ 雨
⑤ 14
⑥ 3
⑦ 67
⑧ 北西
⑨ アメダス
⑩ 等圧線
⑪ ㋐
⑫ ㋒
⑬ 低気圧
⑭ 右
⑮ 例水でしめらせたガーゼの水が蒸発するとき，熱がうばわれるから。

解き方

⑪ 高気圧の中心付近には下降気流が生じ，風は時計回りにふき出します。

⑫ 低気圧の中心付近には上しょう気流が生じ，風は反時計回りにふきこみます。

28 しつ度と雲のでき方
▶問題59ページ

① ほう和水蒸気量
② 露点
③ 19.4
④ 80
⑤ 5.8
⑥ 17.4
⑦ 20
⑧ 低く
⑨ 大きく
⑩ 下がり
⑪ 露点
⑫ 高く
⑬ フェーン現象

解き方

③ 露点でのほう和水蒸気量が，空気1m³にふくまれている水蒸気量にあたります。

④ 19.4÷24.4×100=79.5… より80%です。

⑤ 19.4−13.6=5.8〔g〕

⑥ 27.2×64÷100=17.40… より17.4gです。

⑦ 20℃でのほう和水蒸気量が17.3g/m³だから，およそ20℃で水てきができ始めます。

29 前線と天気，海陸風
▶問題61ページ

① 寒冷
② ㋐
③ ㋐
④ 積乱雲
⑤ 強い
⑥ 短
⑦ 下がり
⑧ 北
⑨ 温暖
⑩ ㋓
⑪ ㋒
⑫ 乱層雲
⑬ おだやかな
⑭ 長
⑮ 上がり
⑯ 南
⑰ 停滞
⑱ ㋑
⑲ 梅雨
⑳ 秋雨
㉑ 海風
㉒ 海上
㉓ 陸風
㉔ 陸上

解き方

⑦ 寒冷前線が通過すると，寒気におおわれるので気温が下がります。

30 日本の天気
▶問題63ページ

① 図2(→)図1(→)図3
② 偏西風
③ 西
④ 東
⑤ A
⑥ C
⑦ D
⑧ B
⑨ オホーツク海
⑩ 小笠原
⑪ 梅雨
⑫ シベリア
⑬ 北西
⑭ 西高東低
⑮ 小笠原
⑯ 南東
⑰ 南高北低
⑱ 春，秋
⑲ 例偏西風に流されるから。

解き方

① 低気圧が西から東に移動しています。

⑤ 日本の南岸沿いに停滞前線による帯状の雲が見られます。

⑧ 日本海にすじ状の雲が見られます。

31 太陽の動き

▶問題65ページ

① 自転
② (あ)
③ C
④ 日の出
⑤ 日の入り
⑥ 135
⑦ B
⑧ 78.4
⑨ A
⑩ D
⑪ (い)
⑫ C
⑬ B
⑭ (あ)
⑮ ㋑
⑯ ㋐
⑰ ㋒
⑱ 例地球が地じくをかたむけたまま太陽のまわりを公転しているから。

解き方

⑩ 北極が太陽と反対側を向いているDが冬至の日です。

⑬ 北極が太陽のほうを向いているBが夏至の日です。

32 月の動き

▶問題67ページ

① クレーター
② (あ)
③ ㋑
④ 三日月
⑤ b
⑥ ㋕
⑦ 上げんの月
⑧ a
⑨ ㋔
⑩ 満月
⑪ g
⑫ ㋐
⑬ 下げんの月
⑭ e
⑮ ㋑
⑯ (㋓)(→)㋕(→)㋔(→)㋐(→)㋑(→)㋒
⑰ 29.5
⑱ 日食
⑲ 皆き日食
⑳ 部分日食
㉑ c
㉒ 新月
㉓ 月食
㉔ g
㉕ 例月の自転と公転の向きと周期が同じだから。

33 星の動き

▶問題69ページ

① 東
② 西
③ 南
④ b
⑤ 自転
⑥ オリオン座
⑦ ㋓
⑧ 北と七星
⑨ 北極星
⑩ ㋓
⑪ ㋚
⑫ ㋙
⑬ ㋙
⑭ 7
⑮ 例星の位置は同じだが，地球が太陽のまわりを公転しているから。

解き方

⑪ 1時間に15度反時計回りに回るから，2時間では，15×2＝30度

⑫ 1か月に30度反時計回りに回るから，2か月では，30×2＝60度

⑬ 3か月後の午後9時には㋘の位置，2時間前には30度時計回りの㋙の位置に見える。

34 四季の星座

▶問題71ページ

① 表面温度
② 青白
③ デネブ
④ はくちょう
⑤ ベガ
⑥ こと
⑦ アルタイル
⑧ わし
⑨ B
⑩ C
⑪ さそり
⑫ アンタレス
⑬ プロキオン
⑭ こいぬ
⑮ ベテルギウス
⑯ オリオン
⑰ シリウス
⑱ おおいぬ
⑲ リゲル
⑳ E
㉑ F
㉒ 春
㉓ 秋
㉔ 19
㉕ 西

35 太陽系

▶問題73ページ

① 太陽系
② こう星
③ わく星
④ 木星
⑤ 火星
⑥ 金星
⑦ 土星
⑧ 水星
⑨ 地球
⑩ 衛星
⑪ 月
⑫ すい星(彗星)
⑬ ㋓，㋔
⑭ 東
⑮ 明けの明星
⑯ ㋐，㋑
⑰ 西
⑱ よいの明星
⑲ c
⑳ b
㉑ 例金星は地球の内側を公転しているから。

解き方

⑲ 右側が半分かがやいて見えます。

⑳ 左側が細くかがやいて見えます。

36 水よう液とものとけ方

▶問題75ページ

① 水よう液
② 砂糖水，食塩水
③ ㋑
④ どこでも同じ
⑤ たまりません
⑥ 細か
⑦ 高
⑧ 比例
⑨ よう解度
⑩ 小さく
⑪ ほう和水よう液
⑫ B
⑬ 120
⑭ B
⑮ 例水の温度が変化してもとける量がほとんど変わらないから。

解き方

③ ものが水にとけると，つぶが均一に広がります。

⑫ 20℃の水100gにAは約11g，Bは約36gとけます。

⑭ 70℃の水100gにAは約100gとけますが，Bは約38gしかとけません。

37 とけているもののとり出し方
▶問題77ページ

① 再結晶
② 結晶
③ 決まっています
④ ミョウバン
⑤ 食塩
⑥ ホウ酸
⑦ 水を蒸発させる
⑧ ない
⑨ 50
⑩ 19
⑪ 11
⑫ 33.6
⑬ 40
⑭ 12.4
⑮ 約109g
⑯ 40

解き方

⑫ 57.4－23.8＝33.6〔g〕
⑭ 23.8－11.4＝12.4〔g〕
⑮ 100×12.4÷11.4＝108.7…
⑯ 水100gにとけているミョウバンは，35.7×100÷150＝23.8〔g〕だから，40℃でほう和します。

38 水よう液の濃さ
▶問題79ページ

① 17
② 4.7
③ 100
④ 20
⑤ ビーカーBにミョウバンを6g加える。
⑥ 20
⑦ 60
⑧ 340
⑨ 500
⑩ 20
⑪ 525
⑫ 85
⑬ 16

解き方

③ 食塩の重さ＝400×20÷100＝80〔g〕
80÷16×100＝500
500－400＝100
④ 120×6÷100＝7.2
7.2÷36×100＝20
⑤ 12×200÷100＝24
24－18＝6
⑨ 20÷4＝5
125×(5－1)＝500
⑩ 60÷(400－100)×100＝20〔%〕

39 いろいろな水よう液と性質
▶問題81ページ

① 酸
② アルカリ
③ 黄
④ 緑
⑤ 青
⑥ 赤
⑦ 塩化水素
⑧ 二酸化炭素
⑨ 水素
⑩ 二酸化炭素
⑪ 石灰水
⑫ 二酸化炭素
⑬ 炭酸水
⑭ アルミニウム
⑮ 炭酸水，す，塩酸
⑯ 石灰水，水酸化ナトリウム水よう液，アンモニア水
⑰ す，塩酸，アンモニア水
⑱ 炭酸水，す，塩酸，アンモニア水
⑲ 例加熱したとき，結晶が残るのが食塩水，黒くこげるのが砂糖水。

40 水よう液と金属の反応
▶問題83ページ

① 3
② 水素
③ 別の物質
④ B
⑤ A
⑥ C
⑦ E
⑧ D
⑨ F
⑩ アルミニウム
⑪ 水素
⑫ 420
⑬ 0.35
⑭ 0.05
⑮ 420

解き方

⑫ 40cm³のうすい塩酸とマグネシウムが過不足なく反応したときに発生する水素の体積は420cm³です。
⑬ □＝0.1×420÷120＝0.35
⑭ 0.4－0.35＝0.05〔g〕
⑮ マグネシウムを0.5g加えたときと同じ420です。

41 中　和
▶問題85ページ

① 中和
② 中
③ 水
④ 塩
⑤ 食塩
⑥ 黄
⑦ 食塩(水酸化ナトリウム)
⑧ 水酸化ナトリウム(食塩)
⑨ 25
⑩ 酸
⑪ D
⑫ B，C，D
⑬ C
⑭ 36

解き方

⑩ A点の水よう液には，塩酸が残っています。
⑪ BTB液が緑色のときです。
⑫ 中和が起こっているB，C，Dのときです。
⑬ 塩酸の性質が最も弱いCです。
⑭ 10：15＝24：□
□＝15×24÷10＝36

42 ものの燃え方と空気
▶問題87ページ

① 空気
② 温度
③ 新しい空気
④ 燃えるもの
⑤ 木炭
⑥ ㋑
⑦ 消えます
⑧ ちっ素
⑨ 酸素
⑩ ちっ素
⑪ 水(水てき)
⑫ 水素
⑬ 石灰水
⑭ 二酸化炭素
⑮ 炭素
⑯ 例新しい空気が木の間に入りやすくするため。

解き方

⑫ 水素が燃えると，酸素と結びついて水ができます。
⑬ 石灰水に二酸化炭素を通すと，白くにごります。
⑮ 炭素が燃えると，酸素と結びついて二酸化炭素ができます。

43 いろいろなものの燃え方
▶問題89ページ

① 気体に変わって
② 外えん
③ 内えん
④ えん心
⑤ 外えん
⑥ 内えん
⑦ すす
⑧ ㋒
⑨ ㋑
⑩ ㋐
⑪ 下げて
⑫ 木炭(炭)
⑬ 木ガス
⑭ 燃えます
⑮ 木さく液
⑯ 酸性
⑰ 上げないで
⑱ 大きくなっています
⑲ 例金属に結びついた酸素の分重くなるから。

解き方

⑨ 外えんの部分が黒くこげます。
⑩ 内えんの部分です。
⑪ 発生した液体が試験管の加熱部分に流れて試験管が割れるのを防ぐためです。

44 酸素と二酸化炭素
▶問題91ページ

① 水上置換法
② 下方置換法
③ 上方置換法
④ とけにくい
⑤ 重い
⑥ 軽い
⑦ 過酸化水素水(オキシドール)
⑧ ㋐
⑨ とけにくい
⑩ 塩酸
⑪ ㋐(㋑)
⑫ ㋑(㋐)
⑬ 下方置換法
⑭ 少ししかとけない
⑮ ありません
⑯ ありません
⑰ 二酸化炭素
⑱ $\frac{1}{5}$(21%)
⑲ 酸素
⑳ 炭酸水
㉑ 酸性
㉒ 白くにごり
㉓ 例はじめは容器内に入っていた空気が出てくるから。

45 いろいろな気体
▶問題93ページ

① 塩酸
② ㋐
③ 水上置換法
④ 水にとけにくい
⑤ 塩化アンモニウム
⑥ アンモニア水
⑦ ㋒
⑧ 非常によくとけ(とけやすく)
⑨ 軽い
⑩ とけます
⑪ 下がります
⑫ 赤
⑬ 水素
⑭ アンモニア(塩化水素)
⑮ 塩化水素(アンモニア)
⑯ $\frac{4}{5}$(78%)
⑰ 塩酸
⑱ 酸
⑲ 例試験管に火のついたマッチを近づけると，ポンと音がして水素が燃える。

46 空気・水・金属と体積変化
▶問題95ページ

① あたためたとき
② ふくらみます
③ 大きくなっています
④ 赤インクの位置
⑤ 4
⑥ あたためたとき
⑦ 冷やせば
⑧ あたためれば
⑨ 上
⑩ 例ふたを熱い湯につける。

解き方

② 試験管内の空気の体積が増え，せっけん水のまくをおし上げます。
④ 体積が変化する割合は，空気のほうが水よりずっと大きくなっています。
⑨ Bのほうがぼう張率が大きいので，大きくのびます。
⑩ ふたを熱い湯につけると，金属の体積が大きくなり，ふたを開けることができます。

47 水のすがたの変化
▶問題97ページ

① 状態変化
② ドライアイス
③ 気体
④ 変わりません
⑤ 変わります
⑥ こぼれません
⑦ 1.1
⑧ ゆう点
⑨ ふっ点
⑩ 水蒸気
⑪ 蒸発
⑫ ふっとう
⑬ 湯気
⑭ 水蒸気
⑮ ふっとう石
⑯ 0
⑰ 100
⑱ 固体と液体が混ざった状態
⑲ 例液体が急にふっとうするのを防ぐため。

解き方

⑥ 水が氷に変化すると，体積は小さくなります。
⑯ 氷のゆう点の0℃です。
⑰ 水のふっ点の100℃です。

48 熱の伝わり方
▶問題99ページ

① 伝導
② にくい
③ 銅(→)鉄(→)ガラス
④ ㋐(と)㋑
⑤ ㋒
⑥ 対流
⑦ ㋐
⑧ ㋐
⑨ 放射
⑩ 例(白っぽい色は)熱を反射しやすいから。

解き方

④ ×印からの長さが最も短い㋐のBと㋑のBは最初にとけ始めます。
⑤ ×印からの長さが同じ㋒のAとBは同時にとけ始めます。
⑦ ビーカーの真ん中が熱せられて，熱が上に移動します。
⑧ 試験管の下を加熱すると，対流によって水がはやくあたたまります。

49 熱の移動と温度の変化

▶問題101ページ

① 上がり
② 下がり
③ 同じ
④ 高い
⑤ 低い
⑥ 熱量
⑦ カロリー
⑧ 3000
⑨ 9000
⑩ 1：3
⑪ 逆比
⑫ 3：1
⑬ 40
⑭ 30
⑮ 10
⑯ 60
⑰ 例熱が温度の高いものから低いものへ移動し，同じ温度になると熱が移動しなくなるから。

解き方

⑧ 150×(40－20)＝3000〔カロリー〕
⑨ 200×(70－25)＝9000〔カロリー〕
⑭ 40×3÷(3＋1)＝30〔℃〕
⑮ 40－30＝10〔℃〕

50 メスシリンダー，ろ過，ガスバーナー

▶問題103ページ

① 水平
② ㋐
③ 53.0
④ ㋐
⑤ 空気
⑥ ガス
⑦ a
⑧ ㋔(→)㋑(→)㋐(→)㋒(→)㋓
⑨ 青
⑩ 例でんぷんのつぶのほうがろ紙の目(あな)より大きい。

解き方

③ 最小目もりの10分の1まで目分量で読みとります。水面と53の目もりがいっちしているので，この場合は53mLではなく，53.0mLと読みとります。
⑦ ねじの開閉の向きは，ペットボトルのふたを開閉するときと同じです。
⑧ マッチの火を近づけてからガス調節ねじを開きます。

51 力とばね

▶問題105ページ

① 10
② 10
③ 30
④ 35
⑤ 40
⑥ 12.5
⑦ 8：5
⑧ 5：8
⑨ 20
⑩ 15
⑪ 20
⑫ 20
⑬ 20

解き方

④ 上のばねに100g，下のばねに50gの重さがかかります。
⑥ ばね2本に25gずつの重さがかかります。
⑦ おもりの重さが40gのとき，ばねののびはAは16cm，Bは10cmです。
⑨ 60－40＝20〔g〕で，18－17＝1〔cm〕のびています。
⑩ 17－40÷20＝15〔cm〕

52 もののうきしずみ

▶問題107ページ

① 60
② 60
③ 60
④ 30
⑤ 30
⑥ 120
⑦ 580
⑧ 15
⑨ 15
⑩ 515

解き方

① 100－40＝60〔g〕
② 水中部分の体積の値＝浮力の値
③ 物体が水にういているとき，浮力は物体の重さと等しくなります。
⑤ 物体の上面の体積は30cm^3。30cm^{3}の水の重さは30gだから，30gのおもりをのせます。
⑥ 200－80＝120〔g〕
⑦ 500＋80＝580〔g〕
⑧ 120－105＝15〔g〕
⑨ 水中部分の体積の値＝浮力の値
⑩ 500＋15＝515〔g〕

53 上皿てんびん

▶問題109ページ

① 水平
② ㋑
③ ピンセット
④ 左
⑤ 右
⑥ 右
⑦ 50g
⑧ 10
⑨ 5
⑩ 101
⑪ 薬包紙
⑫ 左
⑬ 例うでが動かないようにするため。

解き方

⑦⑧⑨ 50gの分銅をのせ，物体より軽かったので20gの分銅をのせ，重かったので20gの分銅をはずして10gの分銅をのせたのが図の状態です。まだ重いので，10gの分銅をはずして5gの分銅をのせます。
⑩ 50＋20＋10×2＋5＋2×2＋1＋0.5＋0.2×2＋0.1＝101〔g〕

54 てこのつり合い(1)

▶問題111ページ

① 作用点
② 支点
③ 力点
④ 短く
⑤ 長く
⑥ A
⑦ C
⑧ くぎぬき，洋ばさみ，ペンチ
⑨ せんぬき，カッター
⑩ ピンセット，和ばさみ
⑪ C

解き方

⑪ ピンセットや和ばさみのように，力点が作用点と支点の間にあるてこでは，力点に加える力よりも作用点ではたらく力のほうが小さくなります。

55 てこのつり合い(2)

▶問題113ページ

① 1200
② 40
③ 2400
④ 60
⑤ 1800
⑥ 60
⑦ 800
⑧ 50
⑨ 360
⑩ 3 (:) 1
⑪ 1 (:) 3
⑫ 30
⑬ 10
⑭ 10
⑮ 80

解き方

⑥ 1800÷30＝60
⑦ 40×20＝800
⑧ (800+20×60)÷40＝50
⑨ 480－120＝360
⑩ 360：120＝3：1
⑪ ばねばかりAとBが引く力の逆比
⑭ (50×10－20×10)÷30＝10
⑮ 50+20+10＝80

56 かっ車

▶問題115ページ

① 200
② 400
③ 50
④ 150
⑤ 20
⑥ 50
⑦ 50
⑧ 90
⑨ 90
⑩ 40
⑪ 150
⑫ 90
⑬ 150
⑭ 40
⑮ 60
⑯ 40

解き方

④ 50×2+50＝150
⑥ 100÷2＝50
⑧ (120+60)÷2＝90
⑩ 20×2＝40
⑪ 600÷4＝150
⑫ 540÷6＝90
⑬ $600\times\frac{1}{2}\times\frac{1}{2}=150$
⑭ 10×4＝40
⑮ 10×6＝60
⑯ 10×4＝40

57 輪じく

▶問題117ページ

① 40
② 200
③ 20
④ 30
⑤ 15
⑥ 90
⑦ ㋑
⑧ 900
⑨ 30
⑩ 480
⑪ 1260
⑫ 26

解き方

① 160×2÷8＝40
② 160+40＝200
③ 5×8÷2＝20
④ 90×3÷9＝30
⑤ 5×9÷3＝15
⑥ 30+90－30＝90
⑧ 10×10+40×20＝900
⑨ 900÷30＝30
⑩ 40×12＝480
⑪ 70×18＝1260
⑫ (1260－480)÷30＝26

58 ふりこ

▶問題119ページ

① B，C
② E
③ D
④ 2
⑤ 9
⑥ 400
⑦ 1.4
⑧ 0.7
⑨ 0.5
⑩ 2.4
⑪ X
⑫ 変わりません

解き方

① 長さがAと同じBとCです。
② 長さがAより短いEです。
⑥ 4.0÷2.0＝2
100×2×2＝400
⑦ 200÷50＝4
2.8÷2＝1.4
⑧ 2.8÷2÷2＝0.7
⑨ 2.0÷2÷2＝0.5
⑩ (0.7+0.5)×2＝2.4
⑪ ふれはじめの位置が高いほど，支点の真下を通るときの速さは速くなります。

59 動くおもりのはたらき

▶問題121ページ

① 図1
② 変わりません
③ 変わりません
④ A
⑤ 大きくなります
⑥ 速く
⑦ 大きく
⑧ 変わらないで
⑨ 大きく

解き方

① 高い位置からおもりを転がすほど，しゃ面の下での速さは速くなります。
② しゃ面の角度を変えても，高さは同じなので，速さは同じです。
③ はじめの高さが同じなら，おもりの重さがちがっても，しゃ面の下での速さは同じです。
④ おもりを転がす位置が高いほど，物体を動かすはたらきは大きくなります。
⑤ おもりが重いほど物体を動かすはたらきは大きくなります。

60 回路と電流

▶問題123ページ

① 回路
② ㋐
③ 直列
④ 並列
⑤ 図2
⑥ 図3
⑦ 図4，図5，図6
⑧ 図8
⑨ ㋒
⑩ 60
⑪ 例大きな電流が流れて電流計がこわれるのを防ぐため。

解き方

⑦ 図5では，電池の＋極から流れ出た電流が導線を通り，もう1つの電池の－極に流れこみます。図6では，電池の＋極から流れ出た電流が導線を通り－極に流れこみます。
⑨ 上の右側の発光ダイオードはショートしているので，電流は流れません。
⑩ 目もりのいちばん下の数値を読みとります。

61 回路を流れる電流の大きさ
▶問題125ページ

① $\frac{1}{2}$(0.5)
② I，K，L
③ 2　④ F
⑤ 1
⑥ E，H，J，M
⑦ C
⑧ 8　⑨ 9
⑩ 6
⑪ $\frac{4}{3}$　⑫ $\frac{2}{3}$

解き方

豆電球に流れる電流の大きさは，A…$\frac{1}{2}$，B…2，C…3，D…1，E…1，F…2，G…$\frac{2}{3}$，H…1，I…$\frac{1}{2}$，J…1，K…$\frac{1}{2}$，L…$\frac{1}{2}$，M…1

かん電池に流れる電流の大きさは，図1…$\frac{1}{2}$，図2…2，図3…3，図4…2，図5…1，図6…4，図7…$\frac{2}{3}$，図8…$\frac{1}{2}$，図9…$\frac{1}{4}$，図10…1，図11…1，図12…$\frac{1}{3}$

62 流れる電流と方位磁針
▶問題127ページ

① a
② ㋑
③ ㋑
④ ㋖
⑤ ㋒
⑥ ㋒
⑦ ㋖
⑧ ㋐
⑨ ㋐
⑩ ㋓
⑪ ㋗
⑫ B

解き方

① 電流の流れる向きに右ねじの進む向きを合わせると，右ねじを回す向きが磁界の向きになります。
② 導線に近い㋑です。
③ ㋐と㋒では，方位磁針のN極は東にふれます。
④～⑪ 右手のひらと方位磁針で導線をはさみ，電流の向きに指先を合わせたとき，方位磁針のN極は親指の向きにふれます。

63 電磁石の性質
▶問題129ページ

① →
② ←
③ →
④ ㋑(と)㋒
⑤ ㋑，㋕
⑥ ㋒
⑦ ㋓
⑧ ㋐と㋔，㋑と㋕
⑨ N
⑩ S
⑪ ㋐
⑫ S
⑬ N

解き方

⑤ かん電池の数が1個で，コイルが200回巻きのもので比べます。なお，㋕はかん電池が並列につながれているので，コイルに流れる電流は㋐と同じです。
⑥ コイルが100回巻きで，かん電池が2個直列につながれている㋒で比べます。
⑪ 永久磁石のN極とA(N極)が反発して，㋐の向きに回転します。

64 電流による発熱
▶問題131ページ

① 1(:)2(:)3
② 6(:)3(:)2
③ B
④ C
⑤ 12.0
⑥ ㋑
⑦ ㋒

解き方

① 電熱線に流れる電流は，電熱線の太さに比例します。
② 電熱線に流れる電流は，電熱線の長さに反比例します。

$1:\frac{1}{2}:\frac{1}{3}=$

$\frac{6}{6}:\frac{3}{6}:\frac{2}{6}=$

$6:3:2$

③ 電流が最も流れにくい細くて長いBです。
④ 電流が最も流れやすい短くて太いCです。
⑤ 水は1分で2.0℃上しょうしています。
⑥ 水の量が$\frac{2}{3}$になっているので，上しょう温度は$\frac{3}{2}$倍です。

65 音の性質
▶問題133ページ

① できません
② 335
③ ㋒
④ ㋑
⑤ B(と)D
⑥ A(と)B
⑦ A(と)C
⑧ C
⑨ D
⑩ しやすく
⑪ 高く
⑫ 空気
⑬ しにくく
⑭ 低く
⑮ 例光の速さは音の速さに比べてはるかに速いから。

解き方

② 670÷(4÷2)=335
③ 波の高さが最も高いものです。
④ 波の数が最も多いものです。
⑤ げんの長さだけちがうBとDで比べます。
⑥ げんの太さだけちがうAとBで比べます。

66 光の性質
▶問題135ページ

① ㋑
② C君とD君
③ 75
④ 2
⑤ ㋒
⑥ ㋑
⑦ ㋒
⑧ ㋑
⑨ ㋑
⑩ 実像
⑪ 逆向き
⑫ きょ像
⑬ 同じ向き
⑭ 変わりません
⑮ 暗くなります

解き方

② 下のように作図して求めます。

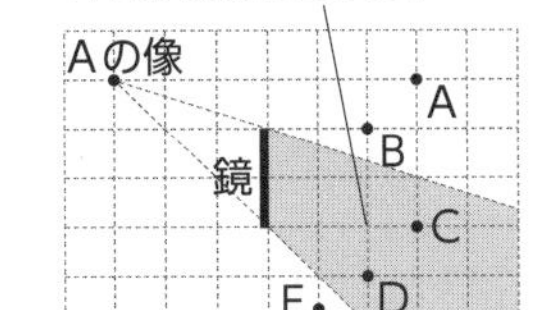

③ 150÷2=75
④ 360÷120−1=2
⑦ ガラスに入る光と出る光は平行になります。